常用医疗仪器的使用与维护

主编：谢鑑辉　杨　军

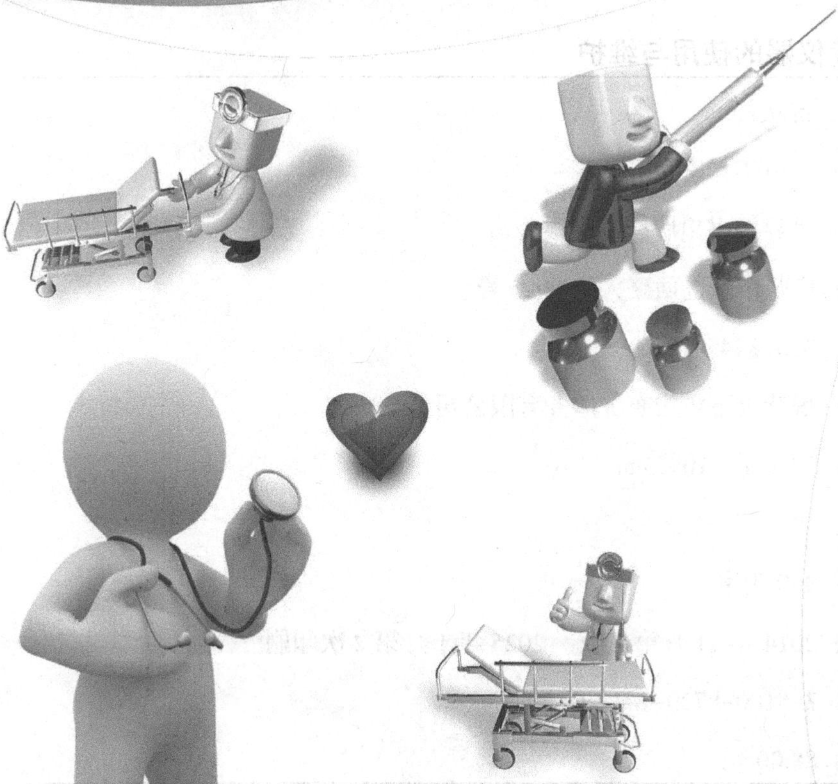

中国出版集团
世界图书出版公司

图书在版编目（CIP）数据

常用医疗仪器的使用与维护 / 谢鑑辉，杨军主编. -- 广州：世界图书出版广东有限公司，2014.9（2025.1重印）
ISBN 978-7-5100-8720-2

Ⅰ．①常… Ⅱ．①谢… ②杨… Ⅲ．①医疗器械—使用②医疗器械—维修 Ⅳ．① R197.39

中国版本图书馆 CIP 数据核字 (2014) 第 226957 号

常用医疗仪器的使用与维护

责任编辑：曾跃香
封面设计：谷风工作室
出版发行：世界图书出版广东有限公司
地　　址：广州市新港西路大江冲 25 号
电　　话：020-84459702
印　　刷：悦读天下（山东）印务有限公司
规　　格：787mm×1092mm 1/16
印　　张：19
字　　数：360 千字
版　　次：2014 年 11 月第 1 版　2025 年 1 月第 2 次印刷
ISBN 978-7-5100-8720-2/R·0263
定　　价：88.00 元

常用医疗仪器的使用与维护

编委会

编 委 会 主 任：朱丽辉

编委会副主任：谢鑑辉 秦月兰

主　　　编：谢鑑辉 杨 军

主　　　审：陈立华 方立珍

编　　　委：（以姓氏笔画为序）

王可为 王永梅 王良英 王彩娇 尹鹃鹉 邓芳菊
刘 新 刘少红 刘世华 刘美华 刘朝辉 成美娟
成新宁 何秀云 何迎春 李 卓 李秀龙 李实英
李艳芳 肖艾青 肖 嫔 苏雨霞 苏珍辉 谷利凤
陈 蓉 陈艳平 陈瑶瑶 周月娥 周钝敏 奉华艳
姜艳丽 段伯平 胡 晔 贺芬萍 赵小平 唐芙蓉
夏元喜 徐宏宇 徐湘蓉 曹 颖 梁 檬 符瑞玲
彭巧玉 彭湘粤 游美英 舒芬华 董 林 董翠兰
熊平平

世界图书出版公司

广州 · 上海 · 西安 · 北京

序

随着医学突飞猛进的发展，临床医疗仪器不断问世。但在医疗护理工作中，却经常有一些医疗仪器使用不当的事故发生。如何规范仪器使用，以保障患者的生命安全，这是每一个医疗工作者值得探讨与深思的问题。

为了满足临床医疗护理工作的实际需求，使每一个医务人员，尤其是护理工作者准确地掌握常用医疗仪器的操作，切实保障患者安全，一批资深的临床护理专家和高水平的护理管理者从实际出发，认真编写了《常用医疗仪器的使用与维护》一书，旨在为奋战在临床一线的医务人员、尤其是护理工作者提供具有实用性、指导性、科学性和可操作性的指南。

这本书以国家卫计委全国优质医院评审要求以及我国《三级综合医院评审标准实施细则》（2011 年版）中第五章“护理管理与质量持续改进”中有关“保障仪器、设备和抢救物品的有效使用”的要求为旨要，较为全面地介绍了从抢救仪器设备至各专科常用仪器设备的 109 种临床常用医疗仪器。在编排上紧扣临床实践，每种仪器都从仪器的定义、适用范围、基本结构、原理、操作步骤、使用注意事项、常见故障、故障可能原因、故障处理措施、应急预案、清洁与消毒、保养与维护等方面进行了详略得当的阐述。构思严谨，框架统一，科学合理，可操作性强。

《常用医疗仪器的使用与维护》的出版，对规范仪器操作、更好地开展学生带教工作，对促进新护士快速成长、保障病人护理安全、提高护理质量都将产生直接的影响。同时，本书的出版对医院仪器的规范管理、仪器的维护与保养、延长仪器的使用寿命也将产生深远的影响。因此，临床医护人员、带教老师、进修（实习）医生、护士及医学院校高年级学生应该都能从这本书中获益良多。

本书的编写者邀请我为这本书作序，我很高兴看到这样一本简明实用又颇具指导意义的大作问世，故乐为之序。祝愿它能收获良好的读者反响，为推进我国医疗服务事业的改革与发展做出贡献。

姚　旭
湖南省儿童医院院长
南华大学儿科学院院长、硕士生导师
临床小儿外科杂志社社长
2014 年 9 月

目 录

序……………………………………………………………………………… 01

第一章 急救及透析设备 ……………………………………………… 01

第一节 除颤监护仪…………………………………………………… 01

第二节 心肺复苏仪…………………………………………………… 04

第三节 呼吸机………………………………………………………… 07

第四节 CPAP 机 ……………………………………………………… 11

第五节 呼吸复苏囊…………………………………………………… 13

第六节 直接喉镜……………………………………………………… 15

第七节 全自动洗胃机………………………………………………… 18

第八节 抢救车………………………………………………………… 21

第九节 血液透析机…………………………………………………… 23

第十节 透析器………………………………………………………… 29

第十一节 水处理系统………………………………………………… 33

第十二节 连续性血液净化设备……………………………………… 35

第十三节 血液灌流机………………………………………………… 39

第十四节 全自动腹膜透析机………………………………………… 43

第十五节 体外循环机………………………………………………… 46

第二章 监护设备 ……………………………………………………… 49

第一节 多参数监护仪………………………………………………… 49

第二节 血氧饱和度检测仪…………………………………………… 53

第三节　动态血压监测仪…………………………………………… 55
第四节　动态心电图（DCG）记录仪……………………………… 58
第五节　心电图机………………………………………………… 60
第六节　血气分析机……………………………………………… 63
第七节　快速血糖仪……………………………………………… 65
一、雅培安妥超越血糖 / 血酮仪………………………………… 65
二、拜耳拜安康血糖仪…………………………………………… 68
第八节　血压计…………………………………………………… 70
第三章　供氧、吸痰设备 ……………………………………… 74
第一节　中央供氧设备…………………………………………… 74
第二节　氧气筒给氧……………………………………………… 77
第三节　便携式供氧设备………………………………………… 79
第四节　中央负压吸引设备……………………………………… 81
第五节　电动吸引器……………………………………………… 84
第四章　温度控制仪器 ………………………………………… 88
第一节　婴儿培养箱……………………………………………… 88
第二节　新生儿辐射台…………………………………………… 92
第三节　电热恒温箱……………………………………………… 95
第四节　温度管理仪……………………………………………… 97
第五节　体温调节系统 ………………………………………… 99
第六节　输血输液加温器………………………………………… 102
第五章　医用泵 ………………………………………………… 105
第一节　输液泵…………………………………………………… 105
第二节　注射泵…………………………………………………… 108
第三节　胰岛素泵………………………………………………… 111
第六章　雾化器 ………………………………………………… 116
第一节　超声雾化器……………………………………………… 116
第二节　氧气雾化器……………………………………………… 119
第三节　空气压缩式雾化器……………………………………… 120
第七章　净化、消毒、灭菌设备 ……………………………… 123
第一节　空气消毒机……………………………………………… 123

第二节 床单位消毒机……127
第三节 空气自净器……129
第四节 排风器……131
第五节 医用超声波清洗机……132
第六节 全自动喷淋清洗消毒器……134
第七节 酸性氧化电位水生成器……137
第八节 医用干燥柜……139
第九节 真空型压力蒸汽灭菌器……141
第十节 环氧乙烷低温灭菌器……144
第十一节 过氧化氢低温等离子体灭菌器……148
第八章 医用床……151
第一节 医用手摇床……151
第二节 骨科牵引床……152
第三节 手术床……154
第四节 层流床……155
第五节 婴儿床……158
第九章 护理相关仪器……160
第一节 药用冰箱……160
第二节 微波炉……162
第三节 婴儿电子秤……164
第四节 壁挂洗眼器……166
第五节 振动排痰机……167
第十章 专科设备……170
第一节 内科……170
一、新生儿黄疸治疗箱……170
二、经皮黄疸仪……173
三、丹麦听力筛查仪（OAE）……175
四、脑功能监护仪……178
五、脑电图仪……180
六、纤维支气管镜……184
七、肺功能仪……187

八、婴儿沐浴池……190
第二节　外科及手术室……192
一、内分泌治疗仪……192
二、男性外生殖器治疗仪……194
三、骨创伤治疗仪……196
四、CPM 机……198
五、超声骨密度测量仪……201
六、高频电刀……202
七、VBM 电动气压式止血带……206
第三节　五官科……208
一、电子鼻咽喉镜……208
二、中耳分析仪……212
三、裂隙灯……214
四、同视机……217
五、检眼镜……220
六、视力表投影仪……223
第四节　皮肤科……225
一、C6 激光治疗机……225
二、Cynergy 皮肤激光治疗仪……228
三、CO_2 点阵激光治疗仪……231
四、伍德灯……234
五、微波治疗仪……236
六、多功能电离子治疗仪……238
七、百康过敏治疗系统……240
八、红蓝光治疗仪……243
第五节　儿童保健及康复科……246
一、互动立方……246
二、脑电生物反馈训练仪……247
三、人体成分分析仪……249
四、表面肌电图仪……252
五、肌电生物反馈仪……254

六、水疗机…………………………………………………………………………256
七、怡普乐体感互动康复训练仪…………………………………………………258
八、中药蒸汽浴机…………………………………………………………………261
九、踝关节等速运动治疗仪………………………………………………………264
十、减重步行训练仪………………………………………………………………267
十一、智能运动训练仪……………………………………………………………269
十二、上肢功能训练仪……………………………………………………………271
十三、高压氧舱……………………………………………………………………275
第六节 其他仪器与设备…………………………………………………………278
一、生物安全柜……………………………………………………………………278
二、洁净工作台……………………………………………………………………280
三、超声诊断仪……………………………………………………………………283
四、肌电图诊断仪…………………………………………………………………284
五、听性脑干反应检测仪…………………………………………………………286
第七节 医用诊疗仪器消毒与维护………………………………………………289
电子胃镜、肠镜、小肠镜…………………………………………………………289
参考文献……………………………………………………………………………**291**

第一章

急救及透析设备

第一节 除颤监护仪

除颤仪是用电能来治疗快速异位心率失常，使之转复为窦性心律的抢救仪器。适用于心室颤动、慢性心房颤动(房颤史在1～2年)、持续心房扑动、阵发性室上性心动过速、常规治疗无效伴明显血流动力学障碍者或预激综合征、并发室上性心动过速用药困难者、呈1∶1传导的心房扑动。不适用于缓慢心律失常，包括病态窦房结综合征，洋地黄过量引起的心律失常(除室颤外)，伴有高度或完全性传导阻滞的房颤、房扑、房速，严重的低钾血症，左房巨大，心房颤动持续1年以上以及长期心室率不快者。

【结构与原理】

1. 基本结构：除颤仪包括蓄电、放电部分、能量显示仪、心电监护仪、系统控制五大部分组成。

2. 原理：用高功率与短时限的电脉冲通过胸壁或直接通过心脏，在短时间内使全部心肌纤维同时除极，中断折返通路，消除异位兴奋灶，使窦房结重新控制心律，转复为正常窦房结心律。

【操作步骤】

1. 操作流程

(1)评估患者：

评估病情、意识、局部皮肤情况、心律失常的类型。

（2）患者准备：

1）向患者家属解释使用除颤仪的目的、方法、注意事项及配合要点。

2）将患者去枕平卧于绝源床上，松解衣扣，暴露胸部，擦干皮肤。

（3）用物准备：除颤仪、导电膏或盐水纱布、乙醇棉球、心肺复苏所使用的抢救设备及药品。

（4）环境准备：尽量避免在潮湿的环境下操作。

（5）操作：

1）将用物带至床旁，开机，检查除颤仪是否完好，电量是否充足，连线是否正确，电极板大小是否合适。

2）电极板均匀涂抹导电膏，或将盐水纱布放于患者胸壁上。

3）确认电复律状态为异步方式，选择合适的能量。单向波形除颤仪成人一般选择 300 ～ 360J，小儿每公斤体重 2.4J；双向波形除颤仪成人一般选择 150 ～ 200J，小儿每公斤体重 2J。选择完毕后充电。

4）电极板置于正确的位置，一个置于心底部，即右锁骨下胸骨旁，另一个置于心尖部，即左腋中线第 5 肋间处，电极板与皮肤紧密接触。

5）再次确认心电示波，大声嘱其他人员离开，两手同时按下两电极板上的放电键。

6）观察除颤的效果，查看患者的心电图改变。

7）如果室颤 / 室扑持续出现，立即充电，重复步骤。

8）操作完毕，关闭除颤仪或按钮回位至监护状态。清洁除颤电极板、电极四位。

9）清洁皮肤，安置患者于合适体位，监测心率、心律，并遵医嘱用药。

10）记录并做好健康教育。

2. 注意事项

（1）除颤仪未用时应持续连接电源充电，每日检测，使除颤仪处于完好备用状态。

（2）保证操作中的安全，患者去除假牙，卧于硬板床上，导电物质涂抹均匀，避免局部皮肤灼伤，旁人不得接触患者。

（3）除颤前确定患者除颤部位无潮湿、无敷料。如患者带有植入性起搏器，注意避开起搏器部位至少 10cm。

（4）对已充电的除颤仪如不使用，只能在机器内放电，不能在空气中放电，以免伤人。尽量避免高氧环境，除颤中应在患者呼气终时放电除颤。

（5）选择合适的能量，8 岁以下的患者除颤时应选用小儿除颤板。

（6）使用后的除颤仪应及时清洁、充电，处于备用状态。

【常见故障与处理措施】

常见故障	原因	处理措施
开机后监视器黑屏，不能除颤	低压电源（或电池）问题	若使用电池还可以工作，一般是电路问题。若可以用交流电，则可能电池充电不够或电池失效，应送技术人员维修
监视器只显示一条直线，无 EGG 门限设置不当；导联线有断电；监视器本身电路故障等	电极与人体接触不良或脱落；ECG 门限设置不当；导联线有断点；监视器本身电路故障等	如果既无 ECG 显示，又无记录 ECG 波形，故障多在信号运算电路之前或人为操作引起，或记录本身也可能有故障；若无 ECG 显示但能记录 ECG，多为显示器电路故障，需由工程技术人员解决
按键不起作用，参数无法设置和改变等现象	多为中央控制单位故障	主板主要是大规模集成电路和贴片组件构成，一般无法维修，须跟公司、厂家联系更换
屏幕显示波形紊乱、字符抖动	电磁干扰，除颤监护仪本身均已采取屏蔽措施，具有一定的抗干扰能力。但高频医疗设备、蜂窝电话、信息技术设备，以及无线电 / 电视发射系统等有时干扰监护除颤功能	尽快排除干扰来源并采取措施，保证设备的正常使用

【应急预案】

1. 如使用中仪器发生故障不能正常使用，应停止使用故障除颤仪，立即行 CPR，同时评估患者，协助医生进行其他抢救措施。

2. 故障的除颤仪应悬挂“设备故障”牌，及时通知维修部门进行维修。

【消毒与维护】

1. 清洁与消毒

（1）用清水抹布擦拭表面，保证仪器清洁。用 75% 乙醇擦拭仪器表面消毒。

（2）电击板：用后及时用纱布擦去电极板上的导电膏，再用无水乙醇擦净。

（3）监护传感器：用医用乙醇擦拭。

（4）显示器：用柔软清洁抹布擦拭表面，严禁用粗糙的布擦拭。

2. 保养与维护

（1）仪器专人负责，定位放置，保持干燥。

（2）保持充电状态，避免电池因长期不用损坏；每月进行功能测试。

（3）每周至少检查1次，包括仪器的充电、清洁，用物的准备，导联线的整理，以及检查仪器是否完好。

（4）有故障时及时送检，做好使用登记、检查、送检情况。

（5）非特殊情况，一般不外借。

第二节 心肺复苏仪

心肺复苏仪是能模拟徒手心肺复苏的操作方式提供连续不断的、标准的、均力均时的人工通气与胸外按压的急救设备，适用于由急性心肌梗塞、脑卒中、严重创伤、电击伤、溺水、挤压伤、踩踏伤、中毒等多种原因引起的呼吸、心跳骤停的患者，但不适用于胸部创伤较重的患者。

【结构与原理】

1. 基本结构：包括主机操作面板、主机底座、按压头、按压驱动装置和控制电路板等几个部分。

2. 工作原理：心肺复苏仪主要采用高压气源（氧气、空气）作为动力，按压装置在额定的安全气压下作为动力源，实现控制按压装置和复苏充气装置。按照设定的按压频率和按压充气比进行复苏充气，使心脏和肺部的血液再次循环，以维持和恢复人体的基本生命体征，从而促使实现心肺复苏。

【操作步骤】

1. 操作流程

（1）评估患者：

1）迅速判断患者呼吸、循环情况，清理呼吸道，如出现心跳呼吸骤停，松解患者上衣裤，立即进行徒手心肺复苏。

2）经确认需持续胸外按压且无禁忌症后，准备心肺复苏仪。

（2）患者准备：

1）敞开患者上衣，暴露前胸，清洁皮肤。

2）使患者平躺于硬板床上或地上。

（3）用物准备：心肺复苏仪、氧气源、气管插管物品、除颤监护仪等。

（4）环境准备：环境安全。

（5）操作：

1）开机：打开控制仪开关，调节好各参数：按压充气比，一般为 4 ∶ 1 ～ 5 ∶ 1；按压频率，一般为 100 次 / 分；充气时间为 1 ～ 2 秒 / 次；按压深度，一般成人 5 ～ 5.5cm。供氧压力为 0.2 ～ 0.25MPa，仪器开始工作。

2）按压部位：调整按压臂方向，使皮囊中心点贴准患者两乳连线的中点或胸骨下 1/3、剑突上两横指处，贴平即可，切勿贴压过重，以免影响呼吸及压伤患者。

给氧：连接面罩或气管导管，给予患者正压通气。

观察：使用过程中密切观察患者心跳、呼吸是否恢复，并做好记录。

整理：整理床单位，清理用物，洗手。

记录：记录心率、呼吸情况及复苏时间。

2．注意事项

（1）心脏骤停患者在使用心肺复苏仪之前，必须先行徒手心肺复苏术，切勿因等待和依赖心肺复苏仪而延误抢救。

（2）瘦弱患者或儿童，按压深度不需 5.5cm 时，不必将按压皮囊贴紧，在皮囊与患者胸部之间垫一个 1.5cm ～ 2cm 的软垫。

（3）在抢救过程中（使用面罩），如患者出现胃部胀气，可暂时移开面罩，将患者头部轻轻托起转向一侧，用手适当按压腹部，即可排除胀气。排除胃部胀气时，不可间断心脏按压。使用气管插管，可避免胃胀气。

（4）使用气管插管时：

1）应先将面罩（连同胶木接头）从有机玻璃的射流管上卸下，不得将射流管从橡胶螺纹中取出。

2）应将备用的接头与射流管套相接，气管插管接头塞进胶木接头出口内。

3）选择调节所需的气压、充气时间、插管接头型号、潮气量等。

4）使用插管时，切勿将射流管堵塞，以免气压过大或阻碍排气。

【常见故障与处理措施】

常见故障	原因	处理措施
机器停止运转	故障原因：氧气连接不正确	检查氧气源是否打开
打开压力控制键，但没有按压	氧气连接不正确	检查氧气源是否打开；输入压力是否正确；控制键的设定是否正确；流量是否正确
没有供气	调整控制	检查调节按钮的气量设定
	通气管可能阻塞	检查通气管
	面罩周围或阀管路有漏气	检查呼吸路径是否有漏气
	肺顺应性下降；或肺阻力增加	检查患者并调整
	气道中有分泌物	清除患者气道分泌物

【应急预案】

1. 工作中仪器出现故障，应立即停止使用，改用人工心肺复苏。

2. 故障仪器悬挂“设备故障”牌，通知维修部门进行维修。

【消毒与维护】

1. 清洁与消毒

（1）仪器外表面和患者阀：每次使用之后，用无异质材料擦拭。

（2）“患者阀组件”和“出气阀组件”：拆开“患者阀组件”的接头和“出气阀组件”，先用清水彻底清洗部件，然后将“患者阀组件”的接头、“出气阀组件”放入含氯消毒剂或杀菌剂中浸泡 30 分钟，取出后，用水反复清洗，直至干净。待干后，仔细检查“患者阀组件”的每个部分。发现破裂的或损坏的部件，应更换。

（3）呼吸管路消毒：呼吸管、面罩都是一次性使用品，只限于一个人使用。如非一次性物品，可按无菌物品要求进行常规清洗、消毒和灭菌。

（4）机身：使用标准无色的化学消毒剂（如 75% 乙醇）擦拭机器的外部表面。

2. 保养与维护

（1）心肺复苏仪应在室温 5℃～40℃的环境中使用和存放。不用时，应贮藏在相对湿度＜80% 的无腐蚀性气体、通风良好的室内，严禁明火。

（2）专用复苏仪使用的规定气压为 0.1MPa ～ 0.22MPa，不可小于 0.1MPa。专用减压器的压力释放设定值为 0.25MPa，不得随意调节。

（3）选择按压充气比和按压频率时，切勿将两档同时按下，以免扰乱程序，损坏仪器。

（4）仪器的按压皮囊属易损部件，经使用一段时间后，需要及时更换。

（5）检查本机的所有控制键，确保都在“关”的位置。

（6）日常使用无需校准或调节，但是对系统整体操作的准备就绪情况，应定期进行检查评估。

第三节 呼吸机

呼吸机是一种能代替、控制或改变人的正常生理呼吸，增加肺通气量，改善呼吸功能，减轻呼吸功消耗，节约心脏储备能力的装置。适用于 ARDS、呼吸心跳骤停、重症哮喘、COPD 慢性呼吸衰竭急性加重、呼吸衰竭、药物过量、严重的神经肌肉疾病、头部创伤、心胸大手术后、败血症、胸部创伤等。

【结构与原理】

1. 基本结构：呼吸机系统由以下几部分组成：主机、屏幕、空气压缩机、台车、支撑臂、患者呼吸管路、湿化器、雾化器和电池。

2. 原理：打开吸气阀、关闭呼气阀完成向患者的送气过程，然后再关闭吸气阀、打开呼气阀使患者完成呼气过程。

呼吸机气体控制流程：空气和氧气通过混合器按一定比例混合后进入恒压缓冲装置→以设定的通气模式和在一定范围内调节的潮气量、分钟通气量、通气频率、吸气时间、屏气时间控制呼吸机呼气阀→将混合气体送进呼气回路→经过接在呼气回路中的湿化器加温加湿后→经气管导管进入患者肺内→再通过控制呼气阀将废气排除。这样完成一个周期并不断重复。

【操作步骤】

1. 操作流程

（1）评估患者：

1）评估：年龄、体重、病情、意识、治疗情况、局部皮肤情况、活动能力及合作程度。

2）向患者家属解释使用呼吸机的目的、方法、注意事项及配合要点。

（2）患者准备：

1）患者家属了解用呼吸机的目的、方法、注意事项及配合要点。

2）体位舒适。

3）根据病情使用镇静药和肌松药。

（3）护士准备：衣帽整洁，剪指甲，洗手，戴口罩。

（4）用物准备：呼吸机、消毒好的管路、湿化器、滤纸、无菌蒸馏水、模拟肺、手消毒剂、简易呼吸器、听诊器、连接管、50ml 注射器 1 个、记录纸笔等。

（5）环境准备：整洁、有电源插座、有中心供氧及空气设备。

（6）操作：

上机：

1）连接呼吸机电源、连接氧气、空气气源。打开电源开关，启动呼吸机。

2）湿化瓶内加入适宜的纯化水，置入湿化器内，打开湿化开关，调节温度。

3）连接呼吸回路，接模拟肺。

4）遵医嘱选择呼吸机模式，设置参数，观察呼吸机运行情况 2 分钟。

5）再次向患者解释，检查人工气道情况。

6）取下模拟肺，将呼吸机与患者的气管导管相连接。

7）听诊两肺呼吸音，观察双侧胸廓起伏，检查通气效果，监测有关参数。

8）设定报警阈限，打开报警系统。

9）记录有关参数。

10）观察患者的脉搏、血氧饱和度、呼吸同步情况，必要时吸痰或遵医嘱应用镇静剂；通气半小时后查血气，遵医嘱调节参数。

停用呼吸机：

1）遵医嘱检查患者是否符合脱机指征。

2）做好解释和指导工作。

3）准备合适的给氧装置，充分吸痰后拔除气管导管，妥善处理患者人工气道，撤去呼吸机，调至待机状态。

4）遵医嘱给氧及雾化吸入。

5）观察患者病情，确认病情平稳。

6）先关湿化器开关，再关呼吸机开关拔除氧气及空气气源，最后断电源。

7）安置患者合适的体位。

8）记录。

2. 注意事项

（1）注意气管导管的固定，避免脱出、移位。

（2）呼吸机管路避免打折、扭转和受压。

（3）湿化罐中及时添加纯化水，及时清理呼吸机管路中的冷凝水。

（4）加强病情观察，加强与患者的沟通，了解患者的心理情况。

（5）重视呼吸机的报警，寻找原因并及时处理。

（6）加强气道护理，注意无菌操作，避免交叉感染。

【常见故障与处理措施】

常见故障	原因	处理措施
电源报警	未连接电源或停电	立即将呼吸机与患者的人工气道脱开，患者使用简易人工气囊，维持患者的通气功能
气源报警	空气混合器故障或氧电池耗尽；氧气或空气压力不足	请专业医务人员处理
高压报警	人机对抗，可能因患者激动、躁动不安或想要交谈等引起	检查是否人机同步；采取舒适体位，必要时使用镇静剂；改变交流方式，满足患者需要
	呼吸道分泌物增多，肺顺应性降低	增加湿化，及时引流痰液
	呼吸管路打折、受压	检查管道，调整管道位置
	潮气量设置过高	检查潮气量设置
低压报警	气囊漏气、压力不足	按最小漏气技术或最小容量技术给气囊重新充气
	呼吸回路松脱	检查管路迅速连接好管路
	呼吸机管道破裂断开或接头连接不紧造成漏气	仔细检查管路，将各接头接紧，如发现管道有裂缝，则更换管道
高容量报警	患者因焦虑、疼痛、低氧血症引起呼吸加快	与患者进行沟通，确认患者是否存在焦虑、疼痛等，并通知医生处理
	呼吸方式设置过高或触发灵敏度过高	检查潮气量、分钟通气量、呼吸频率等调节是否合适
低容量报警	通气管路漏气	检查管路
	自主呼吸减弱	观察患者的呼吸情况，如通气不足应增加机械通气

【应急预案】

1. 呼吸机不能正常工作时，应立即停止应用呼吸机，迅速将简易呼吸器与患者呼气管导管相连，用人工呼吸的方法维持患者呼吸，同时更换正常的呼吸机。

2. 突然断电时：

（1）用简易呼吸器维持患者呼吸，同时尽快通知值班医生，并与总务科、医院办公室、医务处、护理部、医院总值班等联系，迅速采取各种措施，尽快恢复供电。

（2）停电期间，本病区医生、护士不得离开患者，以便随时处理紧急情况。

（3）恢复供电后，重新将呼吸机与患者人工气道连接。

（4）护理人员将停电经过及患者生命体征准确记录于护理记录单中。

【消毒与维护】

1. 清洁与消毒

（1）呼吸机的外表面（包括界面、键盘、万向臂架、电源线、高压气源管路等）：每日用湿纱布及时清除表面的污物及尘埃，呼吸机使用完毕和污染严重时需用75%乙醇擦拭。

（2）触摸屏式操作面板：每周用 95% 的乙醇擦拭，勿使液体进入呼吸机内部。

（3）呼吸机外置回路：包括呼吸机呼吸管路、螺纹管、湿化器、集水杯等，可使用一次性呼吸回路或送消毒供应中心统一处理。

（4）呼吸机内置气体管路：内置气路不易受污染，故主机内部气路系统一般不需卸下消毒，对呼吸机内部可拆卸的呼气管路应根据各厂商提供的方法进行清洗消毒。

（5）气源过滤网：用清水冲净表面尘埃，用力甩干或晾干后安装上即可，无需常规消毒，一般每日或隔日清洁一次。

（6）呼气盒：低压冷水冲洗，75% 乙醇浸泡消毒或高压灭菌，待干备用。

2. 保养与维护

（1）由受过专业培训的专人管理，经消毒、装机、检测、校正后的呼吸机处于完好的备用状态，并在显著位置上挂上“已消毒备用”的标牌。

（2）套上防尘罩，放置在干燥、通风、避光处。

（3）主机：呼吸机使用一次后，无论时间长短，为了避免交叉感染，都要进行清洁。

（4）加温湿化器：只能用无菌的蒸馏水，定期更换和补充湿化器内的液体。检查调温器的性能，保护温控传感器，观察温度报警的情况。

（5）气路：呼吸机处于工作状态时，可通过检查潮气量、压力和耳听、手摸等方法来确定呼吸机气路系统（尤其是管道及接口）是否漏气（密闭性）。另外可通过呼吸机工作压力和气道压力比较来检测呼吸机是否漏气。

第四节 CPAP 机

CPAP 机是在吸气时降低做功，呼气时避免肺泡完全萎陷，改变通气和换气功能的医用仪器。适用于神志清楚、有自主呼吸能力并足以触发机器同步，血流动力学稳定，分泌物不多或有能力自行清除的患者。

【结构与原理】

1. 基本结构：CPAP 系统由主机、医用空气压缩机、电热温湿化罐、呼吸回路（包括水杯、气体导管、鼻塞）、系统支架组成。

2. 原理：依据持续流量原理，在设定的流量和压力限制下工作，设定流量下的新鲜气体在吸气相持续流动，呼出气体连同部分新鲜空气通过呼气阀排出。设置呼气末正压（PEEP），患者借助自主呼吸功能在吸气相让肺充分吸入新鲜空气。

【操作步骤】

1. 操作流程

（1）评估患者

1）评估：血气分析情况，患者的意识及全身情况，合作程度。

2）向患者或家属解释使用 CPAP 机的必要性及可能发生的并发症，积极取得患者及家属的配合。

（2）患者准备：向患者说明使用 CPAP 机的目的、方法、注意事项及配合要点。

（3）护士准备：衣、帽、鞋整洁，洗手，戴口罩。

（4）用物准备：已消毒并连接好的 CPAP 机，根据患者选择合适的鼻塞或面罩。

（5）设备检查及调试：在使用前对 CPAP 机的性能有基本的了解，检查

CPAP 机管路连接是否正确。电源连接后，开机备用。

（6）操作：

1）核对患者腕带信息。

2）根据病情设置氧气流量和 PEEP，确定安全报警阈限。温湿化器内倒入无菌纯化水，调节好温湿化器温度。

3）体位：去枕平卧，颈后可置一软枕；清醒合作患者可取坐位或半坐卧位。

4）将专用鼻塞与 CPAP 机管道连接，妥善固定。

5）听诊双肺呼吸音，随时检测呼吸频率、心率、血氧饱和度等变化。

6）洗手，将 CPAP 机参数及患者生命体征记录在记录单上，并注意观察人机是否协调。

7）通气 30 ～ 60 分钟，进行血气分析，根据血气结果调整参数。

【注意事项】

1. 主机提供的气源必须为清洁、干燥、新鲜的压缩氧气，气源压力为 3 ～ 5bar，当仪器的气源供气压力低、断气、压力不均衡时仪器将会报警，报警指示灯连续闪烁，蜂鸣器发出报警声音。

2. 湿化瓶内只能注入蒸馏水或纯化水，水位应低于最高水位。

3. 每班检查管道积水杯的水量，如有水及时排空。每班查看空压排气口，及时放气。

【常见故障与处理措施】

常见故障	原因	处理措施
电源报警	停电	立即将 CPAP 机管道与患者脱开，对患者使用其他方式给氧，保持患者的通气效果
气源报警	空气混合器故障或氧电池耗尽；氧气压力不足	请专业人员处理

【应急预案】

1. 如使用中突然断电或停电，蓄电池电源能维持使用 1 ～ 2 小时。

2. 工作中仪器出现故障，应立即停止使用，送维修部门进行维修，并更换 CPAP 机或改用其他方式给氧。

3. 故障仪器悬挂“设备故障”牌，通知维修部门进行维修。

【消毒与维护】

1. 清洁与消毒

（1）主机表面：每次使用后，在关机情况下用清水或乙醇擦拭，勿清洁CPAP机内部。

（2）呼吸管道和温湿化水罐：使用高压灭菌法或55℃环氧乙烷气体灭菌，环氧乙烷气体灭菌后至少放置15小时后方可使用。

2. 保养与维护

（1）专人负责保管，定点放置，设定保养本，记录使用时间。

（2）待机时务必关闭湿化器，拔出氧气及电源插头，罩防尘布，在显著位置挂上“备用状态”字样的标志。

（3）空气过滤网：每周检查，如果积尘，用适度的肥皂水溶液洗净后晾干再用或更换。

第五节　呼吸复苏囊

呼吸复苏器又称加压给氧气囊（AMBU），它是进行人工通气的简易工具。适用于无自主呼吸、自主呼吸微弱患者，当病情危急，来不及气管插管或在呼吸机使用前或停止呼吸机时，可利用简易人工呼吸器直接给氧，使患者得到充分氧气供应，改善组织缺氧状态。

【结构与原理】

1. 基本结构：呼吸气囊、面罩、连接管、呼吸活瓣、储气袋。

2. 原理：氧气进入球型气囊和储气袋，通过人工指压气囊打开前活瓣，将氧气压入与患者口鼻贴紧的面罩或气管导管内，以达到人工通气的目的。

【操作步骤】

1. 操作流程

（1）评估患者：

1）迅速判断患者呼吸、循环情况。

2）清理呼吸道。

（2）患者准备：

1）清理呼吸道分泌物，有假牙者取出假牙。

2）患者取去枕平卧位，头向后仰拉直气道。

（3）用物准备：呼吸气囊，合适面罩，供氧设备，抢救用物及抢救药物。

（4）环境准备：环境安全。

（5）操作：

1）连接：连接面罩、呼吸气囊（有条件接上氧气，调节氧气流量8～10升/分，使氧气袋充盈，若无供氧不要接氧袋）。

2）体位：患者呈去枕仰卧位，操作者位于患者的头侧。

3）开放气道：双下颌上提法开放气道。成人下颌角和耳垂连线与患者身体的长轴垂直；儿童下颌角和耳垂连线与身体长轴成60°；婴幼儿下颌角和耳垂连线与身体长轴成30°。

4）手法：将面罩紧扣患者口鼻部，操作者一手以CE手法保持气道打开及固定面罩，另一手挤压气囊（成人：10～12次/分；儿童：12～20次/分；每次通气要持续1秒钟）。

5）CE手法：左手拇指和食指将面罩紧扣于患者口鼻部，中指、无名指和小指放在患者耳垂下方下颌角处，将下颌向上托起，用右手挤压气囊。

6）评价效果：患者胸廓起伏；面色、口唇是否红润；SPO_2是否改善；呼吸活瓣工作情况；呼气时透明面罩内有无雾气。

2. 注意事项

（1）选择合适的面罩，以便得到最佳使用效果。

（2）操作过程中应注意患者发绀有无改善，呼吸频率是否适当，阀门是否工作正常，氧气管是否接实。

（3）如果操作中单向阀受到呕吐物、血液等污染时可用力挤压球体数次，将积物清除干净，或将单向阀卸下用水清洗干净。

（4）无氧源的情况下，请将储氧阀、储氧袋卸下，以免影响简易呼吸器压缩次数。

【常见故障与处理措施】

球体如有漏气或不能很快地自动弹回原状，请检查进气阀是否组装正确。

【应急预案】

1. 工作中设备出现故障，应立即停止使用，改用口对口人工呼吸。

2. 及时通知专业人员维修。

【消毒与维护】

1. 清洁与消毒

（1）使用后将呼吸复苏囊各配件依次拆开，置入 2% 戊二醛碱性溶液中浸泡 4 ～ 8 小时。清水冲洗、晾干、检查无损后，依次组装备用。

（2）储氧袋：擦拭消毒即可，禁用消毒剂浸泡，因易损坏。

（3）如遇特殊感染者，应一次性使用，或送消毒供应室用环氧乙烷消毒。

2. 检查与保养

1）检查方法：用一只手挤压通气皮囊，用另一只手关闭皮囊颈部的开口端，停止挤压后皮囊快速膨胀，说明进气阀有效；关闭颈部开口端，试着挤压皮囊，如果用适当的力量不能压扁或挤压的力量迫使空气从颈部开口端的手缝中逸出，说明进气阀能有效防止气体倒流。

2）复苏囊避免放置在阳光直射处，储氧袋放置时避免折叠。

第六节　直接喉镜

直接喉镜是充分暴露喉腔，利用光源观察喉腔情况，施行喉内手术或其他喉部治疗的医用仪器，适用于抢救喉阻塞、呼吸功能障碍等呼吸异常的患者和麻醉患者，窒息患者气管内吸引，喉腔检查和手术等。

【结构与原理】

1. 基本结构：直接喉镜由喉镜片、喉镜柄和光源三个基本部分组成。直接喉镜分为直形喉镜和弯形喉镜。

2. 原理：利用金属镜片暴露喉腔，利用光源观察喉腔情况。

【操作步骤】

1. 操作流程

（1）评估患者

1）评估：牙齿、张口度、颈活动度。

2）直接喉镜检查或直接喉镜明视插管时，易引起恶心、呕吐，操作前，应详细询问病史，必要时做好间接喉镜检查和全身检查。

（2）患者准备：检查前禁食 4 ～ 6 小时。详细询问病史，做好口腔、牙齿、咽部、间接喉镜检查和全身检查。术前向受检者详细说明，以解除顾虑，做好思想准备。检查时需全身放松，平静呼吸，并与检查者密切合作。

（3）护士准备：衣帽整洁，剪指甲，洗手，戴口罩，戴护目镜。

（4）用物准备：备有适当大小的喉镜、灯光、吸引器、气管切开设备，支气管镜和适用于各种手术的喉钳和气管钳等。对成人，术前可根据需要使用巴比妥类镇静剂和阿托品，但对小儿和有呼吸困难的患者，则不宜使用。

（5）环境准备：检查室光线应稍暗。

（6）操作：

1）核对：实施操作前再次仔细核对患者信息及所要实施的操作。

2）麻醉：可用喷雾表面麻醉或浅全麻诱导插管。

3）仰卧位。头位的安置以使上呼吸三轴线能够重叠成一条直线为标准。将头垫高 10cm，肩部贴于病床或手术台，使颈椎呈伸拉位，颈部肌肉放松，在此基础上使寰枕关节处于后伸位，患者头位高度相当于操作者的剑突水平。

4）操作者站在患者头侧，助手可站在患者头端或操作者身旁后侧，也可站于患者头一侧以不阻挡术者视线为原则，可看到插镜路径。

5）插镜：插镜必须循序渐进、依次深入，以看清三个标志为准则，看到第三标志后上提喉镜，可见声门裂隙。如不能见第三标志或声门，助手可适当向下按压喉结。控制插镜时间，动作迅速准确，避免缺氧或麻醉转浅。如麻醉转浅，需加深麻醉或追喷表面麻醉药，不得勉强插入。为保证插镜路径清晰，在操作前和操作中需吸净口腔、咽喉部的分泌物，急救插管和全麻诱导插管前，需应用面罩吸入纯氧，镜片需沿右口角置入口腔，并将舌体推向左侧后再将镜片移至正中位。需正确把握窥视片的着力点，切忌以门齿作为着力点，着力点始终放在喉镜片的顶端，杜绝动作粗暴或用力过大，插镜全过程需保护患者安全，防止因躁动或反抗导致意外。

6）插管与退镜：递送大小合适的气管插管，术者沿喉镜片的沟槽将管缓缓插入声门，插入气管一定深度后，助手迅速塞进牙垫，确认牙齿不能咬住导管后，退出喉镜。气管插管必须在直视下缓缓推入；气管插管经过声门时，动作应轻柔；牙垫放置位置应为左侧或右侧较为坚实的磨牙处；喉镜退出时，动作仍需缓慢、轻柔；退出后，吸净口腔内分泌物，擦拭口唇。

7）检查口腔情况：检查牙齿有无松动，甚至脱落断裂；检查口腔内有无黏膜损伤。

8）观察病情与患者反应：插管过程中，需监护患者心率、血压、血氧、意识情况；观察患者烦躁或反抗情况，以免造成损伤。

9)用物处理：普通喉镜用后可顺着喉镜片根部向顶部自上而下用清水冲洗，再用乙醇擦拭消毒；干燥后可高温蒸汽灭菌；所有喉镜均用环氧乙烷气体灭菌；防护目镜等按常规消毒处理。

10）洗手，记录。

2. 注意事项

（1）操作者应按操作步骤轻巧地进行，以免损伤咽喉黏膜，引起水肿、血肿、出血或继发感染，导致不良后果。抢救时应分秒必争。

（2）如果使用麻醉药，术后 2 小时内禁食，以免食物返流误吸入气管。

（3）在做喉镜检查时，充分的麻醉、轻巧的操作和受检者的合作，可防止喉痉挛的发生。一旦发生喉痉挛，应立即停止操作，使受检者坐起，做有规律的深呼吸，多能逐步缓解。

（4）在急救插管中，负压吸引器处于备用状态，随时吸引口腔、咽喉等分泌物，以尽可能地清晰插镜术野，也可使呼吸道尽量保持通畅。

（5）尽可能在心电监护下插管、插镜。

（6）严重的全身性疾病而体质十分虚弱的患者，可考虑推迟手术。

（7）遇有高血压或严重的心脏病患者，必须使用喉镜时，应和内科医生共同做好术前准备工作。

（8）严重颈椎病变者，不宜施行硬管直接喉镜检查。II 度以上张口困难者（张口度小于 2cm）均无法置入喉镜。过度肥胖或患有先天性疾病，如斜颈、颈椎骨性融合等，此类患者可有正常的张口度，但不能充分显露声门，也不宜使用喉镜。

（9）对喉阻塞的患者，不论其原因是炎症、水肿、异物、肿瘤，都应做好气管切开术的准备。

【常见故障与处理措施】

常见故障	原因	处理措施
光源不足	电池失效、灯泡失效、电路不通	更换电池、更换小灯泡
镜柄与窥视片连接不紧密	长期频繁使用、年久失修、关节卡松脱	送检维修
其他故障		及时送专业的厂家或公司进行维修

【应急预案】

直接喉镜在使用时突然不亮，而又找不到备用喉镜或备用电池时，可使用可视喉镜代替，或者采用光导纤维支气管镜。

【消毒与维护】

1. 清洁与消毒

（1）用流动水冲洗：喉镜片端朝下，流水冲洗清洁。

（2）75% 乙醇擦拭整个喉镜，必要时，环氧乙烷灭菌。消毒后清洁保存。

2. 保养与维护

（1）专人管理。

（2）防锈、防腐蚀：选择清洁、干燥、通风好、温度适宜的地方保管，避开阳光直射、高温、潮湿的地方。气候潮湿区域，存放喉镜的房间应备除湿器。

（3）备用状态时，镜柄与窥视片的关节松开，分别放置。

（4）消毒后再次检查光源，喉镜始终保持在急救备用状态。

第七节　全自动洗胃机

全自动洗胃机是采用计算机控制，实时动态参数液晶显示，实现患者洗胃自动化的仪器。适用于清除胃内毒物或刺激物、幽门梗阻的患者，以及部分手术或检查前准备等。

【结构与原理】

1. 基本结构：全自动洗胃机由压力泵、控制管路、控制电路、机箱等组成，常用的有 DFX-XWD 型、SMAF 全自动洗胃机、SC-II 全自动洗胃机等。

2. 原理：采用电磁泵作为冲液和吸液的动力源，通过控制电路来控制冲泵、冲阀和吸泵、吸阀，以完成冲、吸洗胃过程，达到高效洗胃的目的。

【操作步骤】

1. 操作流程

（1）评估患者：

1）评估：年龄、病情、意识、瞳孔、心理状态、沟通理解能力及合作能力；

服毒者的毒物种类、性质、剂量及服毒时间；既往病史及口腔黏膜疾病，有无洗胃和插管禁忌症。

2）向患者解释实施洗胃术的目的、方法、步骤；操作中可能出现的风险；使患者掌握合作方法。

（2）患者准备：

1）协助患者摆放体位。

2）中毒者应尽快去除污染衣物，清洁皮肤，注意保暖。

（3）护士准备：衣帽整洁，洗手，戴口罩。

（4）用物准备：包括自动洗胃机、洗胃液（温度 25 ～ 38℃，量 10000 ～ 20000ml）、胃管、弯盘、治疗碗、镊子、注射器、压舌板、开口器、纱布、胶布、棉签、液状石蜡、中单、手电筒、污水桶等。

（5）环境准备：调节室温，酌情关闭门窗，必要时用屏风遮挡。

（6）设备检查及调试：在使用前连接好管路，将桶内装入清水。接通电源，按质控键进行自动清洗，冲洗过程顺利，说明该设备正常。

（7）操作：

1）插管：协助患者取坐位或左侧卧位（昏迷者取去枕平卧位，头偏向一侧），颌下铺橡胶单及中单、置弯盘，量长度，润滑胃管前段，自口腔插入约 55 ～ 60cm，判断胃管确实在胃中后胶布固定。

2）灌洗：将胃管末端与洗胃机的胃管连接。按“手吸”键，吸出胃内容物；按“自动”键，机器开始对胃进行自动冲洗至洗出液澄清无味时，按“停机”键停止洗胃，分离胃管。

3）观察：洗出液性质、颜色及患者有无出现洗胃并发症等。

4）拔管：反折胃管拔管。协助漱口（昏迷者忌）、擦净面部（必要时更衣）。

5）整理：协助患者取舒适卧位，询问其感受；整理床单位，清理整洁用物，排尽洗胃机内的水；操作者洗手。

6）记录：病情、洗胃方法、洗胃液名称、量、灌洗液与洗出液的总量与性质、洗胃过程中患者的主诉及病情变化、洗胃效果；是否留取标本送检及标本送检的时间。服毒者记录所服毒物名称、量、服毒时间、给予的抢救。

2. 注意事项

（1）洗胃机在使用前，过滤瓶必须灌满清水方可使用。根据临床情况选用胃管类型。确保机箱内上部的压力开关（次级熔丝管旁）处于接通“-”位置。压力控制开关接通后，冲、吸压力控制在设定范围内；当压力控制开关处于断开“0”的位置时，冲、吸压力不受控制。此时，操作人员不得离开，且冲、吸时间不得超过 6 秒。

（2）冲洗液量要求：手控冲洗胃时吸液量应大于冲液量（一般情况下，吸液量＞冲液量 50 ～ 150ml）；自控洗胃时，冲洗量按要求设定。在使用过程中，必须注意每次的冲液量。随时注意观察患者情况和注入净水量、温度、排除液量等情况，发现异常，及时停机处理。

（3）接头部位连接要牢固，不得松动、漏气。不要使用小管径连通器连接管路以免因管路阻力增大影响洗胃效果。

（4）在使用过程中，注意观察排污口状况。

（5）对老年、心脏病、消化道综合症等特殊患者应由医务人员根据实际情况判定并慎重操作。

（6）洗胃机在使用期间，应检查冲洗压力、冲吸液量等是否正常，不要带故障运行以免影响急诊抢救。

（7）需要更换熔丝管时，应切断电源。

【常见故障与处理措施】

常见故障	原因	处理措施
不吸水或吸水不正常	二极管烧坏	更换二极管
	吸泵烧坏	更换泵
	瓶内污物堵塞	清除瓶内污物，过滤网洗刷清洁
	细过滤网漏装	将污物反冲掉或清洗泵体
	污物进入吸泵内搁浅	重新装入过滤器
	瓶塞漏	盖紧瓶塞
	进液接头堵塞	清除进液接头网孔残渣杂质
	胃管规格不符	使用多孔专用胃管
不冲水	冲泵污物阻塞	拆泵清除污物
	二极管损坏	更换二极管
自控冲液量大于吸液量	电位器受震移动	将线路板上电位器调整为液量减少
熔丝管熔断	电压不正常，同时按两键	在正常电压 220V 使用，更换熔丝管
指示灯亮，机器不运转	机内线路中断	检查线路
	泵生锈阻轧、泵电量增大	维修泵体
冲液时，液体冲不进胃内而由排污口排出	吸电磁阀损坏	更换吸电磁阀

【应急预案】

1. 工作中仪器出现故障，应立即停止使用，使用人工洗胃法进行操作。

2. 故障仪器悬挂“设备故障”牌，通知维修部门进行维修。

【消毒与维护】

1. 清洁与消毒

（1）管路：洗胃完成后，清洗过滤瓶及瓶内过滤网，然后用0.1%的三氯异氰尿酸泡腾片（健之素）溶液（每片0.65g，按1∶1000的比例配制）冲洗管路3次以上，再用清水连续冲洗管路5次以上，每次冲液量要在100ml以上。消毒部件应包括进液接头、胃管、外接导管以及机器内部其他管路部分。

（2）过滤瓶、进液接头及各种管道：用0.1%的健之素消毒液浸泡1小时进行消毒。为防止交叉污染，排污导管单独消毒、存贮或一次性使用。

（3）胃管、胃管连接管及其接头：一次性使用。

（4）机箱外表面：用浸过消毒液的微湿抹布擦拭，擦拭时防止液体渗入机箱缝隙。

2. 保养与维护

（1）设备每天要运行一次，以保证机器性能良好。方法如下：连接好管路，将桶内装入清水。接通电源，按自控键对管道进行自动清洗约5分钟。停机后，使两只过滤瓶内各自灌满清水，并放置在清洁、干燥的地方，以保证机器随时处于良好状态。

（2）洗胃机应贮存在无腐蚀性气体和通风良好的室内，运输时避免剧烈震动。环境温度：-40℃～55℃，相对湿度：≤95%。

第八节 抢救车

抢救车是抢救患者专用的医用设备，适用于危重患者的抢救或患者在遭遇突发事件时的抢救。

【结构与原理】

1. 基本结构：抢救车包括车体及放置在车体上的医用橱柜，医用橱柜包括柜体和箱盖，柜体的上部为放置药品的空格，柜体设有用来封闭空格的推拉盖板，车体的一端设有输液架，并设置有多个用来放置物品的抽屉、橱柜，可以盛放较多的抢救用物与药品。

2. 原理：应用机械推车储物，使用方便、灵活。

【操作步骤】

1. 操作流程

（1）立即推抢救车至床旁，核对患者腕带信息，投入抢救。

（2）迅速打开抢救柜，遵医嘱使用抢救药物或抢救设备。

（3）抢救完毕清理抢救用物，及时记录与补充，物归原处。

2. 注意事项

（1）凡抢救药品，必须固定在抢救车上或设专用抽屉存放，并保持一定基数，可根据专科用药特点增加急救药品，编号排列，定位存放。

（2）每次用完及时补充，每天检查一次，保证随时应用。

（3）进行效期登记管理，对半年内有效的药品有登记，也可通过小标签标示，有效期在 3 个月内使用红色标签，6 个月内使用黄色标签。

（4）交接与药品补充流程要求班班交接，记录时间准确，将责任落实到班、落实到交接双方。已用药品由用药护士及时补充，按照失效日期的先后调整安瓿的位置，并登记或更换小标签。

（5）建立护士长监督制，护士长平时检查急救车的交接班情况，每周抽查 1 次，每月大检查 1 次，并及时通报结果，更换将要过期的药品，避免失效药品的出现。

【常见故障与处理措施】

常见故障	原因	处理措施
钥匙丢失，钥匙断裂	用后未归位，操作不当或使用时间长	马上报告设备维修部门处理
车体其他部件损坏	操作不当或使用时间长	马上报告设备维修部门处理
药品过期	未定期清查	各物品做到及时检查、及时消毒灭菌、及时补充
抢救物品不全	未定期清查	抢救车上物品放置有序，做到“五定”

【应急预案】

抢救车出现故障，应停止使用，挂“设备故障”牌，送维修部门进行维修。

【消毒与维护】

1. 清洁与消毒

每天用清洁抹布擦拭设备表面，保持设备清洁无尘。

2. 保养与维护

（1）抢救车应处于良好备用状态，车上不得放置任何杂物。

（2）每天做到“五定”：定人保管（每日清点并记录）、定时核对（查数量、质量并签名）、定点放置、定量供应、定期消毒，抢救车使用后及时补充药物及用物。抢救药品应按药物使用有效期排列（由近及远）。可根据各科特点增加药物品种，并在抢救车药品目录中注明。

（3）每日清点基数并签名（药物及抢救用物清点本），检查消毒包有效期，保证物品使用顺利。其他抢救物品均应处于良好备用状态。

（4）每周一次由专人检查抢救车。

（5）车轮每两周上润滑油一次，防止生锈。

第九节 血液透析机

血液透析机是对患者进行血液透析治疗的机器，适用于急/慢性肾功能衰竭、急性药物或毒物中毒、难治性充血性心力衰竭和急性肺水肿的急救，肝胆疾病，如肝功能衰竭、肝硬化顽固性腹水、完全性梗阻性黄疸患者的术前准备，各种原因导致的稀释性低钠血症与高钾血症等。

【结构与原理】

1. 基本结构：血液透析机由血泵装置、检测装置、报警系统、水处理系统及显示装置组成。

2. 原理：透析用浓缩液和透析用水经过透析液供给系统配制成合格的透析液，通过血液透析器，与血液监护警报系统引出的患者血液进行溶质弥散、渗透和超滤作用；作用后的患者血液通过血液监护警报系统返回患者体内，同时透析用后的液体作为废液由透析液供给系统排出；不断循环往复，完成整个透析过程。

【操作步骤】

1. 操作流程

（1）评估患者：

1）评估：年龄、病情、意识、治疗情况、局部皮肤情况、活动能力及合作程度。

2）向患者解释使用血液透析机的目的、注意事项及配合要点。

（2）患者准备：

1）了解用血液透析机的目的、注意事项及配合要点。

2）体位舒适，愿意合作。

3）检测患者置管针是否通畅，有无渗血渗液。

（3）护士准备：衣帽整洁，剪指甲，洗手，戴口罩。

（4）用物准备：将血液透析机接好电源，按医嘱配好液体。

（5）环境准备：调节室温，保持环境安静、安全、宽敞。

（6）准备开始透析。

1）确认电源已连接并开启，按压开关按钮键 3 秒，启动机器。

2）按液体流路键，选择确认透析液配方，连接透析液。如选择“204+BiCart”，将 A（红色）吸管插入 A 浓缩液桶；安装 BiCart 干粉筒。

3）当预冲键亮起，正确连接透析器和血路管，注意：必须连接静脉压力传感器。动脉端连接预冲液，准备预冲。

①手动预冲：操作员设置预冲容量、血泵速、按压闪烁的血泵键，启动血泵开始预冲。

②辅助预冲：在辅助预冲菜单里选择预冲处方，按选择键确认，启动血泵进行预冲。辅助预冲的参数由工程师预先设定。辅助预冲分为四个阶段，大约需要 9 分钟。

4）当预冲完成后，设置治疗参数。选择“连接患者”。

5）按标准程序将血路管连接到患者血管通路，启动血泵，血泵将以 100ml/min 速度将血液引出。

6）当预冲探测器探测到血液时，血液流程图将亮起，治疗时间开始倒计时。

7）调整血泵至患者适合的速度。依次按灭动脉压、静脉压、超滤键，治疗开始。

（7）观察：观察患者透析过程中生命体征变化、各项压力检测及血液透析机有无报警等情况。

（8）结束治疗：当时间显示屏上显示的时间为 0：00 时，将出现提示。

1）按压选择键确认，并按闪烁的时间键确认治疗结束。

2）选择“回血”并确认后，血泵将自动停止。

3）将血路动脉端与患者血管通路分离，并连接到已准备好的回血溶液中，启动血泵。

4）显示屏将显示回血菜单。

5）回血完成后，血泵停止。

6）选择“断开患者连接”并确认，将管路与患者分离，治疗结束。

（9）整理：整理床单位，清理用物，洗手。

（10）记录：记录使用血液透析过程中生命体征、各项压力值、超滤量、患者反应等情况。

2. 注意事项

（1）在机器预冲准备过程中和回血过程中，请不要夹闭静脉压管路。在机器血泵停止转动之前，请不要夹闭血液管路。

（2）操作时，必须确认浓缩液吸液管和浓缩液吸液插头可靠连接。并保证所用浓缩液正确。

（3）操作时，检查吸液插头上是否有浓缩液成分的结晶，并检查接头上 O 型圈是否完好，以防止吸液时有漏气现象。

（4）如需给机器强行断电，必须先从机器背后关上总电源（方形开关），然后短按机器背面的 HALT 按钮（圆形按钮）。最后在机器操作面板上按住 ON/OFF 开关键和消音键，直到报警声消失。

（5）治疗中，在机器血流速、静脉压、跨膜压稳定后再锁定报警界限。否则机器容易出现报警。

（6）拆卸血路管，不要直接将动脉血路管的泵管部分从机器血泵中拉出，在停泵后，逆时针转动血泵并握紧泵管前端，顺着泵头转动将泵管取出。在打开和关闭空气探测器盖门时，必须先按住盖门中间部分，再进行开启和关闭盖门的操作。

（7）当 AK96 提醒需要做高静脉压检测时，应按以下步骤执行：首先停转血泵，并夹闭静脉滴注室以下的静脉管路。然后按压静脉压键，查看当前的静脉压力。如果发现当前静脉压低于 50mmHg 时，请顺时针旋转机器左侧的旋钮，将压力升高。待静脉压稳定 10 秒以上后，测试提示消失。松开之前的静脉管路夹子，启动血泵，测试通过完成。

【常见故障与处理措施】

常见故障		原因	处理措施
电导度报警	电导度高或低警报	A、B液桶的标号不正确；A、B液管滤网及安放位置不正确；温度补偿有异常	检查A、B液桶的标号；检查A、B液管滤网及安放位置；检查温度补偿是否正常
	电导度间歇式警报	A、B液管接口处漏气、O型圈磨损、机器轻微堵塞	解除接口处漏气，必要时请专业维修人员
	多台机器同时电导警报或伴随水或流量警报	浓缩液配制、反渗水供水压力异常	检查浓缩液配制是否准确，检查反渗水供水压力
	电导度没有警报但患者表现出口渴、血升高或降低、头疼恶心等失衡症状	报警窗口设置错误	校准电导度传感器及显示，检查透析液电解质
温度报警	多台机器同时出现高低温警报	进水温度异常	检查进水温度
	除温度警报外还伴有电导、水、流量等警报	供水不足、流量不稳	通知相关人员处理
	患者主诉冷热感受程度与机器温度设置不符	传感器灵敏度失灵	更换传感器
透析液流量报警		水处理供水不足或压力降低，透析机排水不畅，透析机需要清洗除钙，硬件故障	通知相关人员处理或维修
漏血报警		滤器破膜	更换滤器
		废液壶光洁度不够，探测器污染，壶内废液未装满或超滤液混浊	用乙醇擦拭壶表面及探测器，将废液壶内液体装满或更换管路
		假报警：黄疸或服用利福平等	采用假的废液壶
血泵故障		体外循环系统警报，血泵门未关严或泵管移动导致泵卡死，滚轮污染后相对运动受阻，血泵间隙过大或过小，零部件损坏	检查泵门是否关紧，必要时请相关人员处理或维修

（续表）

常见故障	原因	处理措施
空气报警	管路安装不妥，各连接处不紧密	检查管路安装及各连接处
	静脉壶液面过低、滤网漂浮	调整液面或更换管路
	静脉壶内有气泡或杂质	用注射器抽去气泡或更换管路
	血流量不足	检查血管通路，监测血压
跨膜压报警	静脉壶表面不光洁	用乙醇擦拭静脉壶表面或更换
	滤液管扭曲或处于夹闭状态	解除滤液管扭曲或夹闭状态
	设置的超滤量过大	设置合适的超滤量
	血流量过低	提高血流量
静脉压力过低	管路断开或有裂缝	更换管路
	滤器与静脉压监测点之间的管道受压、扭曲	解除管路受压、扭曲的状态
	血泵速度太慢或压力报警界限太高	改变泵速，调整压力报警界限
	压力传感器漏气、连接压力传感器的保护罩堵塞	更换压力传感器
静脉压力过高	患者体位改变	变换体位
	静脉压监测点与回路管路之间的管道受压、扭曲	解除管路受压、扭曲的状态
	管路内有血凝块	清除血凝块或更换管路
超滤报警	超滤控制系统组件或超滤泵损坏	通知相关人员维修
动脉压力过低	患者身体移动	重新摆好体位
	导管在静脉内位置偏移	转动插管，观察血流量是否改变
	动脉管道夹住或扭结	检查管路，有无打折
	动脉采血导管内凝血	冲洗盐水，检查插管是否通畅

【应急预案】

1. 透析器（滤器）破膜

破膜时应更换透析器，是否回血应根据跨膜压（TMP）的变化，如果 TMP＞0 说明破膜较小，膜内仍为正压，透析液不会进入膜内，可回输血液。如果 TMP＜0 说明破膜较大有反超的危险，因为透析液并非无菌，一旦进入血液，可诱发感染，一般不回输给患者。

2. 透析中发生休克

（1）低血压引起的休克，根据医嘱立即回输生理盐水，停止超滤，患者取头低足高位，给予氧气吸入，必要时输入高渗液体。

（2）危重患者当 $SpO_2 < 90\%$，心率减慢或严重心律失常时，应立即回血停止透析，根据休克的程度及发生的原因，采取相应的措施。

3. 透析时电源中断

（1）停电时应及时迅速到达透析机旁进行操作，并由一人查找停电原因，是全院停电还是科室内跳闸。

（2）如果是透析机故障，应回血结束透析。如果是短时停电不必忙于回血，因透析机内嵌有蓄电池可运行 20 至 30 分钟。

（3）若全院停电，医护人员应边加强巡视，保证血泵有效转动，边等待医院发电。若后勤科超过 5 分钟不能送电时应及时利用通讯工具与后勤科或医院办公室联系。

（4）若为科室内跳闸，应先合闸，若再次跳闸，应逐一查找原因，尤其注意水处理间及心电监护仪，检查是否短路所致。

（5）停电后所有在场人员必须操作机器或做患者思想工作，以消除患者紧张情绪，自动开启应急灯，以便观察患者病情及穿刺处情况。

（6）若短时间内不能恢复供电，护士利用蓄电池电量进行有序下机回血。

（7）在电未恢复前，蓄电池电量不够导致血泵停止时，护士要将静脉壶下端的管路从保险夹中拉出来，再用手摇血泵，防止空气进入血管路。应首先将静脉管路从静脉夹中取出，以防部分机器因停电静脉夹未打开而出现溢血或管路破裂，并缓慢匀速转动血泵，以防时间过长造成患者血液在体外凝固。

（8）电源恢复后，将透析机处于正常透析状态。

【消毒与维护】

1. 清洁与消毒

（1）透析机器外部消毒：每班用湿布擦拭机器表面的血渍和污垢，再用 75% 乙醇或表面活性消毒剂进行擦拭消毒。

（2）透析机器内部消毒：

1）每次透析结束时应对机器内部管路进行消毒。消毒方法按不同透析机厂家出厂说明进行消毒。

2）透析时如发生破膜、传感器渗漏，在透析结束时应立即机器消毒，消毒后的机器方可再次使用。

2. 保养与维护

（1）血液透析机应在干燥、无尘和温湿度适宜的环境中安装和使用，保持室内温度为20℃～22℃，湿度在50%左右，使用时，不可遮挡机器后面的排气扇窗口，排气扇滤网要定期拆洗。

（2）不在机器上放置与治疗无关的药物，特别是饮料和食物等，避免水或蚊虫对机器造成损害。执行各项操作时，尽量避免盐水、透析液、化学消毒液等腐蚀性液体洒落在机器上。一旦发现，立即用干布抹净。

（3）浓缩透析液抽吸管连接到清洗口前应先用反渗水清洗接头再进行连接，避免浓缩透析液结晶析出而影响连接的紧密性；对于某些机型的长管抽吸管，其与清洗口的连接处有一普通橡皮密封圈，浓缩透析液的酸、碱使其失去弹性，因此，洗液要正确放置吸管，避免橡皮密封圈浸泡在浓缩透析液中。

（4）每月一次对血泵、注射泵滴注硅油润滑，并保持清洁无尘。每年一次计量检测。

（5）由设备维护人员对透析机进行检测、保养。如血泵的校正；清洁机器内部的灰尘、污垢；清洁各过滤网、传感器探头等；更换易磨损、老化的各泵管和密封垫圈。保养周期一般为机器运行2500小时、5000小时、10000小时。

（6）设备意外被水淋湿后，应立即切断电源，停止使用，及时该机器进行烘干处理，并由专业维修人检查后才能使用。

（7）保管要求为环境温度10℃～40℃；相对湿度15%～70%。

（8）设备寿命在正常使用情况下为5年。

第十节　透析器

透析器作为血液、透析液溶质交换的唯一场所，是透析设备中最重要的组成部分之一。

【结构与原理】

1. 基本结构：透析器主要由支撑结构和透析膜组成。

2. 原理：

（1）弥散：对小分子溶质清除效果比较好。

（2）对流：对中分子溶质清除效果比较好。

（3）吸附：吸附炎症介质、内毒素等。在透析治疗过程中，血液和透析液在透析半透膜两侧反方向流动，血液侧的尿毒素弥散进入透析液侧，而血中蛋白质和有形成分不能通过透析膜；透析液中的碱基等物质通过半透膜进入血液；通过调节侧负压能控制水的清除。根据膜平衡原理，透析膜两侧小于膜孔隙直径的小分子溶质和溶剂依浓度梯度、渗透压或静水压梯度做跨膜运动，最终达到平衡，实现清除毒素、纠正水盐和酸碱紊乱的目的。

【操作步骤】

1. 操作流程

（1）操作前准备

1）正确连接 A、B 液，开启血液透析机自检。

2）拆开包装袋前认真检查透析器型号、灭菌时间和方式，外包装有无破损，拆开后检查透析器有无裂痕及破损处。复用透析器应核对患者的姓名、透析器类型、使用次数、复用日期、灭菌剂有无泄露、灭菌有效浓度是否达标。

（2）透析器及管路预冲

1）一次性血液透析器及管路的预冲方法：

①将透析器安置于透析机支架上，将血泵的速度调整至 150ml/min，用 0.9% 氯化钠注射液预冲液预冲动脉管路（将动脉壶倒置于动脉夹上，待动脉壶充满后将其翻转并固定于动脉夹上）。

②停血泵，再将动脉管路与透析器相连，依次连接静脉管路，开血泵使静脉管路充满液体。

③将静脉管路的末端与泵管前的侧管相连，固定好动脉壶、静脉壶，连接相应动脉压、静脉压和空气检测器。再用 0.9% 氯化钠注射液、肝素盐水预冲循环管路。

2）复用透析器的预冲方法：

①连接步骤同上。预冲循环管路时，将血泵的速度调整至 200 ～ 300ml/min、机温调至 39℃、设置脱水量 500ml、时间 15min 进行循环（注意切记放侧管冲洗）。以上操作适宜于用过氧乙酸消毒液的复用透析器。

②随时监察透析过程，并适时追加肝素，既要保证不发生管路和透析器凝血，又要避免肝素过多而引起出血。

③透析结束后，将生理盐水（500ml）接入进血口，并逐渐把透析器内的

残留回输入体内。复用透析器运送到透析器复用间进行复用处理，需要废弃的透析器放入医用垃圾袋内，按特殊医疗废物集中处理。

2. 注意事项

（1）使用产品前应严格检查包装袋是否破损，如有破损则禁止使用。查看消毒日期是否在安全使用期内。

（2）注意动静脉端与透析器连接部位的紧密度以及连接方向的正确性，使透析器和血液流动方向相反。

（3）在预冲和冲洗过程中必须注意严禁空气进入透析器及血液管道，在冲洗过程中可能有液体从透析液口排出。

（4）严格执行无菌技术操作原则，避免透析器、透析液和管路污染。

（5）透析治疗过程中严密观察，及时发现透析器凝血、破膜等情况的发生并得到及时有效的处理。

（6）跨膜压应严格保持在66.5kpa（500mmHg）以下，不可以对透析器和血液管道施加不必要的压力，以防泄露和连接部位的脱落。

【常见故障与处理措施】

常见故障	原因	处理措施
透析器破膜	短时间内超滤量过大，使跨膜压超限 重复使用的透析器未经压力测试或复用透析器有些净化剂（如氢氧化钠、次氯酸钠）对透析膜有腐蚀作用；透析过程中忘记加肝素或用量不足致管路凝血或静脉回流不畅、透析器预冲和治疗时管路弯曲、压迫等；透析器本身质量不合格，透析器在运输和储存时破损未被发现	打开旁路按键，透析液走旁路，减少流失 立即更换透析器，重新开始透析 是否回输血液应根据跨膜压的变化，如果TMP大于0说明破膜较小，膜内仍为正压，透析液不会进入膜内，可回输血液。如果TMP小于0说明破膜较大有反超的危险，宁可废弃血液而不回输给患者，如出血多或休克，应及时输血

【应急预案】

1. 透析器首次使用综合征：临床上可分为A型首次使用综合征和B型首次使用综合征两型。

（1）临床表现

1）A型首次使用综合征：多发生在透析后几分钟，表现为呼吸困难、憋气感、皮肤瘙痒、荨麻疹、全身发热感、咳嗽、流泪、流涕、腹肌痉挛或腹泻等，严重者可出现心搏骤停，甚至死亡。

2）B 型首次使用综合征：是一种非特异性反应，多发生于透析开始几分钟到 1 小时左右，主要表现为胸背痛。

（2）处理

症状轻者可给予对症处理，如吸氧，给予心理安慰，继续进行透析。严重者应立即停止透析，同时夹住血液管道，丢弃透析器和管道内的血液，遵医嘱给予肾上腺素、抗组胺药或激素。对于发生低血压的患者给予抗休克处理，吸氧。

2. 其他：包括溶血、热原反应等。

（1）临床表现

1）溶血：胸闷、腰背痛、呼吸困难、寒颤、血压下降甚至心搏骤停，静脉回路内血液呈淡红色或葡萄酒色。

2）热原反应通常在透析后 1 小时发生，透析前体温正常，透析过程体温升高，并伴有寒颤、发热、肌痛、恶心呕吐或低血压等症状。

（2）处理

1）发现溶血立即停止透析，透析管路中已经溶血的血液由于含钾很高，不应回输入患者体内，严密观察患者生命体征变化，协助医生做好抢救工作。

2）出现热原反应对症处理，改善症状：使用抗组胺药物，退热药物，效果不佳可给予糖皮质激素；出现低血压者按透析相关性低血压处理；症状严重者应结束透析治疗，疑为细菌感染者应及时用抗生素治疗。

【消毒与维护】

1. 清洁与消毒

（1）若为一次性透析器，用后销毁。

（2）复用透析器使用后严格消毒、检测、储存，使用单独的储存柜。

2. 保养与维护

（1）储存要求：干燥环境，温度保持在 5℃～ 30℃下储存。避免阳光直射、剧烈振动及有害气体的侵入。

（2）复用透析器上应有专门的复用使用记录贴，专门的复用记录登记本。复用记录包括患者的姓名、性别、病案号、血液透析器型号、每次复用的日期和时间、复用次数、复用工作人员的签名或编号以及血液透析器功能和安全性测试结果。

（3）透析器的复用：透析器复用必须根据国家的法律法规来执行。复用处理后的透析器应贮存于专用贮存柜，分开放置，标识清楚，复用透析器或滤器只能同一患者使用，不得他人使用。复用次数应根据透析器或滤器 TCV、膜的完整性试验和外观来确定，三项中任何一项不符合要求应废弃。半自动复用：低通量透析器复用次数不得超过 5 次；高通量透析器复用次数不得超过 10 次。全自动复用：低通量透析器推荐复用次数不得超过 10 次；高通量透析器复用次数不得超过 20 次。

第十一节　水处理系统

水处理系统是提供、消毒血液净化中心透析用水的装置。

【结构与原理】

1. 基本结构：通常水处理系统分为前级加压过滤装置、反渗装置、后级储存加压装置附属系统。前处理部分可以分为前级加压系统、砂滤系统、碳滤系统加除铁系统（可选项）以及软化系统；反渗装置包括高压泵、一级或二级反渗膜；后级存储加压装置主要包括储水桶、供水循环管路、加压泵等。

2. 原理：透析单位的水源经过加压后进入水处理系统的前级过滤装置，除掉水中的胶体、颗粒杂质等，经过树脂吸附钙镁离子，然后活性炭除掉水中的氯胺、余氯、有机物等成为原水；原水经过反渗装置后得到一级或者二级反渗水；反渗水经过加压装置和供水管路提供给透析机和配液系统使用。

【操作步骤】

1. 操作流程

（1）前处理系统操作

前级处理部分为自动工作，在反渗主机进入工作模式后会自动进入工作状态。

1）自来水输送泵为一用一备，自动切换。

2）砂滤罐每三天冲洗一次；软化树脂每 35 立方再生一次；活性炭罐每三天冲洗一次。

3）机器运行过程中，检查自来水输送泵后压力和活性炭罐之后压力（反渗机上 1 号压力表），范围为 3 ～ 6bar。

4）前处理罐的冲洗，再为自动进行，不需要进行任何操作。

（2）反渗主机操作

1）每天早晨转动开机键（由位置 2 至位置 1，位置 0 为停止状态）启动机器。

2）待机器自检结束，电导度达到稳定时即可使用反渗水。

3）在机器运行过程中，各压力表压力范围分别是：

压力表编号	压力
No.2	8 ～ 15 bar
No.3	2 ～ 7 bar
No.4	8 ～ 15 bar
No.5	3 ～ 6 bar
No.6	1 ～ 4 bar

4）每天工作结束后，转动关机键（由位置 1 至位置 2），将机器置于夜间工作状态。

（3）消毒操作

1）确认所有透析治疗已经结束，血透机已全部关机。

2）将反渗水管路与血透机脱离，即将不锈钢快速接头脱开。

3）确认反渗水输送管道上其他所有取水口已关闭。

4）检查在蓝色压力气包上的液位计。当在观察窗内出现红球时，禁止输送管路消毒。

5）为提高消毒工作的效果，必须确保膜组件无有机物污染或化学污染。必要时，在此之前要用清洗剂进行清洗，或用 5% 柠檬酸溶液除去膜上的沉积物。

6）化学消毒剂须符合厂家要求。确认消毒剂型号、浓度、有效期是否符合水处理设备生产厂家要求。

7）操作：

①启动夜间模式以冲洗水处理系统。

②按 F5 进入消毒模式。

③确定要被消毒的系统环路。

④将消毒剂注入缓冲桶内。

⑤按 F5 进入消毒过程，消毒剂的循环、作用、冲洗将自动进行。

2. 注意事项

（1）前处理系统

1）保证各处理罐控制器时间正确。

2）应保证盐桶内的盐量在规定范围之内。

（2）反渗主机

1）在屏幕上观察反渗水温度，水温不得大于35℃。

2）在机器进入夜间工作状态后，管路上任何取水口不得再行取水使用。

3）每周检查软水硬度及余氯，每月进行反渗水细菌培养。

4）机器上各个闸门在工程师不在场的情况下不要扳动。

（3）消毒

1）缓冲桶中的消毒剂浓度不得超过8%，否则，膜将受损。

2）在证实有霉菌、酵母菌或芽孢污染时，须咨询生产厂家。

3）消毒剂的作用时间至少要15分钟，消毒剂在膜上的作用时间须不超过30分钟，须立即冲洗消毒剂。

【应急预案】

1. 工作中仪器出现故障，应立即停止使用，必要时更换仪器。

2. 故障仪器悬挂“设备故障”牌，送维修部门进行维修。

【消毒与维护】

1. 清洁与消毒

保持仪器外壳清洁，每天用细软清洁毛巾擦拭。

2. 保养与维护

（1）前处理系统：

1）前处理前置自来水过滤器内滤芯：每月更换一次。

2）前处理后置软水过滤器内滤芯：每月更换一次。

（2）反渗主机：软水过滤芯每月更换一次。

第十二节　连续性血液净化设备

长时间代替受损的肾功能进行体外血液净化治疗的仪器，适用于急性肾功能衰竭（ARF）合并的高钾血症、酸中毒、肺水肿，心力衰竭，脑水肿，高分解代谢，ARDS，血液动力学不稳定，心脏外科手术后，心肌梗死，脓毒血症，慢性肾衰维持性透析，全身炎症反应综合征，多器官功能综合征，急性呼吸窘迫综合征，挤压综合征，急性坏死性胰腺炎，心肺旁路，肝性脑病，药物和毒物中毒等。

【结构与原理】

1. 基本结构：流量泵和肝素泵、各种压力及空气监测装置、液体平衡称系统。

2. 原理：是以对流的原理清除体内大、中、小分子物质、水分和电解质，根据原发病治疗的需要补充一部分置换液，通过超滤可以降低血中溶质的浓度，以及调控机体容量平衡。

【操作步骤】

1. 操作流程

（1）评估患者：

1）评估：年龄、病情、意识、治疗情况、局部皮肤情况、活动能力及合作程度。

2）向患者解释连续性血液净化的目的、注意事项及配合要点。

3）检测患者置管针是否通畅，有无渗血渗液。

（2）护士准备：衣帽整洁，剪指甲，洗手，戴口罩。

（3）用物准备：将血液透析机接好电源，按医嘱配好液体。

（4）环境准备：调节室温，保持环境安静、安全、宽敞。

（5）操作：

1）启动：连接电源→打开机器背面开关键→打开操作面板开关键（按下约3秒）。

2）自检：核对机器软件版本→核对开始条件是否满足。

3）功能监测：检查显示序号是否完整→监测机器是否有声音报警响应。

4）选择治疗模式，安装管路。

5）预冲管路系统。

6）超滤冲洗。

7）输入参数。

8）连接患者，开始治疗，调整参数。

9）观察：观察患者透析过程中生命体征变化、各项压力检测及血液透析机有无报警等情况。

10）完成治疗：选择“结束治疗”并确认，关血泵断开患者连接，将管路与患者分离，治疗结束。

11）整理与记录：整理床单位，清理用物，洗手。记录使用血液透析过程中生命体征、各项压力值、超滤量、患者反应等情况。

2. 注意事项

（1）在压力管路上使用带疏水过滤保护罩的管路系统，以预防交叉感染。

（2）不得用注射器将压力测量管路中的血液推后。这可能会损坏疏水过滤罩的保护膜，造成污染。

（3）确保过滤液袋自由悬挂，不接触其他物体，以保证平衡系统正常工作。

（4）漏血检测器和过滤液袋之间的过滤液管路不能插太紧。

【常见故障与处理措施】

常见故障	原因	处理措施
动脉压力过低	患者身体移动	重新摆好体位
	导管在静脉内位置偏移	转动插管，观察血流量是否改变
	动脉管道夹住或扭结	检查管路，有无打折
	动脉采血导管内凝血	冲洗盐水，检查插管是否通畅
静脉压力过低	管路断开或有裂缝	更换管路
	滤器与静脉压监测点之间的管道受压、扭曲	解除管路受压、扭曲的状态
	血泵速度太慢或压力报警界限太高	改变泵速，调整压力报警界限
	压力传感器漏气、连接压力传感器的保护罩堵塞	更换压力传感器
静脉压力过高	患者体位改变	变换体位
	静脉压监测点与回路管路之间的管道受压、扭曲	解除管路受压、扭曲的状态
	管路内有血凝块	清除血凝块或更换管路
空气报警	管路安装不妥，各连接处不紧密	检查管路安装及各连接处
	静脉壶液面过低、滤网漂浮	调整液面或更换管路
	静脉壶内有气泡或杂质	用注射器抽去气泡或更换管路
	血流量不足	检查血管通路，监测血压
	静脉壶表面不光洁	用乙醇擦拭静脉壶表面或更换
漏血报警	滤器破膜	更换滤器
	废液壶光洁度不够，探测器污染，壶内废液未装满或超滤液混浊	用乙醇擦拭壶表面及探测器，将废液壶内液体装满或更换管路
	假报警：黄疸或服用利福平等	采用假的废液壶

（续表）

常见故障	原因	处理措施
跨膜压报警	滤器凝血	更换滤器
	滤液管扭曲或处于夹闭状态	解除滤液管扭曲或夹闭状态
	设置的超滤量过大	设置合适的超滤量
	血流量过低	提高血流量

【应急预案】

1. 透析器（滤器）破膜

破膜时应更换透析器，是否回血应根据跨膜压（TMP）的变化，如果TMP＞0说明破膜较小，膜内仍为正压，透析液不会进入膜内，可回输血液。如果TMP＜0说明破膜较大有反超的危险，因为透析液并非无菌，一旦进入血液，可诱发感染，一般不回输给患者。

2. 空气栓塞

（1）立即夹住静脉管道关闭血泵。

（2）置患者头低左侧卧位使空气积存在右心房的顶端，禁忌按摩心脏。

（3）当进入右心室空气量较多时，在心前区能听到气泡形成的冲刷声，应行右心室穿刺抽气。

（4）给患者吸纯氧或放在高压氧舱内加压给氧。

（5）静脉注射地塞米松减少脑水肿，注入肝素和小分子右旋糖酐改善循环。

3. 管路破裂

（1）出现渗血时应立即回血，将管路的血回干净。

（2）将新管路用生理盐水预冲后更换

（3）各衔接部位要紧密。

（4）如果失血量较大，应立即输新鲜血或血浆蛋白。

（5）当血压较低时，遵医嘱给予扩充血容量。

（6）密切观察生命体征，采取相应的措施。

【消毒与维护】

1. 清洁与消毒

（1）连续性血液净化设备使用时一人一用一消毒，每次治疗完成后，拔出电源。外壳被污染可使用蘸有凉水或温水的纱布或其他软布擦拭，含氯消毒剂

（500mg/L）擦洗（显示屏禁用）。禁止使用尖锐物品清洁。

（2）各传感器应经常用无水乙醇清洁，以免药液进入影响工作可靠性及腐蚀传感器。

2. 保养与维护

（1）防止任何固体微粒进入机体。以免磨损各传感器精确度，在每次治疗完成后，仔细检查每个压力传感器是否干净，盖上防尘保护罩。

（2）装有蓄电池的血液灌流机，首次使用前或长时间不用时其内部蓄电池要充电至少 12 小时，内部蓄电池电量不足时要及时充电，每月对内部电池进行充电一次，以防电池老化，并开机运行 1 小时。

（3）每周一次由专人对连续性血液净化设备进行开启检查。

（4）连续性血液净化设备在正常使用情况下，使用期限为 5 ～ 10 年（每次连续工作不超过 6 小时）。

第十三节　血液灌流机

血液灌流机是一种用于血液净化及其他需要体外循环动力的临床治疗的医疗设备，主要应用于急慢性药物中毒、尿毒症中分子毒素吸附、肝病及免疫领域致病因子的吸附。

【结构与原理】

1. 基本结构：血液灌流机由血泵、灌流器、血液导管、滴管、定时器、静脉压表或血压表、吊瓶支架、加温装置和夹具装置组成。

2. 原理：将患者血液从体内引到体外循环系统内，通过灌流器中吸附剂非特异性吸附毒物、药物、代谢产物，达到清除这些物质的目的。与其他血液净化方式结合可形成不同的杂合式血液净化疗法。

【操作步骤】

1. 操作流程

（1）评估患者：

1）评估：年龄、病情、生命体征、意识、治疗情况、血管通路情况、活动能力及合作程度。

2）向患者解释使用血液灌流机的目的、方法、注意事项及配合要点。

（2）患者准备：

1）了解用血液灌流机的目的、方法、注意事项及配合要点。

2）心电监护仪监测，体位舒适，愿意合作。

（3）护士准备：衣帽整洁，剪指甲，洗手，戴口罩。

（4）用物准备：血液灌流机及电源连线、灌流器、无菌血路管，无菌巾、无菌手套、血管钳、按医嘱备好的药物及液体。

（5）环境准备：调节室温，保持环境安静、安全、宽敞。

（6）操作：

1）固定：将血液灌流机推至患者身边，保证设备放置平稳，固定牢靠，固定脚刹。

2）开机：插好电源插头，打开血液灌流机电源开关；此时面板上“电源”指示灯闪烁，“时间”“温度”“肝素量”“血流速”“动脉压上下限”“静脉压上下限”“加热”等键指示灯亮，表示仪器开始工作。

3）设定：按“设置”键，此时各参数部位的数字闪烁，按“选择”键输入需要的参数值，完成设定输入。

4）预冲：开始治疗前将灌流器以动脉端向上、静脉端向下的方向固定于固定支架上；动脉端血路与生理盐水相连接并充满生理盐水，然后连接于灌流器的动脉端口上，同时静脉端血路连接于灌流器的静脉端口上，启动血泵；预冲即将结束前，采用肝素生理盐水充满灌流器与整个体外血路，最后将灌流器反转至动脉端向上、静脉端向下的固定方式，准备开始治疗。

5）上机：戴无菌手套遵医嘱采集血标本，操作前给药；根据医嘱调节参数：时间、温度、肝素量、静脉压上下限，将血流量调至50ml/min，接好肝素泵注射器，开“加热”键；无菌巾垫于置管处，将管路的动脉端与深静脉置管相连，开泵引血，当血液到达灌流器时，关泵，将静脉端与静脉置管相连；开单泵，打开静脉压监测夹，调节流量至“体重 ×（2～3）ml/min”；再次核对各项参数，调节静脉压上下限，打开肝素泵，开系统泵；随时观察灌流器内血液颜色、温度及静脉壶的硬度指数；结束前5分钟，检查患者血压、脉搏及机器上各种显示参数是否正常，并按医嘱留取血液标本送检，以观察灌流的疗效，将血流量减少至50ml/min左右。

6）下机：关泵，分离管路的动脉端与深静脉置管，将动脉管路挂高，开单泵；将灌流器倒转，使动脉端在上，静脉端在下，以利于血液回输，切忌敲打灌体，利用空气回血，快回完毕时用2个血管钳同时夹住静脉端管路，关泵；遵医嘱给药如鱼精蛋白，用生理盐水 + 肝素液封管，注意消毒与无菌操作，做好灌流后的健康教育。

7）观察：监测患者的生命体征变化；置管处如有出血或潮湿应及时更换，换药前后严格无菌操作，预防穿刺点伤口感染。每天检查一次管路通畅情况。

8）整理：整理床单位，清理用物，洗手。

9）记录：记录时间、血路方式、血流速、使用药物、患者反应，以便评价。

2．注意事项

（1）对年龄小的患者遵医嘱予以血浆预冲，以防止血容量不足导致低血压。

（2）操作中注意观察置管有无堵管、外渗、血流量不足，及时处理。

（3）下机不要敲打灌流器、挤压血路管，以免被吸附的物质重新进入血液。

【常见故障与处理措施】

常见故障	原因	处理措施
打开电源开关，面板无显示	电源开关没打开	打开电源开关
	电源插座未插紧	插紧电源插头
	电源输送出现问题	及时通知厂家维修
血泵不能泵起液体	管路泵管规格不符	泵头按默认直径 8mm 调节好
	管路未封闭	更换管路，重新排气
	管路完全变形，泵管弹性差	及时通知厂家维修
	管路壁厚不标准	将泵头间隙适当调小些
气泡消失后、血泵仍不能运转	未按阻流夹按钮	按阻流夹按钮，设备才能恢复正常运行
血泵流量与显示流量大	控制面板径选择与使用泵管尺寸不符	重新调节控制面板
	泵头与泵管间隙调节不匹配	适当调整泵头与泵管间隙
泵头运转时断时续	设定流量偏低	核对流量，重新设置
启动血泵后电机不转且伴随报警声音	运行时泵盖未合上	合上泵盖
	位置感应出现问题	按搭桥键，避开泵盖检测，血泵可以正常运行，治疗结束后维修
静脉壶无法放入液位监测座	静脉壶直径太大	将静脉壶置于补液支架上，液位监测座内用不透光物体遮住液位传感器，屏蔽液位监测功能；在系统状态下压力、起泡等其他监测功能不受影响

（续表）

常见故障	原因	处理措施
管路压力接头无法旋入灌流机上的测压接头座内	管路压力接头与灌流机上的测压接头座不符	使用过度接头，剪去管路测压接头的螺纹段，直接将软管部分套入设备的压力监测座上
灌流器前压、静脉压力报警	灌流器前压和静脉压上、下限设置与实际运行时压力显示有冲突	使用“转入监控状态”对灌流器前压、静脉压力上下限进行设置

【应急预案】

1. 如使用中突然断电或停电，电源能维持使用 1 ～ 2 小时。

2. 工作中仪器出现故障，应立即停止使用，并更换血液灌流机。

3. 故障仪器悬挂“设备故障”牌，通知维修部门进行维修。

【消毒与维护】

1. 清洁与消毒

（1）血液灌流机使用时一人一用一消毒，每次治疗完成后，拔出电源线，外壳被污染可使用蘸有凉水或温水的纱布或其他软布擦拭，含氯消毒剂（500mg/L）擦洗（显示屏禁用）。禁止使用尖锐物品清洁。

（2）各传感器应经常用无水乙醇清洁，以免药液进入影响工作可靠性及腐蚀传感器。

2. 保养与维护

（1）防止任何固体微粒进入机体。以免磨损各传感器精确度，在每次治疗完成后，仔细检查每个压力传感器是否干净，盖上防尘保护罩。

（2）装有蓄电池的血液灌流机，首次使用前或长时间不用时其内部蓄电池要充电至少 12 小时，内部蓄电池电量不足时要及时充电，每月对内部电池进行充电一次，并开机运行 1 小时。

（3）每周一次由专人对血液灌流机进行开启检查。

（4）血液灌流机在正常使用情况下，使用期限为 5 ～ 10 年（每次连续工作不超过 6 小时）。

第十四节 全自动腹膜透析机

全自动腹膜透析机是规律、定时地向腹腔内灌入透析液的医疗仪器，主要应用于急性肾功能衰竭、慢性肾功能衰竭和尿毒症治疗。

【结构与原理】

1. 基本结构：全自动腹膜透析机由主机、控制面板、加热器和电源线组成。

2. 原理：利用患者自身腹膜的半透膜特性，通过弥散和对流的原理，规律、定时地向腹腔内灌入透析液并将废液排出体外，以清除体内潴留的代谢产物、纠正电解质和酸碱失衡、超滤过多水分。

【操作步骤】

1. 操作流程

（1）评估患者：

1）评估：年龄、病情、意识、治疗情况、腹透管通畅情况、活动能力及合作程度。

2）向患者解释使用腹膜透析机的目的、方法、注意事项及配合要点。

（2）患者准备：

1）了解用腹膜透析机的目的、方法、注意事项及配合要点。

2）体位舒适，愿意合作。

（3）护士准备：衣帽整洁，剪指甲，洗手，戴口罩。

（4）用物准备：腹膜透析机及电源连线、透析液、卡匣式管组、引流袋或引流延长管（引流桶）、白色迷你帽、口罩。

（5）环境准备：调节室温，保持环境安静、安全、宽敞。

（6）操作：

1）固定：仪器放置平稳，机器放在身体同等的高度，保证设备放置平稳，固定牢靠，若降低引流速度将机器抬高 20cm，增加引流速度将机器放低 20cm。

2）开机：如果是交流供电，插好电源插头，打开腹膜透析机电源开关；如果是蓄电池供电，打开腹膜透析机电源开关。机器显示启动标准模式字样，各参数指示灯亮，红灯表示暂停，绿灯表示确认，仪器开始工作。

3）设定：按“设置”键，此时各参数部位的数字闪烁，按“选择”键输入需要的参数值，完成设定输入。

4）上机：打开卡匣门，置入卡匣，架上管组，连接引流管后，再连接引流袋或连接引流桶。按绿色键前，确认关闭管组上的所有管夹；若透析液过度注入时，立即按红色键暂停，找到手控引流并开始。

5）连接透析液：确定所有管夹关闭，取下有红色管夹的管路；取下透析液保护盖，连接管路与透析液袋；固定出口两端，折断后使之分离至少 0.5cm；连接所有透析液袋，白色管夹之管路用来连接补充袋；检查所有连接处，确定所有的透析液袋在同一高度。若最末袋浓度设定不同时，将蓝色管夹的管路连接到最末袋的透析液上。

6）排气：打开所有连接透析液的管夹；打开连接患者端管路的管夹，确定管路放置在管组架上；机器面板显示“排气”时，开始自动排气，确认排气；排气完成时，机器面板交叉显示“连接你自己”与“确认患者端管路”；确认完成排气，即患者端管路已完全充满透析液；连接到身上的管路；如果患者端管路并未完全充满透析液，请重新排气。

7）连接输液管至管组上：将短管自患者腰带内取出；移除碘伏帽；取下管组中连接患者端的管路，与患者的短管连接；确认 0 周期引流量，并校正设置；打开短管开关，按开始键，治疗开始。

8）关机：屏幕显示“治疗完成”时，调整屏幕显示，记录各项检测指标；按开始键，依指示关闭所有管夹和患者身上的短管；洗手后将管组与自身的短管分离，旋入新的碘伏帽；打开卡匣内的控制阀，取出卡匣式管组，关闭机器。

9）观察：注意透析液的性质、量，生命体征变化及主诉；置管处敷料如有渗血或潮湿应及时更换，换药前后严格无菌操作，预防穿刺点伤口感染。每天检查一次管路通畅情况

10）整理与记录：整理床单位，清理用物，洗手。记录时间、透析液进出的性质和量、腹透管的通畅情况、生命体征及患者反应，以便评价。

2. 注意事项

（1）更换透析液前洗手，严格无菌操作，避免感染的发生。

（2）操作中注意观察置管有无堵管、外渗，及时处理。

（3）操作后，注意观察引流液的性质和量、患者生命体征及主诉。

【常见故障与处理措施】

常见故障	原因	处理措施
管路关闭	管道未调整好	检查各管道，问题纠正，机器可继续治疗
管路和透析液袋报警	管路和透析液袋有扭曲、管夹子已打开，透析液已用完	检查管路和透析液袋有无扭曲、管夹子是否打开，透析液是否用完。打开绿键，机器可继续治疗
设置治疗数目无效	未按程序操作	重新更改数值
引流未完成报警	与设置不符	医生、护士查看，确定何时安全略过
一次性管路在安装中未通过机器安全测试	管路和透析液袋安装不符合要求	更换新的管路和透析液袋
流速过慢	管路有堵塞，管夹未打开	检查管路有无绞缠、管夹是否打开、有无纤维蛋白阻塞
机器倾斜	放置不水平	检查并确保机器放在水平位置
负超滤	管路有堵塞	改变患者体位
重新装置	管夹未关闭	关闭所有管夹
系统错误码	管夹未关闭	关闭所有管夹，关机3～5分钟再重开机，如问题不能解决，联系专业维修

【应急预案】

1. 如使用中突然断电或停电，电源能维持使用1～2小时。

2. 工作中仪器出现故障，应立即停止使用，并更换腹膜透析机。

3. 故障仪器悬挂“设备故障”牌，通知维修部门进行维修。

【消毒与维护】

1. 清洁与消毒

（1）腹膜透析机使用时一人一用一消毒，每次治疗完成后，拔出电源插座，外壳被污染后可使用蘸有凉水或温水的纱布或其他软布擦拭，含氯消毒剂（500mg/L）擦洗（显示屏禁用），禁止使用尖锐物品清洁。

（2）各传感器应经常用无水乙醇清洁，以免药液进入影响工作可靠性及腐蚀传感器。

2. 保养与维护

（1）防止任何固体微粒进入机体。避免磨损各传感器精确度，在每次治疗完成后，仔细检查每个压力传感器是否干净，盖上专用保护罩。

（2）装有蓄电池的腹膜透析机，首次使用前或长时间不用时其内部蓄电池要充电至少 12 小时，内部蓄电池电量不足时要及时充电，每月对内部电池进行充电一次，并开机运行 1 小时。

（3）每周一次由专人对腹膜透析机进行开启检查。

（4）便携式腹膜透析机在正常使用情况下，使用期限为 5 ～ 10 年(每次连续工作 24 小时)。

第十五节　体外循环机

体外循环机是能进行体外循环的机械装置，适用于心脏手术的体外循环、肺移植的辅助呼吸、急性呼吸衰竭的辅助治疗等。

【结构与原理】

1. 基本结构：由底座、系统面板、主电源开关、挂杆固定板、推手、带输液吊篮的可升降立杆、水平横杆、供垂直立杆水平移动的横杆、带制动的脚轮组成。

2. 原理：用机械装置将上、下腔静脉或右心房的静脉血通过管道引出，流入氧合器进行氧合，再经过血泵将氧合后的血液输入动脉系统，如此血液不经过自体的心肺进行氧合和组织灌注的过程。

【操作步骤】

1. 操作流程

（1）评估患者：年龄、身高、体重、病情。

（2）患者准备：了解用体外循环机的目的、方法、注意事项及配合要点。

（3）工作人员准备：衣帽整洁、剪指甲、洗手、戴口罩。

（4）用物准备：膜式氧合器、管道、微栓、动静脉插管、左右心吸引管、灌注针。

（5）环境准备：有电源插座，有中心供氧设备。

（6）操作：

1）检查体外循环机电源连接，插座是否牢靠、固定。

2）检查血泵槽内有无异物，开启电源，检查泵的运转情况及压力系统、测温系统有无异常。

3）安装管道完毕后检查各接口是否正确、牢固、必要时扎带加固，连接氧合器的入气口，开放膜式氧合器的排气孔。

4）大流量排净体外循环管道及心肌停搏液灌注管道内气体，排净后停泵，钳夹动静脉管道。

5）调节泵松紧度，排净多余液体。

6）预充液、血内加入适量的肝素，防止凝血。

2．注意事项

（1）实行定人定机，必须是经过培训或执上岗证的人员操作设备。

（2）体外循环转流中严密监测患者的生命体征，监测血气及 ACT 结果。

（3）在灌注过程中要备好摇把，以防泵头突然停止。

（4）灌注中要注意避免流量突然增减。

（5）泵的松紧度应适宜，过紧过松会加重血液的破坏。

【常见故障与处理措施】

常见故障		原因	处理措施
电源故障		电源及线路接触不良或电源插头脱落及供电系统停止供电	发现动脉泵停止转动后立即将旋钮归零，关闭电源开关，手摇主动脉泵维持循环，根据贮血室液面情况及动脉压调整摇速
动脉泵故障	转流过程中泵突然停止转动	泵头老化、机械故障、泵槽内有异物	旋钮归零，发现原因及时排除，如为机器故障关闭该泵头电源，如有备用泵立即更换，否则手摇泵至结束
	转流过程中泵失控	高频电流的影响	停止使用高频电流仪器，泵能正常运转
	转速或流量显示失灵	泵面板电路故障造成	体外循环转流时如果控制旋钮能控制转速，可根据氧合器液面及血流动力学指标调整流量
氧合器意外	氧合性能不良	主要是工艺制作方面失误造成	轻度可提高氧流量，严重者需停循环采用氧合器串联
	氧合器渗漏	变温装置渗漏，膜式氧合器封接部位不严密	渗漏轻微，速度慢，可严密观察，严重渗漏需停循环更换氧合器
管道意外		泵管质量不良，接头不紧	一旦发生立即停泵，阻断动静脉管路，迅速更换泵管接头

【应急预案】

1. 动脉泵故障：手摇把放于固定位置，不论什么原因引起的机械故障应立即关闭电源开关，手摇泵以维持循环，参考平均动脉压、中心静脉压和氧合器血平面维持动脉流量，查找原因排除故障。

2. 氧合器意外：氧合器置换或氧合器并联。

3. 变温水箱控制失灵：应立即降温并进行血浆置换。

4. 电源中断：立即关闭电源开关，将旋钮回零位，手摇动脉泵维持循环。

5. 故障仪器悬挂“设备故障”牌，通知维修部门进行维修。

【消毒与维护】

1. 清洁与消毒

（1）体外循环机在使用前应做一般的清洁工作，用干净湿润的抹布擦拭表面灰尘。

（2）每日使用后应清洁整个系统的表面，包括泵头、泵槽内滚柱及管导棍等，清除溅上的血液。并注意将各个按钮或按键关闭。

（3）清洁时可用水蘸湿抹布擦拭，不可使用过量的水冲洗或擦拭，以免损坏电子器件。

2. 保养与维护

（1）由专业人员进行定期检查，由接受过专业训练的人员进行机器管理，经消毒、装机、检测、校正后的体外循环机放置在干燥、通风、避光处，处于备用状态。

（2）主机的维护保养：体外循环机使用一次后，无论时间长短，为了避免交叉感染，都要进行清洁消毒。此外，应建立详尽的检测常规和正确的主机启动关闭程序。

（3）由有授权的专业人员进行维修。一般 3 ～ 6 个月或机器运转 500 小时对机器进行一次维护，对电子组件部分进行灰尘清理，调整泵头误差，体外循环机尽量使用独立电源，并具有 16A 保险丝保护。

第二章

监护设备

第一节　多参数监护仪

多参数监护仪是可以连续监测患者心率、血压、脉搏、呼吸，以及血流动力学发生严重变化时能自动发出报警的医疗抢救设备，常用于心律失常、重危患者以及手术中、手术后监护。

【结构与原理】

1. 基本结构：心电信号输入、显示器、记录器、报警装置，以及其他附属装置(对呼吸频率及呼吸波、血氧饱和度、无创性血压、有创性血流动力学、体温、血 pH 值以及血钾、钠、钙等电解质浓度进行持续的监测)。

2. 原理：通过特定的传感系统如电极、压力传感器、探头等来接受患者各种信息，感应患者各种生理变化，经导线输入到换能系统并且放大信息，经过进一步计算和分析，最后在显示屏中的功能模块中显示出来。

【操作步骤】

1. 操作流程：

（1）评估患者：评估患者病情、意识状态、心理状态、皮肤情况、对心电监护的认识等。

（2）患者准备：

1）了解使用该仪器的目的、方法、注意事项及配合要点。

2）体位舒适，愿意合作。

（3）操作者自身准备：熟练心电监护的相关知识、了解患者的病情，着装整洁、洗手。

（4）用物准备：

1）用物包括心电监护仪、电极、75% 乙醇、棉签、纱布、弯盘。

2）检查用物准备是否齐全，心电监护仪功能是否完好。

（5）环境准备：检查患者周围环境的光照情况、有无电磁波干扰、有无稳定的电压配备系统。

（6）操作：

1）携用物至患者床旁，核对患者，做好解释工作。

2）根据患者情况，协助患者取平卧位或半卧位。

3）开机，待机器自检，依次输入患者姓名、年龄、床号等，校正检测时间。

4）暴露胸弹簧夹或电极片向外的部分，清洁局部皮肤，再用 75% 乙醇涂擦，使之脱脂。

5）将电极导联线与电极片金属小扣相连，再在皮肤相应部位上安装电极片。

6）将导联线妥善放置，并固定。

7）选择合适的导联。

8）调节图形的比例和位置排列，调整合适的脉冲。

9）根据患者情况设定各报警阈限，打开报警系统，设置报警音量等。

10）根据病情需要相应地接上血压计袖带、血氧饱和度探头、有创血流动力学传感器等。

11）调至主屏，密切观察患者生命体征的变化。

12）停机：遵医嘱停机，停用时先向患者说明；先关机，再断开电源。取下电极、血压计袖带、血氧饱和度传感器，清洁皮肤，协助患者穿衣，记录并签名。

13）整理：整理床单位，清理用物，洗手。

2. 注意事项

（1）安装电极片前须使皮肤脱脂，避免 QRS 波振幅过低或者干扰波形，出汗时随时更换电极片。

（2）导联应选择 P、QRS、T 波较清晰的导联，其中 2 导联对房室除极波、复极波显示清楚，适合于检测心率、节律变化。

（3）实施心电监护时须观察心率、心律变化；有无 P 波以及 P 波的形态、高度、宽度；P ～ R 间期、Q ～ T 间期是否正常；QRS 波形是否正常；T 波是否正常；有无U波、Q波等异常波形出现。

（4）心电监护不能代替心电图机。若需分析ST段异常，需更详细地观察心电图变化，应做常规导联心电图。

（5）测量血氧饱和度患者，指甲不能过长，不能有任何染色物、污垢或灰指甲；血氧探头放置应与测量血压手臂分开，避免测量血压时阻断血流，影响测量；严重低血压、休克等末梢循环灌注不良患者，可影响测量准确性。

（6）测量温度患者，须使探头的金属面与皮肤接触良好，必要时可用胶布固定，且在5分钟之后才能得到稳定的体表温度。

【常见故障与处理措施】

常见故障	原因	处理措施
接通电源，指示灯不亮	电源开关没有打开	打开电源开关
	电源插座未插紧	插紧电源插座
	液晶显示板有故障	修理或更换液晶显示板
无心电波形或无信号接收	电极片与人体接触不良	检查所有心电导联外接部位与人体相接触的三/五根延长线到心电插头上相对应的三/五根触针之间应接通
	导联线断路	关机，用无水乙醇擦拭心电模块电路板后重新插上，再开机。故障仍不能解决的话，更换心电测量模块电路板
血压不能测量	血压袖带有漏气以及与仪器连接的管道接口漏气	检查充气泵和与之相关的线路，重新清洁相关的线路板并插紧插好；更换血压袖带及其延长管
	放气阀太快；测量时有干扰	更换袖带及连接头；调节放气阀
	袖带位置不对	患者在测量前或测量中保持安静，身体应平卧，袖带处于心脏水平后再进行测试，重新调整袖带的位置
无血氧数值	血氧探头脱落，太松或太紧	重新夹好血氧探头
	动脉受压	血压的测量和血氧的测量不能在同一侧进行
	监护室内温度太低	注意保温

（续表）

常见故障	原因	处理措施
报警显示导联脱落	电极脱落	更换电极，力求做好电极放置部位皮肤的清洁，必要时先用乙醇去除皮肤上的油脂汗迹
	导联线与电极连接脱落	检查各连接处，连接良好
	干线与导联线脱落，干线与主机端口脱落	检查各连接处，连接良好
	导联线内导丝断裂	检查各连接处，连接良好
体温显示异常	体温探头脱落	体温探头应贴在患者的腋下
	体温测量模块电路板有故障	更换体温测量模块电路板
误报警的出现	由于各参数上、下界限调整不合适	根据患者病情适当调节高低限报警值
	由于外界干扰或肌肉震颤误报不规则心律；电极片过敏者，由于人为刺激，电极片周围，屏幕上出现形似室颤而误报	密切观察病情

【应急预案】

1. 如使用中突然断电或停电，蓄电池电源能维持使用 1 ～ 2 小时。

2. 工作中仪器出现故障，应立即停止使用，并更换监护仪。

3. 故障仪器悬挂“设备故障”牌，通知维修部门进行维修。

【消毒与维护】

1. 清洁与消毒

（1）监护仪外壳被污染后可使用无水乙醇擦拭，再用干净软布清洁，保持屏幕清洁光亮。清洁时洗涤剂勿流入仪器内部，以免造成电流短路。

（2）血压计袖带：用毕进行清洁消毒，袖带外套可用清水冲洗，清洗时需先将气囊取出，然后可浸入消毒液中消毒。

（3）气囊、空气软管：在消毒液中清洗时，要把管口封住，避免液体进入里面，导致测量结果不准确或损坏机器，待袖带外套清洗完并晾干后，再放回去备用。

2. 保养与维护

（1）保管要求：监护仪专人保管，置于通风干燥处，避免高温、受潮、日晒或碰撞，用毕检查并记录，固定地方存放。

（2）保持电压，减少与高功率仪器同时使用，防止电压不稳导致信号失灵，避免接触易燃品、皮肤清洁剂、抗感染制剂，避免外界因素干扰。

（3）避免心电导联线扭转或锐角折叠，整理导联线时应盘成较大的圆圈或悬挂放置。

（4）避免反复开闭电源，以免影响仪器使用寿命。

（5）当打印的心电图条带颜色太淡或深浅不一时，需用乙醇棉签清洁打印头，清除残留的纸屑。

（6）禁止随意连接非系统规定的零部件。一旦机器出现故障，切勿私自打开机盖或机壳，必须与专业维修人员联系。

第二节　血氧饱和度检测仪

血氧饱和度检测仪是监测血氧饱和度变化的医用仪器，适用于新生儿、婴幼儿、高危患者、麻醉术后患者、手术中患者、气管插管患者、气管切开患者及上呼吸机辅助呼吸的患者。

【结构与原理】

1. 基本结构：血氧饱和度仪由主机、传感器、电缆线、显示器构成。其中，传感器是检测血氧饱和度的最重要的组成部分。

2. 原理：血氧饱和度检测仪是基于动脉血液对光的吸收量随动脉搏动而变化的原理，以动脉搏动期间还原血红蛋白、氧合血红蛋白在红光和近红区域的吸收光谱特性为依据，利用光电血氧检测技术并结合容积脉搏描记技术来反映人的血氧饱和度的情况。

【操作步骤】

1. 操作流程

（1）患者评估：患者病情、意识状态、合作程度、探测部位有无破损、动脉搏动是否明显等。

（2）患者准备：了解使用该仪器的目的、方法、注意事项及配合要点。

（3）操作者自身评估：评估操作者对血氧饱和度仪使用的熟练程度，着装整齐，清洁双手。

（4）用物评估：血氧饱和度仪电量是否充足，能否正常使用。

（5）环境评估：有无强光照射。

（6）操作：

1）携用物至患者床旁，做好解释工作。

2）开机。

3）将患者指尖套入传感器，使电缆置于其手臂上，用带子将其固定在手腕上，使传感器的光源正好对着指甲的根部。

4）设置报警值。

5）密切监测血氧饱和度以及指脉搏的变化。

2. 注意事项

（1）应尽量避免强光照射。

（2）传感器需避开有动脉导管、静脉滴注或缠有血压计袖带的肢侧。

（3）使用时需固定好探头，尽量使患者安静，以免被测部位出现剧烈运动时影响信号的监测。

（4）患者指甲过长、指甲过厚、涂指甲油，血液中有美篮、萤火素等燃料存在，高铁血红蛋白以及肠源性发绀均可影响结果。

（5）低温（＜35℃）、低电压（收缩压＜50mmHg）、使用血管收缩药物、使用血管扩张药物等因素均会导致测量值偏低。

【常见故障与处理措施】

常见故障	原因	处理措施
显示屏黑屏	没有电池或者电池电力不足	更换电池
无血氧值或波形不稳定	患者过于躁动，血氧传感器不正常或脱落、电缆线不适当的牵引与弯折	连接血氧传感器

【应急预案】

1. 工作中仪器出现故障，应立即停止使用，必要时更换仪器。
2. 故障仪器悬挂“设备故障”牌，送维修部门进行维修。

【消毒与维护】

1. 清洁与消毒

（1）保持仪器清洁、干燥。

（2）用毕，仪器外壳用湿润抹布清洁。

2. 保养与维护

（1）血氧饱和度仪传感器是仪器的核心，使用时应避免传感器上发出二极管和光电检测器的机械损伤。

（2）避免对电缆线不适当的牵拉和弯折，防止电缆接插头处以及探头原件的连接处脱焊和断线，及时更换电池、探头等零件，长期不使用应取出电池。

（3）一旦仪器出现故障，切勿擅自拆机，必须与专职维修人员联系。

第三节 动态血压监测仪

动态血压监测仪（ABPM）是一种连续、动态监测血压的医疗设备，是ICU、麻醉手术中应用最为广泛的测压仪器，适用于各种类型的高血压及低血压患者。

【结构与原理】

1. 基本结构：袖带式动态血压监护系统由ABPM检测器、袖带（内含气囊）、空气软管及吊带、肩带组成，配备操作系统、回收系统、分析系统及打印装置。

2. 原理：应用血压计测压原理，微电脑监控系统，完成动态血压的测定。

【操作步骤】

1. 操作流程

（1）评估患者：

1）评估患者年龄、病情、意识、治疗情况，局部皮肤情况，活动能力，合作程度。

2）向患者解释监护的目的、方法、注意事项及配合要点。

（2）患者准备：

1）了解ABPM的目的、方法、注意事项及配合要点。

2）体位舒适、愿意合作，危重患者取平卧位。

（3）护士准备：着装整洁、洗手。

（4）用物准备：ABPM 检测仪一部，笔、记录卡。

（5）环境准备：安静，便于沟通理解及保护患者隐私。

（6）设备检查及调试：在使用前，操作者必须仔细阅读说明书，掌握操作流程，微型记录盒放电池（一般是 5 号电池 2 ～ 4 个），电池不能重复使用，保证电量，检查设备性能是否正常。

（7）操作：

1）核对医嘱；携用物至患者床旁，核对患者床号、姓名，确认患者。

2）告知患者检测血压时的注意事项。

3）每次测压时应就近坐好或取平卧位，站位时保持上肢静止放松，自然下垂，检测血压部位应与心脏在同一水平。

4）检测期间日常活动和生活起居不变，仪器在使用中禁止自行打开，自行放松或随意移动袖带。记录盒在佩戴期间应避免碰撞、受压、受潮，避免接近强磁场、强力电源及放射线。测量期间注意避免空气软管受压、打折、扭曲或过度拉升。测量侧肢体避免过度运动，防止袖带松动或滑脱。

5）告知患者在测量期间若有与血压测量相关的疼痛应及时告知医护人员。做好检查日志的记录。

6）开机，调节定好测压间距的时间：一般 6：00 ～ 22：00，每 30 分钟测量一次，22：00 ～次日 6：00，每 60 分钟测量一次。告知患者如记录仪超过设定时间未自动测量需及时联系医护人员。

7）选择合适的袖带，佩戴袖带，一般选左上臂，袖带下缘距肘弯 1 ～ 2cm，松紧合适，确保袖带上的“动脉”指示器位于患者肘部动脉之上。将袖带及监测器用空气软管连接后将软管挂于患者肩上，绕过颈部到达对侧，根据患者喜好用吊带或肩带将监测器固定于患者身上。

8）整理用物，保持整洁。洗手、记录，记录使用时间，患者反应，以便于评价，为临床诊治提供依据。

9）结束 24 小时监护后，取下袖带，回收机器，检查线缆、软管及监护仪是否有破裂、磨损或扭曲。

10）将信息回输入计算机内，并打印出测量数据及血压趋势图，整理好仪器，物品备用，分析监测结果，确诊为高血压者，应指导其合理用药治疗。

2．注意事项

（1）避免在患肢、伤肢、动静脉造瘘肢体、静脉注射管及循环不良的肢体测量血压。

（2）患有下列疾病的患者不能做 24 小时 ABPM 监测：患镰状细胞疾病、严重血栓性疾病、极端心率的患者（每分钟低于 40 次或高于 240 次）或与心肺机连接的患者；动静脉造瘘或有插管的肢体、测量肢体损伤或预期损伤的患者。

【常见的故障与处理措施】

常见故障	原因	处理措施
仪器提示弱或非示波讯号	袖带位置不对或袖带太紧、太松	袖带位置检查，扎好袖带
仪器提示非自然或无规律示波讯号及出现多次充气	患者情绪激动或身体躁动	请患者在测量期间保持静止
仪器提示测量超时	袖带连接有松动	核对空气软管连接且确定袖带紧固
仪器提示读取失败	空气软管连接有卷曲、阻塞或扭曲	检查袖带是否紧固；按下“开始 / 停止”按钮以重新开始读数。
仪器提示低电压或自动关机	电量不足	更换电池，重新调节时间，从头开始测量
仪器使用中不工作	监测记录仪故障	请专业人员检修

【应急预案】

1. 工作中仪器出现故障，应立即停止使用，必要时更换仪器。

2. 故障仪器悬挂“设备故障”牌，送维修部门进行维修。

【消毒与维护】

1. 清洁与消毒

（1）袖带：血压计袖带由于长时间与患者身体接触，易受汗液或其他分泌物污染，用毕要进行清洁，袖带外套可用清水冲洗，清洗时需先将气囊取出，然后可浸入消毒液中消毒。

（2）气囊和空气软管：在消毒液中清洗时，要把管口封住，避免液体进入里面，导致测量结果不准确或损坏机器，待袖带外套清洗完并晾干后，再放回去备用。

2. 保养与维护

（1）仪器短期内不用时要将电池取出，长期不用时要定期开机检测调试，以免电子零件因长时间不用而受潮。

（2）专人保管、检查并记录。

（3）清洁干燥室温下保存，定位存放，避免摔跌及外力冲击。

第四节　动态心电图（DCG）记录仪

动态心电图记录仪是一种长时间连续记录并编辑、分析人体心脏在活动和安静状态下心电图变化的仪器，主要适用于发现心律失常、心肌缺血，无绝对禁忌症。

【结构与原理】

1. 基本结构：DCG 记录仪硬件由监测仪、心电导线、吊带、回收及分析系统软件、打印机等部件组成，软件技术是动态心电图的核心部分。

2. 原理：通过一次性电极采集心脏的生物点信号，经由导联线将信号输入记录仪进行处理。DCG 的监测系统是一种随身携带的记录器，可连续监测人体在自然生活状态下 24 小时的心电信息，借助计算机进行回放、处理、分析及打印系统记录的心电图。

【操作步骤】

1. 操作流程

（1）核对及评估患者：

1）核对患者姓名、性别、住院号等；评估年龄、病情、意识、治疗情况、局部皮肤情况、活动能力及合作程度。

2）向患者说明 DCG 监测的目的、方法、注意事项及配合要点。

（2）护士准备：穿戴整齐，洗手。

（3）用物准备：DCG 一台及附件、电极片、乙醇棉球、笔、记录卡。

（4）环境准备：保暖、保护患者隐私。

（5）操作：

1）暴露患者胸前区，取舒适体位，用电极片附带的砂纸或乙醇棉球擦电极粘贴部位，必要时屏风遮挡，以保护患者隐私。

2）安放电极：两上肢电极安放在左右锁骨下窝，尽可能离胸骨柄远一些，左下肢电极安放在左下腹部，尽可能远离胸导联电极，参考地线放在右下腹部电位较低的地方，胸部 V1 ～ V6 导联电极与常规心电图胸导联体系相同。

3）正确安放好电池，连接好导联，确定仪器性能正常后开机。

4）打开记录仪开关，记录下开始的时间和日期，精确到分钟即可。

5）将监测仪与吊带连接后调整吊带至合适长度挂于患者胸前。

6）佩戴好记录仪后，帮患者穿好衣服，交给患者一张监测记录卡，向患者详细交代记录内容的重要性和记录方法，患者不能记录则告知患者身边陪护人员。

7）洗手、记录，做好病例资料的登记工作，包括通讯地址、电话等，便于随访。

8）24小时监测结束后，取下电极，收回机器，将信息回输入计算机内，编辑出动态变化的12导联ST段趋势图，并打印出一份经过编辑后的DCG报告。

2. 注意事项

（1）佩戴期间严禁自行打开，不得任意移动电极及导线。为了减少对记录波形的打扰，佩戴记录仪期间应避免接近强磁场、强力电源及放射线（如X光）。冬季避免使用电热毯，尽量避免使用手机等移动通讯设备。严禁进行除颤治疗或其他电生理检查。不宜做扩胸运动、举重、电脉冲治疗等。

（2）佩戴记录仪期间可适当进行散步、爬楼、快走等活动，但须避免上肢剧烈摆动与运动。

（3）佩戴期间严防记录仪受潮，不得佩戴记录仪洗澡、淋浴及游泳。避免大量出汗仪器电极片脱落。

（4）粘贴电极前应充分清洁皮肤，多毛者应剃毛，安置电极部位用95%乙醇棉球擦拭，皮肤粗糙者可使用砂纸轻轻擦拭。

（5）禁止受检者身着化纤衣服。皮肤破损处避免贴监测电极。

【常见故障与处理措施】

常见故障	原因	处理措施
电池电量不足	电池不合格	先领先用，避免电池防潮
	患者中途拔插	嘱咐患者严禁拔插
电极脱落	粘贴不牢固	粘贴前清洁皮肤，选择肌肉较少的部位
		嘱患者避免过度活动，避免打湿电极

【应急预案】

1. 工作中仪器出现故障，应立即停止使用，必要时更换仪器。
2. 故障仪器悬挂“设备故障”牌，送维修部门进行维修。

【消毒与维护】

1. 清洁与消毒

（1）保持仪器设备清洁：每次使用后用蘸有凉水或温水的软布擦拭表面。

（2）导联线：一人一用一消毒，以防交叉感染。不可使用含有乙醇的消毒剂，防止老化。

2. 保养与维护

（1）专人负责仪器的保管与检查，在清洁干燥室温下保存，放置于专用柜内保管。

（2）长时间不用时，每周一次由专人进行开启检查。

（3）每次用完应将电池取下，以免损坏电子组件。

（4）导联线不可打折、过度弯曲。

（5）禁止频繁开关机，避免外力冲击。

第五节　心电图机

心电图机是从体表放置电极记录心脏活动过程的电位变化图形的仪器，可以反映心脏兴奋的产生、传导和恢复过程中生物电位的变化，适用于心肌、心包疾病，心律失常，判断药物（如洋地黄）对心脏的影响，判断水与电解质紊乱特别是钾代谢失常。

【结构与原理】

1. 基本结构：心电图机由输入电路（由电极、导联线、滤波保护电路、导联选择器等部分组成）、心电放大电路（由前置放大器、电压放大器和功率放大器及其附属电路组成）、心电记录器、电动机走纸电路及电源电路组成。

2. 原理：同动态心电图记录仪。

【操作步骤】

1. 操作流程

（1）评估患者：

1）评估：核对患者床头卡及腕带，评估病情、神志、生命体征（体温：评估患者是否发热），评估患者的合作程度、皮肤情况（是否为过敏体质）、营养状况，排除半小时内饱餐、吸烟、剧烈运动及进食热饮料，避免情绪激动、紧张，保持安静状态。

2）向患者解释使用心电图机的目的、方法、注意事项及配合要点。

（2）患者准备：

1）了解心电图检查的目的、方法、注意事项及配合要点，消除紧张情绪。

2）告知受检者检查前要充分休息，清洗放置电极部位的皮肤的污垢、修理放置电极部位的毛发。

3）在描记心电图时要放松肢体，保持平静呼吸。

（3）护士准备：衣帽整洁，修剪指甲，洗手。

（4）用物准备：心电图机、生理盐水、盛有棉球的治疗碗、血管钳、心电图申请单、清洁纱布、弯盘，必要时备屏风。

（5）环境准备：

1）室内温度要求不低于18℃，以避免因寒冷引起的机电干扰。

2）心电图机必须接可靠的专用地线。

3）心电图机放置位置应远离诊察床及导联线缆，避开其他电器、手机及穿行的电源线。

4）屏风遮挡，保护患者隐私。

（6）操作：

1）设备检测调试：在使用前，目测检查设备、导联和电极是否有机械损坏，检查使用电源是否与机器电压符合，保持心电图机画笔、各个控制按钮归零或固定的位置。

2）携用物至床边，再次核对，向清醒患者解释取得配合。

3）连接电源，开机，检查机器性能，查看有无心电图纸，输入患者信息。

4）暴露两手腕内侧、两下肢内踝、胸部，用生理盐水棉球擦拭两手腕内侧上方约3cm、两内踝上部约7cm。

5）正确连接导联电极：

肢体导联：RA：右腕；LA：左腕；LL：左内踝；RL：右内踝。

胸导联：V1：胸骨右缘第四肋间（男性平乳头）；V2：胸骨左缘第四肋间；V3：V2与V4连线中点；V4：左锁骨中线第五肋间；V5：左腋前线平V4水平；V6：左腋中线平V4水平。

十八导联：比十二导联多6个导联，为右胸导联：V4R、V5R、V6R；左后胸壁导联：V7、V8、V9；右胸导联的放置与相应左胸导联以胸骨轴对称，左胸后壁导联的放置位置依次为左侧第五肋间腋后线、肩胛下角线和脊柱旁。

6）向患者说明注意事项，观察病情，注意保暖。

7）记录心电图波形，按“START”键打印心电图。

8）长按2S开关键关机，再次核对患者。

9）观察：擦拭患者皮肤，观察皮肤情况，及时处理并发症。

10）整理：协助患者取舒适体位，整理床单位。物品处理符合要求。

11）洗手、记录。

2. 注意事项

（1）记录心电图前，受检者不要剧烈运动、饱餐、饮茶、喝酒、吃冷饮或吸烟。

（2）在使用中为保证患者及使用者的人身安全，以及减少外界对心电图机的干扰，其外壳仍然需要接地线，连接时要除去接触部位的锈斑或油漆。

（3）使用中应尽量避免心电监测的各种干扰。

1）克服电磁干扰，远离X光室、理疗室、电梯、配电房、高压线、电力线等，一般心电图室本身还要有屏蔽设置。

2）规范操作，正确将全部导联线与人体相应部位连接，禁止将银、氯化银电极和镀银电极同时混用，禁止将导电膏与电极外面的导联插头等部件接触，否则会使极化电压增加。

3）调节好患者状态，准确采集心电信号，使其处于自然放松状态；如果患者的情绪不稳定、呼吸频率过快，必须先调整好状态才能进行监测。

【常见故障与处理措施】

常见故障	原因	处理措施
描记图形过粗或过细	温度过高或过低	调整热笔温度
		调节电位器
干扰	导联开关至0位时有干扰	连接导联线
		检查电机线圈
基线漂移	导联开关为0位时基线有上下漂移	乙醇擦拭各插座插头后保持干燥
		检查耦合电容是否漏电
		更换场效应管
		更换后级场效应管某支电阻
阻力不正	阻力过大或过小	调整阻力电位器使阻力适中
	阻力不匀	调整热笔定位夹与导轨间的合适间隙
打印日期和时间不正确	内置电池耗尽	通知维修人员进行维修
接通电源，指示灯不亮	电源适配器或保险故障	通知维修人员或更换保险
记录仪不能写满整个纸的宽度	纸仓未正确安装	纸仓的两端必须锁定

【应急预案】

1. 心电图机本身带有蓄电池，平时应定期充电，以保证意外停电时能够正常运行。

2. 在急诊或抢救过程中如遇设备故障，应立即更换备用设备。

3. 故障心电图机应悬挂“设备故障”牌，及时通知设备维修部门维修，维修过程及维修结果应及时登记备案。

【消毒与维护】

1. 清洁与消毒

（1）导联线可用水和肥皂清洗，并用 75% 的乙醇消毒（不能将导联线浸在液体中消毒）。

（2）心电图机外壳使用中性溶液剂清洁。

2. 保养与维护

（1）如电极变形、银皮脱落磨损，必须更换电极。

（2）新电极需放在氯化钠溶液中浸泡数小时。

（3）交直流两用的心电图机，应按说明及时充电，以延长电池使用寿命。

（4）心电图机应避免高温、日晒、受潮、尘土或撞击，用毕盖好防尘罩。每隔半年打开机盖进行除尘、去湿并进行检查，及时清除电路板中的灰尘，保证机器内部干燥，避免因为潮湿或者灰尘造成短路，损坏电路板。

（5）由医疗仪器维修部门每年 1 ～ 2 次检查心电图机的性能，做好维修、维护登记。

第六节　血气分析机

血气分析机是临床血气分析的仪器，适用于心血管外科围手术期患者、麻醉患者、危重患者。

【结构与原理】

1. 基本结构：由主机与气瓶两大结构组成。主机包含有：显示屏、键盘、测量室、进样口、废液瓶及定标液与冲洗液；气瓶含有：GAS1 气瓶和 GAS2 气瓶。

2. 原理：血气分析是应用现代气体分析技术，对血液中所含气体成分或气体分压、氢离子浓度进行直接的定量测定，并由此推算出有关参数。

【操作步骤】

1. 操作流程

（1）评估患者：患者病情，意识状态，观察患者穿刺部位的皮肤及动脉搏动情况。

（2）患者准备：如为哭吵的小患者可给予安慰奶嘴，从而减轻疼痛。

（3）护士准备：着装整洁，洗手，戴口罩。

（4）用物准备：

1）血气机处于“准备状态”。

2）采集血标本用物一套（皮肤消毒剂、无菌棉签、采血针头、100 微升毛细玻璃管或注射器、磁铁、铁芯、肝素）。

（5）操作：

1）血气机处于“准备状态”下，指示灯为绿色。

2）按要求采集血液标本（血液标本混匀抗凝无气泡）。

3）打开进样口，将采集好血液标本的注射器或毛细玻璃管插入进样口，按吸样键，样本被吸引到检测部，短鸣声后提示样本足量，取下注射器或毛细玻璃管，关闭进样口。

4）仪器自动检测标本。

5）输入患者信息。

6）打印检测结果。

2. 注意事项

（1）尽量保持患者安静，情绪波动、哭吵对血气分析的结果都会造成影响。

（2）血气标本应充分混匀，确保无凝块、无气泡，防止堵塞分析仪或影响结果。

（3）尽量缩短样本的保存时间，在室温下保存应少于 10 分钟，在 0℃～4℃环境中不超过 30 分钟。

【常见故障与处理措施】

常见故障	原因	处理措施
冲洗错误报警	冲洗液用完	及时更换
	仪器输入管道堵塞	通知技术人员及时维修
定标错误报警	定标液、定标气体用完	及时更换
指示灯为黄色	定标没有通过	重新定标，直至通过

【应急预案】

1. 工作中仪器出现故障，应立即停止使用，必要时更换仪器。

2. 故障仪器悬挂“设备故障”牌，送维修部门进行维修。

【消毒与维护】

1. 清洁与消毒

（1）仪器每日用中性消毒液擦拭，被血液污染时，及时用消毒液擦净。

（2）由专职护士做清洁程序每日一次；去蛋白程序每周一次。

2. 保养与维护

（1）仪器应放置在清洁、干燥、通风良好处，防止日光直射，保持环境温度15℃～35℃，相对湿度5%～90%。

（2）机器放置平稳，搬运时避免振动。电源间断时，仪器不能转运。

（3）由专职护士每日质控，发现异常及时处理。

第七节 快速血糖仪

快速血糖仪是快速检测外周血血糖/血酮的仪器，适用于所有需要监测血糖血酮的患者。

一、雅培安妥超越血糖/血酮仪

【结构与原理】

1. 基本结构：由液晶显示屏和电子芯片插口组成。

2. 工作原理：血样中的葡糖糖分子或β-丁酸在试纸检测区酶的作用下发生氧化还原反应，释放电子，电子与介质结合，在一定启动电压下发生转移，形成电流。血糖仪测量电流强弱，转换成相应的葡萄糖或β-丁酸浓度的度数。

【操作步骤】

1. 操作流程

（1）患者评估：

1）核对姓名，查看采血部位。

2）向患者解释操作过程。

（2）用物准备：治疗盘、血糖仪、血糖试纸、一次性采血针。

（3）操作者准备：洗手，戴口罩。

（4）环境准备：病室安静、整洁，温湿度适宜。

（5）操作：

1）核对医嘱选择采血部位，协助患者摆好合适体位，充分暴露采血部位，清洁患者手指。

2）洗手、戴乳胶手套、戴口罩，备齐用物至床旁，核对、解释，取得合作。

3)采集血样:将患者的手臂垂下15分钟,以便让血液尽可能地流到手指中,确保获取足够的血样量；用一次性采血设备在手指两侧采血，在手指两侧采血是因为手指两侧的疼痛感要小于手指背侧和腹侧；吸取血样，若需要，血样可以收集在肝素管中，然后在30分钟内将血样释放到试纸测试。

4）开机：插入试纸自动开机，开机后显示相应的信息，根据画面提示进行调整；血糖仪显示当前使用的血糖试纸的批号，如果显示的代码与当前的试纸代码不一致，可按血糖仪侧面的上下键进行调解，直至与试纸瓶上代码一致。

5）测量：采集血标本，仪器出现滴血标志，可以获取血样，将血样轻靠在试纸的顶端以吸取血样，在血糖仪开始倒计时之前，勿将仪器移动，以确保测试结果的精确，等待5秒钟，即获得精确的结果，结果将与试纸的日期和时间一起显示。

6）关机：推动试纸弹出推杆，试纸弹出，仪器自动关机。无需手拔，以免拔取试纸过程中手指沾上患者检测血液，避免交叉感染。

7）观察：观察患者生命体征，记录检查结果。

8）整理床单位，清理用物，洗手。

2. 注意事项

（1）血糖测试时不用含碘、含氟的消毒剂。采血部位采用清洁与自然干燥方式，因为残留水分或乙醇可能稀释血样，影响监测结果。

（2）采血针为一次性使用，如果采血针保护帽破坏或丢失，不能使用。使用时注意避免误伤自己或他人。

（3）勿使用过期的血糖试纸，不用弯曲、潮湿、破碎或其他已经受损的血糖试纸。血糖试纸包装瓶盖打开太久，或者没有将试纸存放于瓶内，血糖试纸则会暴露在潮湿的空气中而遭到损坏，不能使用。启用一盒新的试纸，先校正血糖仪，以确保测量结果准确性。

（4）采血部位通常选择指尖、足跟两侧等末梢毛细血管全血，水肿或感染的部位不宜采血。

（5）皮肤穿刺后，轻轻按摩指尖形成一滴血，弃去第一滴血，将第二滴血液直接向下滴到试纸上特定区域。用新鲜的全血血样进行测试，不得使用血浆、血清或者葡萄糖溶液进行测试，以免影响测试结果的准确性。血样量要充足，填满确认窗。

（6）出现血糖异常结果时应当采取以下措施：重复监测一次；通知医生采取不同的干预措施；必要时复检生化血糖。

（7）为防止交叉感染，每次测试后必须将使用过的试纸和采血针弃置在医疗废物回收相应容器内。

（8）确定血糖仪的操作温度范围及葡萄糖测试范围：操作温度范围：15 ～ 40℃，葡萄糖测试范围 1.1 ～ 27.8mmol/L。

【常见的故障与处理措施】

若测试结束显示的不是测试结果，而是错误信息提示，伴随着错误信息编号，分别表示不同的错误类别。请核对操作说明书，如无法解决，与设备科联系。

【应急预案】

1. 工作中仪器出现故障，应立即停止使用，必要时更换仪器。

2. 故障仪器悬挂“设备故障”牌，送维修部门进行维修。

【消毒与维护】

1. 清洁与消毒

（1）清洁血糖仪：如血糖仪表面有污渍，可以用湿布或中性皂液清洗。

（2）可接受的清洁液包括 10% 的漂白剂、70% 的乙醇、10% 的氨水。

（3）勿清洁端口，勿让液体接触端口或按钮，勿让血糖仪进水或其他液体。

2. 保养与维护

（1）血糖仪用完后应放置在携带包中妥善保管，不要挤压血糖仪显示屏，以免发生无法显示正确测试结果的情况。

（2）血糖仪应根据医院要求定期进行质控，并记录测试日期、试纸批号、仪器编号及质控结果。

（3）更换电池：当血糖仪屏幕显示电量不足时，及时更换电池。

（4）血糖仪的贮存温度为 -25℃～ 55℃。

二、拜耳拜安康血糖仪

【结构与原理】

1. 基本结构：血糖仪由显示屏、“▼”按钮（滑动）、“M”按钮（开关、浏览存储的检测结果、设定）、血糖仪试纸槽入口组成。

2. 原理：拜安康血糖仪监测系统主要是测量血样中葡萄糖和试纸电极上的试剂产生反应所形成的电流强度。血糖试纸靠毛细血管作用将血样吸收，血样中的血糖则和试纸试剂中的FAD葡萄糖脱氢酶（FAD-GDH）和铁氰化钾产生反应，产生一股电流，电流强度和血样中的血糖浓度成正比，血糖值会显示在血糖仪的显示屏上。

【操作步骤】

1. 操作流程

（1）患者评估：

1）核对姓名，查看采血部位，向患者解释操作过程。

2）体位舒适，愿意合作。

（2）护士准备：衣帽整洁，修剪指甲，洗手，戴口罩。

（3）用物准备：治疗盘、拜安康血糖仪、血糖试纸、一次性采血针。

（4）环境准备：调节室温，保持整洁安静安全。

（5）设备检查及调试：在使用前，操作者必须仔细阅读说明书。首先应对血糖仪质控检测，质控在正常范围内方可使用。

（6）操作：

1）准备：核对医嘱选择采血部位，协助患者摆好合适体位。充分暴露采血部位，清洁患者手指。

2）核对：洗手、戴乳胶手套、戴口罩，备齐用物至床旁，核对、解释。

3）插入血糖试纸，从试纸瓶中取出一条血糖试纸，手握血糖试纸，将试纸插入血糖仪的橙色血糖试纸插入口，不需调码，血糖仪此时会自动开机，显示屏上会显示一个闪烁的“血滴”图案，此时才可以开始吸入血样。

4）采集血样：准备好一次性采血针，消毒采血部位，待乙醇完全挥发，将采血针稳固的定位于采血位置（指尖侧部的位置最佳），从患者指尖采集毛细血管血样，形成一滴血后立即检测，检测血量仅需0.6μl。

5）测量：仪器出现滴血标志，可以获取血样，血糖仪的橙色血糖试纸插入口朝下，或朝向自己，这样才可正确阅读血糖检测结果。将血糖试纸采血端边缘和血样碰触。血样会自动被试纸吸收。此时请不要移动，等到血糖仪发出“哔”一声为止，血糖仪发出“哔”一声后，会开始倒数 8 秒钟，然后显示屏上会出现检测结果。阅读检测结果时，请确定橙色血样试纸插入口朝下或朝向自己。

6）观察：观察患者生命体征，整理床单位，清理用物，洗手，记录检测结果。

2. 注意事项

请参照雅培安妥超越血糖 / 血酮仪相关注意事项。

【常见的故障与处理措施】

若测试结束显示的不是测试结果，而是错误信息提示，伴随着错误信息编号，分别表示不同的错误类别。请核对操作说明书，如无法解决，与设备科联系。

【应急预案】

1. 工作中仪器出现故障，应立即停止使用，必要时更换仪器。

2. 故障仪器悬挂“设备故障”牌，送维修部门进行维修。

【消毒与维护】

1. 清洁与消毒

（1）清洁血糖仪：如血糖仪表面有污渍，可以用湿布或中性皂液清洗。

（2）可接受的清洁液包括 10% 的漂白剂、70% 的乙醇、10% 的氨水。

（3）请勿清洁端口，请勿让液体接触端口或按钮，请勿让血糖仪进水或其他液体。

2. 保养与维护

（1）血糖仪用完后应放置在携带包中。

（2）血糖仪应根据医院要求定期进行质控，并记录测试日期、试纸批号、仪器编号及质控结果。

（3）更换电池：当血糖仪屏幕显示电量不足时，请及时更换电池。拜安康血糖仪使用一个 3 伏特的锂电池（CR2032 或 DL2032）。

（4）血糖仪的贮存温度为 -25℃～ 55℃。

第八节 血压计

血压计是无创测量血压的医用仪器，适用于需要观察血压变化患者，危重患者，大手术后、分娩后或生命体征不稳定的患者，新入院患者，各种类型的高血压、低血压及血压有较大波动的患者。

【结构与原理】

1. 基本结构：血压计由加压气球、检压计和袖带组成。

2. 原理：用于血压计的测量原理可分为直接式和间接式两种。直接式是用压力传感器直接测量压力变化，间接式是控制从外部施加到被测的部位上的压强，并将控制结果与其相关的柯式音的产生和消失的信息加以判断。

【操作步骤】

1. 操作流程

（1）评估患者：

1）评估：年龄、病情、意识、药物治疗情况、局部皮肤情况，活动能力及合作程度；询问、观察是否有影响血压的因素，如吸烟、活动、情绪激动、膀胱充盈等，如有上述情况应休息 15 ～ 30 分钟。

2）向患者解释测量血压的目的、方法、注意事项及配合要点。

（2）患者准备：

1）了解测量血压的目的、方法、注意事项及配合要点。

2）体位舒适、愿意合作。危重患者取卧位。

（3）护士准备：衣帽整洁、洗手。

（4）用物准备：

1）血压计（电子血压计配备相应型号的电池）、听诊器、记录本、笔，必要时备屏风。

2）检查设备及调试：检查血压计，注意玻璃管有无破裂，水银有无漏出，加压气球、橡胶管有无老化、漏气，听诊器是否完好，电子血压计是否正确安放电池等。

（5）环境准备：调节室温，酌情关闭门窗，必要时屏风遮挡。

（6）操作：

1）肱动脉测量法：协助患者取舒适的坐位或仰卧位，袖带下缘距肘窝 2 ～ 3cm，卷袖、露臂、手掌向上肘部伸直，袖带松紧度以放入一指为宜，充气至肱动脉脉搏消失再升高 20 ～ 30mmHg，以 4mmHg/s 左右速度放气，在听诊器听到第一声震动音时，汞柱所指刻度为收缩压，当搏动音突然变弱或消失，汞柱所指刻度为舒张压。

2）腘动脉测量法：患者取仰卧位或侧卧位，露出大腿部；将下肢袖带缠于大腿下部，其下缘距腘窝 3 ～ 5cm。其余操作同肱动脉测量法。

3）整理与记录：整理用物及床单位，洗手。采用分数式记录，如收缩压 / 舒张压。

2. 注意事项

（1）发现血压听不清或有异常时，重新测量。测量时水银柱应降至 0 点，间隔 1 ～ 2 分钟。

（2）患者伤肢、动静脉瘘及循环不良、水肿肢体、骨折的肢体严禁测量血压。

（3）保持测量的肢体与心脏、血压计 0 点处于同一水平，若手臂位置高于心脏水平，测得的血压偏低；反之则测得的血压偏高。

（4）选择宽、窄合适的袖带，袖带固定时松紧合适，若袖带过宽，固定时过紧测得的血压值偏低；反之则血压值偏高。充气、放气不可过快或过慢。

（5）患有严重血栓疾病或出血性疾病的患者袖带压迫时间不能过长、过紧。

（6）做好四定：定时间、定体位、定部位、定血压计。主动脉夹层、动脉瘤患者应测四肢血压，以较高一侧为准。首诊患者应测双上肢血压，以较高一侧为准。

【常见故障与处理措施】

常见故障	原因	处理措施
水银柱中有断层或气泡	初次使用，血压计在运输过程中会混入少量空气	拧松气阀，轻轻震动底壳，重复数次，使空气排除
水银柱上升缓慢	接口处连接松动	用剪刀剪去松动部分，重新安装连接
	气阀上的小橡胶中间有污物堵塞	立即更换
	气阀内部的过滤网有污物	立即清洁，保持气道通畅
水银柱下降缓慢，气阀已拧紧，水银柱仍不下降	乳胶管折瘪	先检查乳胶管是否通畅，有无折瘪现象，如发现连接汞瓶一端乳胶管折瘪，拔出乳胶管，将另一端重新插入汞瓶就能使用
	气阀帽里的顶针与气孔卡死	更换前气阀
加压停止后，在未放气的情况下，水银柱快速下降	乳胶管、乳胶袋、气阀接头等部位漏气	检查是否漏气，如某部位漏气，要及时更换或重新连接
水银柱或水银低于0位	由于长时间使用，玻璃管下端与汞壶接口处的橡胶垫老化，密封性能不良，当手捏皮球时玻璃管的压力瞬间升高，造成水银从接口处溢出	找专业人员维修，需要质量技术监督局计量所或厂家维修点添加水银。更换橡皮垫；把泄露的水银安全转移到密闭的医疗垃圾袋中，以免造成环境污染。正确操作，每次用完后应倾斜45° 后关闭开关
血压数值与患者病情不符	袖带的尺寸不合适	根据具体情况选择袖带
	袖带的位置对测量值的影响	袖带位置与心脏在同一水平面上
上盖经常脱落	血压计上盖两侧的挡板松动或变形	专业人员维修，如上盖两侧的挡板松动或变形，应加弹簧垫卷紧固或更换
	中间的弹簧片变形或断裂	专业人员维修，立即更换

【应急预案】

1. 工作中仪器出现故障，应立即停止使用，更换仪器。

2. 故障仪器悬挂“设备故障”牌，送维修部门进行维修。

【消毒与维护】

1.消毒与清洁

（1）同动态血压监测仪。

（2）同动态血压监测仪。

（3）仪器外表面：使用沾有清洁剂稀释液的软布清洁，软布不能过湿，清洁后务必用干布擦去所有清洁溶液。可以使用的清洁剂有：含氯消毒液、弱碱性肥皂水，不可使用任何磨砂清洁剂或溶剂。

2.保养与维护

（1）电子血压计短期内不用时要将电池取出，较长时间不用时要定期开机监测调试，以免电子零件因长时间不用而受潮。

（2）安置血压计应平稳牢靠，避免倾倒及受外力冲撞。勿将乳胶管折叠太久，或将袖带折成小块。

（3）勿在高温下烘烤，以免乳胶过早老化开裂，缩短使用期。

（4）血压计0位不准时，切勿擅自拆开，应送维修服务部门。

（5）正常使用的血压计，每年统一由计量质检部门监测调试一次，发现异常时不得使用，随时送维修科维修并监测正常才使用。

（6）不向设备倾倒或喷洒水或任何清洁剂，也勿将设备浸泡在其中。

第三章

供氧、吸痰设备

第一节 中央供氧设备

中央供氧设备是由中心供氧站供氧系统经管道设备带输送医疗用氧的设备，主要用于医院病房、急救室、观察室和手术室等处的氧气供给。

【结构与原理】

1. 基本结构：医院中心供氧系统由氧源、输氧管道、减压阀和设备带终端四部分组成。

2. 原理：氧气由氧气站输送到各楼层，经二级稳压后的氧气输出压力为0.1～0.5MPa（可调）。氧气管进入病房后，与终端板连接供氧。

【操作步骤】

1. 操作流程

（1）评估患者：

1）评估：患者年龄、意识与精神状况、皮肤黏膜颜色、缺氧程度、呼吸情况、活动能力、合作程度及心理状况。

2）向患者解释吸氧的目的、方法、注意事项及配合要点。

（2）患者准备：

1）了解吸氧的目的、方法、注意事项，主动配合。

2）体位舒适，愿意合作。

（3）护士准备：着装整洁，洗手，掌握给氧的基本知识和注意事项。

（4）用物准备：流量表、输氧管、湿化瓶、吸氧卡、洗手液、小药杯（内盛冷开水）、碗盘、纱布、蒸馏水、棉签、笔、剪刀。

（5）环境准备：安静、整洁、安全，中心供氧装置完好。

（6）操作：

1）上氧：

①核对：将用物带至患者床旁，核对患者腕带信息。

②检查：用湿棉签检查并清洁双侧鼻孔，观察鼻腔情况。

③装表：将流量表安装在中心供氧流出口处，连接湿化瓶。

④连接：连接一次性双侧鼻导管于湿化瓶出气口上，打开流量表开关，调节流量。

⑤上氧：使鼻导管弯曲面朝下轻轻插入患者双侧鼻孔内约1cm，将鼻导管挂于两侧耳廓后，收紧锁扣，固定于颌下。

⑥观察、记录：观察缺氧改善情况，核对并记录上氧时间及流量，挂输氧卡于床头。

2）停氧：

①核对：根据医嘱及患者情况停氧，带用物至患者床旁，核对床号、姓名。

②拔管：拔出氧导管，用纱布擦净鼻部。

③关表：关流量表开关，取下湿化瓶及流量表。

④观察：停氧后全身及局部反应。

⑤整理：整理床单位，清理用物，洗手。

⑥记录：记录停氧时间、效果、患者反应，以便评价。

⑦处理：将用过的物品进行终末处置，洗手。

2．注意事项

（1）使用前必须检查湿化瓶与氧气终端是否相连接正确，衔接处有无漏气。

（2）严格遵守操作规程，应先调节氧流量再插鼻导管，停氧时先拔出鼻导管再关氧气开关。

（3）用氧过程中应随时观察患者缺氧症状有无改善，鼻导管是否通畅。鼻导管持续吸氧者，每班更换导管1次，双侧鼻孔交替插管，及时清除鼻腔分泌物，防止导管阻塞而失去吸氧作用。

（4）上氧后向患者交代“用氧四防”，不要自行调节氧流量，以免因吸氧不当加重病情或发生意外。

（5）根据患者缺氧程度调节，注意吸氧浓度，防止发生氧疗副作用。

（6）掌握好吸氧的禁忌症。鼻腔外伤、肿瘤或阻塞等情况不宜采用鼻导管给氧法。

（7）输氧管道应通畅，不许有折弯死角，以防止氧气中断。

（8）整个管路及接口设备均禁油，以免发生危险。

（9）氧气输入插头与氧气终端的连接应牢固锁紧，使用中流量表保持垂直位置，不能强制转动，防止泄露。

【常见故障与处理措施】

常见故障	原因	处理措施
浮球黏住流量表内壁	内有水渍，消毒时未关闭流量调节阀	卸下外罩，把流量表内的水渍用纱布擦拭干净。重新组装，流量表刻度线对准手轮
浮球黏住流量表顶端	连接气源接头时未关闭流量表调节阀	按操作步骤重新操作一次
氧气流量表不计数或计数不准确	传感器阻塞或破坏	拆下传感器取出隔离罩清洁或更换传感器
氧气湿化瓶插不进终端或取不下来	终端头锁紧环上的定位螺钉松脱、终端内弹簧锈蚀	拧紧定位螺钉垂直插入或拔出
使用氧气前后发现终端有漏气声音	终端松动、终端内密封胶圈破损、终端内弹簧锈蚀	将终端向顺时针方向扭紧、与中心供氧部门联系处理
流量表插进终端后没有氧气或压力小	终端内有异物堵塞、流量表的进气口堵塞或开关胶皮破损、快速接头与终端不配套	与中心供氧部门联系、终端用过后将塑料堵盖盖好

【应急预案】

1. 如使用中氧气装置出现漏气、无氧气等故障，应立即停止使用，送维修部门进行维修，并立即更换氧气装置。

2. 中央供氧设备出现故障，应立即关掉病房的氧气总开关，报维修。

3. 中心供氧设备无法供氧时，上氧患者立即用氧气袋临时上氧，如中央供氧设备不能立即恢复使用，通知供氧站送氧气筒供氧。

【消毒与维护】

1. 清洁与消毒

（1）湿化瓶、吸氧管：消毒处理后备用。如为一次性吸氧装置，使用后一用一丢弃。

（2）氧表使用后清洁备用。

（3）每天清洁设备带。

2. 保养与维护

（1）注意防火、防热、防油、防堵塞。

（2）设备带上不要放置物品。

（3）中心供氧设备带不使用时，用防尘帽塞住管口，防止粉尘进入供氧管道。

（4）氧气表定期计量检测。

第二节 氧气筒给氧

氧气筒给氧是指将医用氧加压于氧气钢瓶内，经减压阀减压后提供医用氧气，适用于需要提供氧气的患者。

【结构与原理】

1. 基本结构：氧气筒装置由氧气筒、氧流量表、湿化瓶、阀门、氧气管组成。

2. 原理：氧气瓶中的氧气通过减压阀的减压作用，将高压力氧减压为低压力氧，经过流量表进行流量控制后，输出流量稳定的氧气。

【操作步骤】

1. 操作流程

（1）评估患者：

1）评估患者全身情况、局部情况、心理情况、健康知识。

2）向患者解释目的、方法、注意事项、配合要点。

（2）患者准备：

1）了解上氧的目的、方法、注意事项、配合要点。

2）体位舒适，愿意合作。

（3）护士准备：着装整洁，洗手。

（4）用物准备：氧气装置一套（氧气筒、氧气表、流量表），湿化瓶内盛有1/2 ～ 1/3 的无菌用水，有盖方盘内盛氧气导管、通气管、玻璃接头、鼻导管、无菌纱布，小药杯内盛凉开水，剪刀、弯盘、胶布、棉签、笔、输氧卡、安全别针、扳手。

（5）环境准备：病房无烟火、易燃品。

（6）操作：

1）装表：打开氧气筒上的总开关放出少量的氧气冲走气门上的灰尘后关上，接氧气表并旋紧，湿化瓶、橡胶管连接于氧气表上。按关小开关—开总开关—开小开关流程检查氧气流出是否漏气、是否通畅及全套装置是否适用，关小开关，备用。

2）给氧：①将用物带到患者床旁，核对住院号、姓名。②解释用氧目的及安全措施。③湿棉签清洗并检查鼻孔。④连接鼻导管，开小开关，调节氧流量，湿化及检查鼻导管是否通畅。⑤比量插入长度，轻轻将鼻导管插入鼻腔至所需长度。⑥无呛咳，将鼻导管用胶布固定于鼻翼两侧及面颊部。⑦记录上氧时间及流量，将输氧卡挂于氧气筒上。

3）观察：观察缺氧改善情况，注意观察患者的呼吸、面色、神志等。向患者及家属交代注意事项。经常巡视患者缺氧症状是否改善。

4）停氧：将用物带至床前，核对住院号、姓名。拔出鼻导管，擦净鼻部，关总开关，放余气，关流量表开关，分离导管，取下湿化瓶与流量表。记录停氧时间。

5）整理：整理用物，洗手。

2. 注意事项

（1）严格遵守操作规程，注意用氧安全，切实做好“四防”：即防震、防火、防热、防油。氧气筒应放于阴凉处，周围严禁烟火和易燃品，至少距火炉 5 米、暖气 1 米，避免引起燃烧和爆炸。

（2）用氧过程中，应经常观察缺氧症状有无改善，每 4 小时检查 1 次氧气装置有无漏气，鼻导管是否通畅等。鼻导管持续用氧者，每班更换导管 1 次，双侧鼻孔交替插管。及时清除鼻腔分泌物，防止导管阻塞而失去吸氧作用。

（3）用氧气时，应先调好流量后插管上氧，停氧时应先拔出导管，再关闭氧气开关，以免开错开关，大量氧气突然冲入呼吸道而损伤肺组织。

（4）氧气筒内氧气不可用尽，压力表上指针降至 0.05MPa 即不可再用，以防止灰尘进入筒内，于再次充气时引起爆炸。

（5）对未用或已用空的氧气筒，应分别悬挂“满”或“空”的标志，以便及时调换氧气筒，并避免急用时搬错而影响抢救速度。

（6）当儿童或行动不便的患者使用时，以及在他们的附近使用该设备时，必须有专人加以监护，以免发生意外。

【常见故障处理与处理措施】

常见故障	原因	处理措施
漏气	氧气表硅胶垫破损	检查设备，发现破损，及时更换
压力表不准	指针不回零位	将指针启下，将游丝调至正常状态后重新安针
	指针在转动过程中有停滞跳动现象	清除内部活动部件、中心齿轮与扇形齿轮间的异物
流量计故障	流量计指示不准	更换管径合适且浮子质量配套的流量计
	流量调不上去	找出阻塞位置并排除

【应急预案】

1. 如果发生氧气泄露，直接紧固阀门并报相关负责部门。

2. 如果发生火灾爆炸，视事故情况切断电源，使用灭火器具，将损失降到最低。第一发现人立刻报告上级，并迅速开展救援工作。

【消毒与维护】

1. 清洁与消毒

（1）氧气瓶外壳及减压阀：每次使用后用清洁湿毛巾擦拭干净。

（2）湿化瓶：每次使用后浸泡于500mg/L含氯消毒液中，30分钟后取出冲洗干净晾干备用。

2. 保养与维护

（1）供氧设备要远离烟火，以免引起燃烧和爆炸；系统每年进行一次气密性检查，如发现漏气，气供应压力为3.0 ~ 3.5kg/cm^{2}等情况，要及时修复。

（2）氧气瓶安全有效期为1年，超过有效期应及时到供氧公司更换，禁止过期使用。

第三节 便携式供氧设备

便携式供氧设备能在医疗条件有限的情况下提供氧气供给，挽救急危重患者的生命，同时给家庭保健带来极大便利，主要适应于缺氧患者的医疗、急救与保健。

【结构与原理】

1. 基本结构：由储氧瓶、减压阀、流量表、湿化瓶、吸氧导管或吸氧面罩几个部分构成。

2. 原理：同“氧气筒给氧”。

【操作步骤】

1. 操作流程

（1）评估患者：

1）评估：年龄、病情、意识、治疗情况、缺氧程度、呼吸状况、活动能力及合作程度。

2）向患者解释吸氧的目的、方法、注意事项及配合要点。

（2）患者准备：理解吸氧目的和意义，主动配合。

（3）护士准备：护士着装整洁，洗手。

（4）用物准备：供氧设备、氧气鼻导管、湿化瓶。

（5）环境准备：室内无明火，氧气筒距暖气片 1m 以上。

（6）操作：同“氧气筒给氧”。

2. 注意事项

同“氧气筒给氧”。

【常见故障与处理措施】

同“氧气筒给氧”。

【应急预案】

1. 科室定期检查氧气装置，保持性能完好。准备备用氧气袋。

2. 突然停氧立即打开备用氧气袋，继续为患者吸氧，并向患者家属做好解释及安慰工作。送维修部门进行维修。

【消毒与维护】

1. 清洁与消毒

同“氧气筒给氧”。

2. 保养与维护

同“氧气筒给氧”。

第四节 中央负压吸引设备

中央负压吸引设备是清除呼吸道分泌物，保持呼吸道通畅的医用设备，适用于年老体弱、危重、昏迷、麻醉未清醒前等各种原因引起的不能有效咳嗽者。不适用于妇产科的人工流产吸引。

【结构与原理】

1. 基本结构：中心吸引系统由中心吸引站、管道、阀门及终端等组成。医用中心吸引系统的负压源是中心吸引站的真空泵组，通过真空泵机组的抽吸使吸引系统达到所需负压值。

2. 原理：其原理是由终端吸引装置吸入的气体经管道进入真空罐，真空罐保持一定的范围的负压限制，负压到了真空罐的负压上限，控制系统自动关闭真空泵，当真空罐内负压不能满足工作负压时，控制系统自动启动真空泵。

【操作步骤】

1. 操作流程

（1）评估患者：

1）评估：年龄、病情、意识状态、生命体征、痰液的量和黏稠情况、呼吸状况、口鼻腔黏膜情况（气管插管位置和固定）、心理状况及合作能力。

2）向患者解释吸痰的目的、方法、注意事项及配合要点。

（2）患者准备：

1）了解吸痰的目的、方法、注意事项及配合要点。

2）取舒适体位，主动合作。

（3）护士准备：衣帽整洁，修剪指甲，洗手，戴口罩。

（4）用物准备：负压吸引装置、听诊器、治疗盘内放一次性吸痰管数根、弯盘、消毒纱布、无菌血管钳及镊子。必要时备压舌板、开口器等。

（5）环境准备：调节室温，酌情关闭门窗。

（6）操作：

1）设备检查及调试：连接并检查吸引装置，调节负压，试吸少量生理盐水。

2）洗手、戴口罩，备齐用物至床旁。

3）核对：核对、确认患者，解释，取得合作。

4）检查：查看患者口、鼻腔，取下活动义齿，有利于吸引。

5）接表：用手握住医用快速插头或与终端相匹配的二级终端插头（如湿化瓶），并将其插入该医用气体终端内，并稍用力拔动插头，检查是否已牢固地插入终端内并锁紧。

6）调节：连接并检查吸引装置，调节负压，一般成人为300～400mmHg，小儿为250～300mmHg。

7）体位：患者头偏向一侧，面向操作者，若口腔吸痰有困难，可鼻腔吸引，昏迷患者可用压舌板或开口器帮助开口。

8）试吸：连接吸痰管，吸少量生理盐水，检查吸痰管是否通畅，润滑吸痰管前端。

9）吸痰：一手反折吸痰管末端，另一手用无菌血管镊持吸痰管前端，插入口咽部，然后放松导管末端，先吸口咽部分泌物，以免引起呼吸道黏膜损伤，插管时不可有负压，若气管切开痰液，注意无菌操作，由套管内插入，先吸气管切开处，再吸口鼻部，将痰液吸出。

10）手法：左右旋转，向上提出，吸痰动作轻柔，每次吸痰时间少于15秒，以免缺氧。气管内吸痰，待患者吸气时，快速将导管插入，自下而上边退边左右旋转导管，清除气道分泌物，并注意观察患者的呼吸。在吸引过程中，如患者咳嗽厉害，应稍等片刻后再行吸出。吸痰管退出时，用生理盐水抽吸冲洗，痰液黏稠，可配合叩击，雾化吸入，以免分泌物阻塞吸痰导管，提高吸痰效果。

11）观察：效果与反应。观察气道是否通畅；患者的反应，如面色、呼吸、心率、血压等；吸出液的颜色、性状、数量。

12）用物处理：吸痰用物每天更换。

13）洗手，记录使用时间、效果、患者反应，动态评估患者。

14）吸痰结束：吸痰完毕，关闭吸引器，取下一次性吸痰器，按医疗垃圾处理。拭净患者面部分泌物，一次性贮液瓶内吸出液（＜2/3）应及时更换，安置患者，体位舒适，整理床单位。

2. 注意事项

（1）遵守无菌技术操作原则，每吸一次痰，更换一次吸痰管，无菌盘每4小时更换一次。

（2）严格掌握吸痰时间，每次吸痰时间＜15秒，连续吸引总时间不得超过3分钟，以免造成患者缺氧。

（3）严格遵守操作规程，插管时不可有负压，以免引起呼吸道黏膜损伤。

吸痰时防止固定在一处吸引力过大、时间过长而损伤黏膜。

（4）每次吸痰前后予以加大吸氧浓度。

（5）吸痰过程中，要加强监护。吸痰过程中，注意气道是否通畅；患者的反应，如面色、呼吸、心率、血压等；吸出液的颜色、性状、数量。如发现有血性分泌物，患者呼吸异常或呛咳等现象，应及时与医师联系，同时检查气管套管位置有无不当等情况。

（6）气管切开的患者，吸痰时应遵守无菌原则，戴口罩，使用一次性无菌手套；在吸痰过程中要特别注意缺氧的发生。使用呼吸机的患者吸痰时可致血氧分压降低，在吸痰前应加大氧浓度。

（7）贮液瓶内吸出液（< 2/3）应及时倾倒，以免损坏机器，贮液瓶内应放少量 0.1% 含氯消毒液，使痰液不粘附于瓶底，便于清洗、消毒。每个患者用过的导管、贮液瓶应消毒后备用，或使用一次性贮液瓶。

（8）为防止管道阻塞，应予清洗保养，将管路从终端拆下，倒出管内存结的残液、残渣、铁锈等杂物后，彻底清洗。一旦发生阻塞，要及时维护。

（9）严禁直接用吸引管吸污水和积水。

（10）使用负压吸引时要将负压瓶接头对准快速接头插孔轻轻插入，不用时轻轻拔连接部位使其脱离终端，负压自动关闭。

【常见故障与处理措施】

常见故障	原因	处理措施
中心吸引站漏水	真空泵工作时产生振动，使泵壳上的螺钉松动	经常检查，固紧螺钉
冷却水箱溢出	阻液阀门；污物过多阻塞排水管及箱内浮标失效	更换阻液阀，打开排水开关，排除气罐内水清除箱内污物，疏通排水管，清洗浮标
管路阻塞、堵塞	操作不当或没有及时养护	严格遵守操作规程和使用方法
	吸引瓶中污液超过 2/3 时没有及时倒掉	吸引瓶内的污液超过 2/3 时要及时倒掉
	吸引瓶上的过滤网及保险塞损坏或不用	清洗和使用吸引瓶上的过滤网及保险塞，损坏后及时维修
	快速接头关闭不严	中心吸引使用完毕后，把带快速接头的真空表终端取下，以免将纸屑及线头等杂物吸入管路

（续表）

常见故障	原因	处理措施
打开负压吸引瓶无负压或吸力不够	吸引接口管子与提手盘压得不紧	重新连接吸引接口管子与提手盘
	负压表盘插口处污物堵塞	取下负压表用棉签头轻压插口弹簧并旋转清理
	吸引管爆裂	更换吸引管
	负压吸引瓶破裂	更换吸引瓶

【应急预案】

1. 工作中仪器出现故障，应立即停止使用，改用电动吸引器吸引。

2. 故障仪器悬挂“设备故障”牌，送维修部门进行维修。

【消毒与维护】

1. 清洁与消毒

（1）非一次性吸痰管清洗、消毒后，整理好备用。一次性吸痰管回收集中处理。

（2）贮液瓶中痰液要消毒后倾倒。贮液瓶清洗、消毒后备用。一次性贮液瓶中的污液超过2/3时要及时更换。

（3）无菌盘每4小时更换一次。

2. 保养与维护

（1）对系统管网及时进行清洗、防锈，以防腐朽导致管网泄露。保持中心工作站的通风和干燥，保持中心站氧气不泄露。

（2）系统每年进行一次气密性检查。

（3）每周一次，随时检查吸引管路是否具有负压，及时发现堵塞情况。

第五节　电动吸引器

电动吸引器是负压吸引分泌物的医用设备，按用途划分有三种：即普通型电动吸引器、人工流产型电动吸引器、洗胃型电动吸引器。适用于消化道食物或药物中毒洗胃，妇产科的人工流产手术，清除呼吸道分泌物（吸痰），剖宫产，异位妊娠，消化道穿孔，肝、脾、肾破裂等剖腹探查。

【结构与原理】

1. 基本结构：电动吸引器由马达、偏心轮、汽油、气体过滤器、压力表、安全瓶和贮液瓶、吸引软管、吸头等组成。安全瓶和贮液瓶容量为2500ml，瓶塞上有2根软管相互连接。

2. 原理：吸引器接通电源后，马达带动偏心轮，从吸引孔吸出瓶内的空气并由排气孔排出，这样不断循环转动，使瓶内产生负压。

【操作步骤】

1. 操作流程

（1）评估患者：

1）评估：年龄、病情、意识状态、生命体征、痰液的量和黏稠度、呼吸状况、口鼻腔黏膜情况（气管插管位置和固定情况）、心理状况及合作能力。

2）向患者解释使用该仪器的目的、方法、注意事项及配合要点。

（2）患者准备：

1）了解使用该仪器的目的、方法、注意事项及配合要点。

2）取舒适体位，主动合作。

（3）护士准备：衣帽整洁，修剪指甲，洗手，戴口罩。

（4）用物准备：负压吸引装置、听诊器、治疗盘内放一次性吸痰管数根、弯盘、消毒纱布、无菌血管钳及镊子。必要时备压舌板、开口器等。

（5）环境准备：调节室温，酌情关闭门窗。

（6）设备检查及调试：连接并检查吸引装置，调节负压，试吸少量的生理盐水。

（7）操作：

同“中央负压吸引设备”。

2. 注意事项

同“中央负压吸引设备”。

【常见故障与处理措施】

常见故障	原因	处理措施
死机	220V 供电电路故障	查 220V 电源电路，如保险丝烧坏，则更换保险丝
	控制电路故障	查控制电路，更换变压器
负压小	负压泵上油碗固定螺丝不紧，或没有对称性拧紧，产生漏气	打开电机油碗，重新对称性拧紧
	连接面板导气孔、负压调节阀、压力表的某根橡胶管连接不紧	连接好各个接口的橡胶管
	引流瓶塞老化失去弹性，与插入其中的金属导气管结合不紧密	及时更换老化的瓶塞和橡胶
打开负压吸引瓶无负压	连接面板导气孔、负压调节阀或压力表的某根橡胶管脱落或破裂	打开输液调节器
	电源保险烧断	更换保险丝
	引流瓶内液体倒吸入电机油碗内使轴承锈蚀卡死	排除输液泵管弯曲受压状态
	电源继电器接触不良	用砂纸打磨继电器接点或更换继电器线圈
	电机定子线圈已烧坏	更换电机定子线圈
	不报警	检查红外线传感器是否正常连接或损坏
负压不能调节	负压调节阀失灵；阀口被堵塞	更换调节阀；疏通被堵塞的阀口
吸引器机壳漏电	电源线绝缘层破坏或某个接线头脱焊后搭到了机壳上	经常检查电线完好性
	机内油灰太多	清除机内灰油
	电源插座上无地线接口	配备良好的接地线
使用时噪声大	电机盖错位或安装不精密，油碗缺油	重新安装电机

【应急预案】

同“中央负压吸引设备”。

【消毒与维护】

1. 清洁与消毒

（1）吸痰管：一用一废弃。

（2）贮液瓶中痰液要消毒后倾倒，清洗消毒后，整理好备用。

（3）吸痰用物：每日更换一次。

2. 保养与维护

（1）定期检查储油室的油量，及时添加润滑油，一般每半年换油一次。

（2）每周检查一次，开动机器、按住吸引口，使之产生 700mmHg 负压，维持 3 分钟。

（3）电动吸引器拔掉后，室温下放置备用。

（4）设备在正常使用情况下，使用期限为 10 年。

第四章 温度控制仪器

第一节 婴儿培养箱

婴儿培养箱是利用计算机技术提供一个空气净化、温湿度适宜环境的医用仪器，主要适用于早产儿、低体温患者的保暖升温，便于观察病情与护理。

【结构与原理】

1.基本结构：由上罩和箱体两部分组成，其中箱体又分为控制部分和工作部分。控制部分包括：主电路板、各种传感器及取样放大电路、控制开关、继电器、变压器和三极管等。工作部分包括：发热装置、风扇、湿化装置等。

2.原理：采用"对流热调节"的方式提供一个空气净化、温湿度适宜的有利环境，利用计算机技术对保温箱温度实施控制，开机即可自动进入箱温控制状态。

【操作步骤】

1.操作流程

（1）评估患者：

1）评估：孕周、体重、日龄、病情、全身皮肤情况，有无并发症。

2）向患者家长解释使用培养箱的目的、方法、注意事项及配合要点。

（2）患者准备：

1）了解使用培养箱的目的、方法、注意事项及配合要点。

2）脱去衣服，清洁皮肤，修剪指甲。

（3）护士准备：衣帽整洁、洗手。

（4）用物准备：

1）婴儿培养箱、一次性中单、浴巾、无菌水、温湿度计。

2）检查设备及调试：检查培养箱，注意性能是否完好与清洁。

（5）环境准备：调节室温至26℃±2℃，保持环境安静、安全、宽敞。

（6）操作：

1）备好培养箱：铺好箱内婴儿床，悬挂温湿度计，加无菌水于湿化水槽中至水位指示线，锁好脚轮。

2）开机：插好电源插头，打开培养箱电源开关，控制仪面板上“实时温度”“设置温度”指示灯闪烁，表示仪器开始工作。

3）设定：根据患者具体情况设置箱温，按“↑”“↓”设置所需温度后，按“设置”键，仪器开始加热升温至所设置温度。

4）入箱：当箱内温度达至设置温度时，将患者裹上尿巾，裸睡于箱内。关好操作窗并拴好门栓。

5）观察：定时测量体温，根据体温调节温箱，体温未升至正常之前应每小时监测1次，升至正常后可每小时2～4小时测1次，保持体温在36℃～37℃之间，维持相对湿度在该患者所需范围。箱温每4小时监测1次。

6）整理：整理用物及床单位，洗手。

7）记录：记录体温、箱温、病情与护理。

不同出生体重早产儿温箱的温湿度参考数

出生体重（g）	温度				相对湿度
	32℃	33℃	34℃	35℃	
1000	5周后	3周内	10天后	初生10天内	55～65%
1500	4周后	10天后	初生10天内		
2000	3周后	2天后	初生2天后		
2500	2周后	初生2天后			

（7）出温箱的条件：

1）体重达2000克或以上，体温正常者。

2）患者在温箱内生活了一个月以上，体重仍达不到2000克，但一般情况良好。

3）在不加热的温箱内，室温维持在 24℃～26℃，患者能维持正常体温。

2. 注意事项

（1）掌握温箱的性能，严格执行操作规程，定期检查有无故障、失灵现象，保证绝对安全。

（2）温箱不宜放在阳光直射、有对流及取暖设备的附近，以免影响箱内温度的控制。

（3）使用中随时观察使用效果，如温箱发生报警信号，应及时查找原因，妥善处理。

（4）严禁骤然提高温箱温度，以免患者体温突然上升，造成不良后果。

（5）工作人员入箱操作、检查、接触患者前，必须洗手，防止交叉感染。

（6）一切护理操作尽量在箱内进行，如喂奶、换尿片、清洗皮肤、观察病情及检查等。尽量少打开箱门，以免箱内温度波动，如确因工作需要暂出温箱检查治疗，也应注意在保暖措施下进行，避免患者受凉。

【常见故障与处理措施】

常见故障	原因	处理措施
没有显示而且没有发出报警	电源开关没开启	开启电源开关
电源中断报警	电源未插好	插好电源开关
	变压器熔丝管烧断	设备维修
	停电	关闭电源开关
空气温度传感器报警	空气温度传感器连接不良	正确连接传感器
	空气温度传感器坏	更换空气温度传感器或送维修
风道温度传感器报警	风道温度传感器连接不良	正确连接传感器
	风道温度传感器坏	更换风道温度传感器或送维修
肤温传感器报警	肤温传感器连接不良	正确连接传感器
	肤温传感器坏	更换肤温温度传感器或送维修
超温报警	温箱顶板没放好	检查顶板情况，将顶板放好
	机器故障	送设备维修

（续表）

常见故障	原因	处理措施
偏差报警	恒温罩门或窗未关好	关好恒温罩的门或窗
	空气出口、进口或温箱气温传感器被尿布或其他物质覆盖	将覆盖温箱空气进出口、温箱传感器的物体拿开
	环境温度变化大	检查周围环境温度情况
	仪器旁有热源	仪器远离热源
面板操作键失灵	面板插件接触不好	送设备维修
	面板按键损坏	
显示器不显示	送设备维修	
风机报警		
不加热		

【应急预案】

1. 如使用中突然断电或停电，立即关闭培养箱电源开关，给患者保暖。

2. 工作中仪器出现故障，应立即停止使用，送维修部门进行维修，并更换培养箱。

【消毒与维护】

1. 消毒与清洁

（1）湿化水槽内水每天更换一次，以免细菌滋生，机箱下面的空气净化垫每月清洁一次，如已破损则应更换。

（2）培养箱使用期间每天用清水擦拭培养箱内外，有污染及时用消毒液擦试。

（3）长期睡培养箱的患者每周更换培养箱一次，患者出培养箱或更换培养箱时，培养箱须终末消毒一次，取出托盘用消毒液浸泡，清水冲净，培养箱内外用消毒液擦拭。

（4）每月 1 次进行细菌培养，以检查清洁消毒的质量。如培养出致命菌应将培养箱搬出病房彻底消毒，防止交叉感染。

2. 保养与维护

（1）日常维护

1）培养箱运行时周围环境应达到如下要求：室温 22℃～ 30℃，相对湿度

30%～75%。

2）如停用培养箱，先关培养箱电源开关，后拔电源插头。备用时用防尘罩覆盖。

3）移动培养箱时避免碰撞，以免外壳破裂失去保温功能。

（2）保管要求

1）每3个月检查一次培养箱箱温控制、肤温控制、风扇故障报警、电源故障等功能是否完好。

2）每3个月更换培养箱过滤网一次。若使用未达3个月，但过滤网已变颜色也应更换。

3）每年应与培养箱供应商联系，更换需要定期更换的部件。

4）培养箱在正常使用情况下，使用期限为7年（连续24小时使用）。

第二节　新生儿辐射台

新生儿辐射台是采用防爆型石英红外辐射管作为辐射热源，提供一个稳定的温暖外环境的医用仪器，能有效地维持患者体温的稳定，适用于新生儿、早产儿进行保暖升温，危重患者的抢救和重症监护。

【结构与原理】

1. 基本结构：主要由辐射箱、温度控装仪、皮肤温度传感器、婴儿床、托盘、输液架及机架组成。

2. 原理：采用辐射式远红外发热组件散发出来的热量，通过高发射率的抛物线型反射罩均匀地辐射至床面上，将热量传递给处于床面上的患者。

【操作步骤】

1. 操作流程

（1）评估患者：

1）评估：孕周、体重、日龄、病情、全身皮肤情况，有无并发症。

2）向患者家长解释使用辐射台的目的、方法、注意事项及配合要点。

（2）患者准备：

1）了解使用新生儿辐射台的目的、方法、注意事项及配合要点。

2）穿单衣，清洁皮肤，修剪指甲。

（3）护士准备：衣帽整洁、洗手。

（4）用物准备：

1）新生儿辐射台，一次性中单、浴巾、婴儿衣，必要时备保鲜膜。

2）检查设备及调试：检查辐射台，注意性能是否完好与清洁。

（5）环境准备：调节室温达 26℃ ±2℃，保持环境安静、安全、宽敞。

（6）操作：

1）备好辐射台：铺好辐射台婴儿床，将浴巾做成鸟巢样平铺于中单上，锁好脚轮。

2）开机：插好电源插头，打开辐射台电源开关，控制仪面板上“实时温度”“设置温度”示灯闪烁。

3）设定：根据患者具体情况选择手控或肤温控制方式设置合适温度，按“↑”“↓”设置所需温度后，按“设置”键，仪器开始加热升温，“设置温度”可显示所需温度。

4）入床：将患者置于“鸟巢”中。未穿衣者用保鲜膜在挡板两侧将婴儿床覆盖，仅露出头部。固定好床四周挡板。将肤温探头固定于患者脐周围皮肤上。

5）观察：定时测量体温，根据体温调节温箱，体温未升至正常之前应每小时监测 1 次，升至正常后可每小时 2 ～ 4 小时测 1 次，保持体温在 36℃～ 37℃之间。当人皮肤温度较低时，最初每次设置温度不能大于皮温 1℃，根据皮肤温度逐渐提高设置温度至皮肤温度维持正常，防温差太大，辐射过强，致患者烫伤。

6）整理：整理用物及床单位，洗手。

7）记录：记录体温、病情、护理。

2. 注意事项

（1）掌握辐射台的性能，严格执行操作规程，定期检查有无故障 / 失灵现象，保证绝对安全。

（2）辐射台不宜放在阳光直射 / 有对流风的位置，以免影响辐射台内温度的控制。

（3）使用中随时观察使用效果，如辐射台发生报警信号，应及时查找原因，妥善处理。

（4）四周床栏应保持完整和直立，妥善固定脚轮。

（5）不可遮盖辐射箱上的散热孔及在辐射箱上悬挂任何物品。

（6）使用过程中，患者失水量会增加，要及时补充水分。

（7）肤温探头是用来帮助测量体温的，随时注意探头的正确连接和使用。

【常见故障与处理措施】

常见故障	原因	处理措施
电源故障报警	断电或电源插头脱落	检查电源，插好电源接线
	绿色指示灯烧坏	设备维修
	电源线损坏	更换电源线
	机器故障	设备维修
传感器报警	肤温传感器未插	正确连接传感器
	肤温传感器插头脱落或连接不良	正确连接传感器
	传感器损坏	更换新的传感器
	传感器放在床外	正确放置传感器
超温报警	肤温传感器未放妥	正确放置肤温传感器
	肤温传感器接触到热源	肤温传感器远离热源
	肤温传感器损坏	更换新的肤温传感器
	患者皮肤温度过高	检查患者
偏差报警	肤温传感器放置位置不正确	正确放置肤温传感器
	肤温传感器上方有遮挡物	将传感器上的物体拿开
	环境温度变化很大	检查周围环境温度情况
	辐射台旁有热源	仪器远离热源
	患者皮肤温度显著升高	检查患者
面板操作键失灵	面板插件接触不好	插好面板插件
	面板按键损坏	设备维修
不加热	设备维修	

【应急预案】

1. 如使用中突然断电或停电，立即关闭辐射台电源开关，给患者保暖。重新开启时，需再次设置温度。

2. 工作中仪器出现故障，应立即停止使用，送维修部门进行维修，并更换辐射台。

【消毒与维护】

1. 消毒与清洁

（1）使用中的辐射台每天用清洁软毛巾擦拭1次，注意勿用清洁剂、乙醇、或其他任何有机溶剂擦洗有机玻璃挡板，以免引起有机玻璃老化、纤维断裂。

（2）经常使用的加热管，每周用75%乙醇抹拭清洁一次。

（3）连续使用时，每周进行彻底消毒1次。终末消毒时，先切断电源，断开传感器的连接；用消毒液擦拭辐射台各表面。

2. 保养与维护

（1）每2～4个月进行一次维护与保养，包括轴节部位用机油润滑，以防生锈；开机运行1小时左右。

（2）为确保使用安全和延长设备寿命，用后立即拔掉电源插头，要防止强烈震动、受潮，注意保护辐射板表面。

（3）设备意外被水淋湿后，应立即切断电源，停止使用，并对该机进行烘干处理，并由专业维修人员检查后才能使用。

（4）设备储存在干燥、通风良好的室内，温度保持在-40℃～+70℃之间，相对湿度≤80%。

（5）使用期限：设备在正常使用情况下，使用期限为8年，设备中的辐射板使用寿命一般为≤2000小时。

第三节　电热恒温箱

电热恒温箱通过恒温起到保温作用，可用于牛奶保温、菌种、生物培养等。

【结构与原理】

1. 基本结构：电热恒温箱由箱体、带指示灯电源开关、控温仪、内门旋钮拉手、钢化玻璃内门、隔板、外箱门磁性门封条、外箱门组成。

2. 工作原理：通过持续加热使箱内温度恒定从而到达保温的作用。

【操作步骤】

1. 操作流程

（1）把电源开关拔至“1”处，此时电源指示灯亮，温控仪上有数字显示。

（2）温度设定：当所需加热温度与设定温度相同时不需设定，反之则需重新设定。先按控温仪的功能键“SET”进入温度设定状态，SV设定显示一闪一闪，再按移位键“⊿”配合加键“△”或减键“▽”设定，结束需按功能键“SET”确认。将温度设定在38.0℃至42.0℃之间。

（3）设定结束后，各项数据保存。

（4）此时将奶放入恒温箱，关好内外门。如内外门开门时间过长，箱内温度有些波动，这是正常现象。

（5）根据需要选择热奶时间，热奶结束后，把电源开关打到“0”，如不马上取出物品，请不要打开箱门。

2. 注意事项

（1）恒温箱外壳必须有效接地，以保证使用安全。

（2）恒温箱应放置在具有良好通风条件的室内，在其周围不可放置易燃易爆物品。

（3）箱内物品放置切勿过挤，必须留出空间。

（4）控制仪参数循环设定中 P、I.D、T、LCK 功能的各项参数出厂前已调整好，不要随意调整。

（5）箱温保持在 38℃至 42℃之间。

（6）牛奶不能长时间放在恒温箱内，时间过长会导致牛奶变质，故每次喂奶前半小时放入牛奶。

【常见故障与处理措施】

常见故障	原因	处理措施
无电源	插头未插好或断电	插好插头或接好线
	熔断器开路	更换熔断器
箱内温度不升	设定温度低	调整设定温度
	电加热器坏	换电加热器
	控温仪坏	换控温仪
设定温度与箱内温度误差大	温度传感器坏	换温度传感器
	循环风机坏	换风机
	温度显示值误差	修正温度显示值
超温报警异常	设定温度低	调整设定温度
	控温仪低	换控温仪

【应急预案】

1. 工作中仪器出现故障，应立即停止使用，必要时更换仪器。

2. 故障仪器悬挂“设备故障”牌，送维修部门进行维修。

【消毒与维护】

1. 清洁与消毒

（1）每日应用清洁软布擦洗箱壁内外面，保持清洁，注意勿用清洁剂、乙醇或其他任何有机溶剂擦洗，以免引起仪器老化。

（2）每周应彻底消毒恒温箱一次。

（3）每个月做恒温箱内物表细菌培养。

2. 保养与维护

（1）恒温箱运行时避免环境温度过高或过低。使用结束后，先关恒温箱电源开关，后拔电源插头。不用时用布覆盖，防尘。移动恒温箱时避免碰撞，以免外壳破裂失去保温功能。

（2）每 3 个月检查一次恒温箱箱温控制、风扇故障报警、电源故障等功能是否完好。

（3）每年应与设备科联系，更换需要定期更换的部件。

第四节 温度管理仪

温度管理仪适用于手术室（部）、ICU 和急诊室，能有效预防和治疗低体温。

【结构与原理】

1. 基本结构：由一个 750 型充气温度管理仪和一次性充气毯组成。

2. 原理：通过温机将加热的空气持续吹入一次性充气毯内，达到主动升温的目的。

【操作步骤】

1. 操作流程

（1）评估与核对患者。

（2）仪器准备：

1）如果 750 型温度仪不是固定在输液架上或移动支架上，则在开始温度管理治疗前，把装置放在一个平坦、坚硬的干燥表面上。不得将温度管理仪放置在柔软或不平坦的平面上。

2）选择合适型号、规格的升温毯。

3）将温度管理仪的软管末端插入升温毯的软管接口。将其扭转使其滑合到位。

（3）操作：

1）接通电源，设备将处于待机模式，待机指示灯将亮起。

2）按下相应按钮选择需要的温度。

3）关闭电源：使用结束后，断开连接软管，整理升温机。

2．注意事项

（1）对儿童患者的治疗过程中必须有人看管。

（2）只有在温度管理仪安稳地放置在硬质表面上或安全固定之后才能开始温度管理治疗，否则会造成伤害。

（3）升温毯不可重复使用，避免交叉感染和因破损或功能不全导致烫伤。

【常见故障与处理措施】

常见故障	原因	处理措施
超温指示灯（红色）闪烁，警报	温度过高	终止一切温度管理治疗，拔下温度管理仪的电源插头，必要时送维修
黄色故障指示灯将闪烁，警报	系统发生故障	拔下温度管理仪的电源插头，并等待5分钟；重新选择温度设置；如果温度管理仪没有返回正常的运行状态，送维修

【应急预案】

1. 工作中仪器出现故障，应立即停止使用，必要时更换仪器。

2. 故障仪器悬挂“设备故障”牌，送维修部门进行维修。

【消毒与维护】

1. 清洁与消毒

（1）使用完毕及时拔掉电源。

（2）冷却后再用清洁软毛巾擦拭，以去除灰尘。

2. 保养与维护

（1）避免设备外壳受到暴力。

（2）备用时，盖防尘罩。

第五节 体温调节系统

ALLON 2001 体温调节系统是一种通过加热泵和水循环泵准确控制患者体温的医用仪器，主要适用于足月儿中度缺氧缺血性脑病的亚低温治疗及手术前、中、后维持患者预期的体温。

【结构与原理】

1. 基本结构：ALLON 2001 主机（加热泵、水循环泵和控制单元），Thermo Wrap 控温服、附件（含核心传感器及体表传感器）。

2. 原理：加热泵将水加热到所需的温度后，将加热后的水泵入控温服进行循环，控制单元通过专门的体温传感器持续监测到患者的核心温度，使用传感器的体温控制决定最佳水温，以达到预期设定温度。

【操作步骤】

1. 操作流程

（1）评估患者：包括年龄、病情、意识、生命体征、皮肤状态等情况。

（2）患者准备：患者放置在远红外辐射式抢救台或暖箱中；关闭辐射台或暖箱电源；新生儿尽量裸露，除去身体上一切可能的加温措施；监测心电、血氧饱和度、血压、体温，aEEG 监测脑功能；建立动静脉通路；完善治疗前检查：常规 EEG、血气、乳酸、电解质、血糖、肝肾功能、凝血功能、头颅 B 超等。

（3）护士准备：衣帽整洁，剪指甲，洗手，戴口罩。

（4）用物准备：ALLON 2001 体温调节系统、纯化水、胶布。

（5）环境准备：环境安静，安全，调节室温。

（6）降温操作：

1）将 ALLON2001 放置于合适位置并锁住前轮。

2）在水箱中注入水到合适刻度（两条红线间）；连接电源线。

3）将传感器插入主机上的相应插孔内，注意颜色匹配。

4）将温控服铺放在床上或辐射台上。

5）用连接管路连接温控服和主机，打开温控服上的夹子。

6）打开主机电源，设备自检，自检后应保证温控服内部充满水。

7）在完成自检后，ALLON2001 切换至运行模式，蜂鸣器响，屏幕出现"ATTENTION CORE READOUT TOO LOW"的显示信息，当传感器插入患者身体后，信息自动消失。

8）进入“Operation”菜单，用上下箭头调节设定温度（一般为33～34.5℃）。

9）新生儿尽量裸露，将核心传感器插入直肠5cm左右，并固定于大腿一侧，体表传感器贴放在患者腹部，监测皮肤温度。

10）将温控服包裹患者身体，不能覆盖新生儿颈部。

11）治疗开始，1～2小时达到亚低温治疗的目标温度（33.5～34℃）。

（7）维持治疗：

1）维持治疗期间开始每15分钟记录体温一次，直到达到目标温度后1小时，然后每2小时记录一次。

2）监测患者体温低于或高于目标温度1℃以上或患者出现烦躁、颤抖等立即通知医生。

3）每4小时检查患者皮肤1次，每2小时变换体位1次。

4）测定血气时标注当时的实际体温（主要影响pH值）。

（8）复温治疗：

1）自然复温方法：关闭亚低温治疗仪开关，关闭远红外辐射式抢救台电源，逐渐开始复温。

2）人工复温方法：设定亚低温治疗仪的加热泵水温使直肠温度为每2小时升高0.5℃。仪器出现太阳图标表示处于复温状态，并可显示11小时患者体温；复温期间每小时记录体温1次，直至温度升至36.5℃。

3）复温时间不少于6小时（0.4℃/h）。

4）复温过程中出现抽搐停止复温，或治疗抽搐的同时降低复温幅度（0.2℃/h）。

5）复温结束后，再连续监测肛温24小时（维持在36～36.5℃）。

6）早期（低温开始前）建立动脉监测，低温开始后不容易建立。

（9）关机操作：

1）关闭主机电源。

2）等待几秒后，关闭温控服上的夹子。

3）断开主机和温控服的连接器。

4）从患者身上拔出核心、体表传感器，解开温控服。

5）使用沾有75%乙醇的湿布消毒连接管路的表面及设备外表面。

2. 注意事项

（1）禁止在使用过程中用温控服抬起或移动患者。

（2）预防冻伤和压疮：保持患者皮肤干燥，定时翻身。当直肠温度降至33℃时，重新开启远红外辐射式抢救台加热电源给予维持体温。

（3）治疗期间心率可能会降至90次/分钟，调整监护仪报警参数。

（4）患者存在持续低氧血症（经过积极呼吸支持治疗，SaO_2小于80%）或持续低血压（积极支持治疗和给予血管活性药物后，平均动脉压低于35mmHg），遵医嘱停止亚低温治疗。

【常见故障与处理措施】

常见故障	原因	处理措施
接通电源，系统不启动，并且控制面板是空白的	未接电源或无电压	检查电源线的连接情况，如无电压请技术人员处理
温控服漏水	在操作过程中意外刺破温控服	关闭ALLON 2001，让水回流到水箱，如有可能，更换温控服
温控服与连接管路的接口处漏水	未正确连接管路；连接管路损坏；快速耦合接头损坏	夹住温控服上的夹子，断开连接管路再重新连接，直到听到咔哒一声；或更换连接管路；以上无效，请技术人员处理
停止—请重新开始	正常工作状态下的错误	关闭系统3秒后重启；如果故障还存在，关闭ALLON 2001，与技术人员联系，记录屏幕上的信息号（1–16）
无水，请加水	水箱无水或水箱的浮子卡住了	加水至最高水位线或打开水箱盖，插入一个长的物体来松开浮子
检查温控服	管路没有连接；由于不合适的包裹令温控服堵塞；温控服夹子关闭	连接管路；检查温控服内部有无扭曲、折痕或阻碍水流的障碍物；检查夹子
检查核心传感器	核心传感器插口插错	连接核心传感器至对应的插孔
检查体表传感器	体表传感器插错	连接体表传感器至对应的插口
水温太低	水温低于10℃	关闭系统3秒后重启本系统；如果故障还存在，与技术人员联系
水温太高	水温高于42℃	关闭系统3秒后重启本系统；如果故障还存在，与技术人员联系
体温 > 38.5℃	核心体温读数高于38.5℃	通知医生

【应急预案】

1. 工作中仪器出现故障，应立即停止使用，必要时更换仪器。

2. 故障仪器悬挂“设备故障”牌，送维修部门进行维修。

【消毒与维护】

1. 清洁与消毒

（1）连接管路和快速耦合接口：每次治疗前使用湿布清洁。

（2）温控服：规定为一次性使用，如果重复使用温控服，建议选择环氧乙烷灭菌。

（3）治疗期间，每天进行日常的清洁和消毒。

2. 保养与维护

（1）水箱内使用纯化水或蒸馏水，每两周更换一次循环水。

（2）温控服：避免锐器接触温控服，避免折叠或挤压，以免阻断水流。

（3）每次治疗前，检查传感器、连接管路和电源线，检查 ALLON 2001 的外部。

（4）过滤器：每年校正、检查、更换一次。

第六节　输血输液加温器

输血输液加温器是保持输血输液恒定温度的医疗仪器，适用于在短时间大流量输血输液过程中，温度过低对人体产生不良影响情况下的温度补偿，不推荐用于常规情况下的输血输液。

【结构与原理】

1. 基本结构：由热交换器和固定夹两部分组成。

2. 原理：采用了槽型换热器结构和大面积导热膜技术，通过设备内部的控制电路对高精度传感器传来的温度信号进行运算和处理，不断地调整加热状态，从而使槽型换热器表面温度迅速恒定在设置的温度上。

【操作步骤】

1. 操作流程

（1）评估与核对患者。

（2）仪器准备：

1）将加温器用固定夹牢牢地固定在输液架上，加温器背面、两边和顶部应该至少有 150mm 的空隙供仪器散热。

2）从加温器槽口的后部开始，将输液管按逆时针方向轻柔地缠绕并卡入槽口中，输液管必须完全卡入槽口中，建议加温器与患者的距离最好不要超过 80cm。

（3）操作：

1）接通电源，设备发出一声短促的叫声，然后处于待机状态。

2）如果需要的温度是 38.5℃，按下工作 / 待机转换键，工作指示灯亮，温度自动设置在 38.5℃。

3）如果需要的温度不是 38.5℃，在待机状态下通过按动▲和▼键，设定需要温度的刻度。再按下“工作 / 待机转换键”，设备开始加温，并在 2 分钟内达到预设的温度。在设备达到预定温度时，该温度显示灯及前面的温度显示灯全部点亮。

2．注意事项

（1）若需重新设定温度或关闭警报系统，必须首先关掉电源（拔掉插头）。

（2）只能在待机状态下，用▲和▼键设定温度。

（3）选择合适的输液或输血耗材，加温器与患者之间的输液管长度至少有 40cm，并注意不要将输液管拉紧。

（4）如果定期检查发现设备存在功能异常，应该立即将醒目的警告标志贴在设备上，直到设备修好后才能继续投入正常使用。

（5）在清洁和消毒设备前必须断开电源。

【常见故障与处理措施】

常见故障	原因	处理措施
接通电源，面板上无任何显示，电源故障报警	断电或电源插头脱落；机器故障	检查电源，插好电源接线；送设备维护
低温警报	当热交换器的温度低于 36.5℃时触发低温警报，加热功能自动关闭	关闭仪器，重新调试 1 次，如仍报警，请设备专业人员维修
当热交换器升至 41℃～42℃范围时，触发高温警报，加热功能自动关闭	机器故障	首先关掉电源（拔除插头），重新设定设备或关闭警报系统，高温警报也可以由外部原因触发，如：阳光照射。必要时送设备维修

【应急预案】

1. 工作中仪器出现故障，应立即停止使用，必要时更换仪器。

2. 故障仪器悬挂“设备故障”牌，送维修部门进行维修。

【消毒与维护】

1. 清洁与消毒

（1）只能用软布和水溶性的、温和的清洁剂擦洗设备，或用特殊的塑料专用清洁清洗设备。

（2）只能用乙醇配制的标准消毒剂喷涂消毒设备。

2. 保养与维护

（1）保持加温器表面清洁。

（2）避免设备外壳受到暴力。

第五章

医用泵

第一节 输液泵

输液泵是应用微电脑准确控制输液速度的医用仪器，主要适用于需要精确地控制输液速度和监控输液过程的临床各科治疗，但不适用于输血治疗。

【结构与原理】

1. 基本结构：输液泵系统由以下几部分组成：微电脑系统、泵装置、检测装置、报警装置和输入及显示装置。

2. 原理：利用各种传感器（红外线滴数传感器、压力传感器等），感应相应的信号，这些信号经过放大处理后，送入微机系统进行信号处理，并得出控制指令，然后进行相应的控制处理。

【操作步骤】

1. 操作流程

（1）评估患者：

1）评估：年龄、病情、意识、治疗情况、局部皮肤情况、活动能力及合作程度。

2）向患者解释使用输液泵的目的、方法、注意事项及配合要点。

（2）患者准备：

1）了解用输液泵的目的、方法、注意事项及配合要点。

2）体位舒适，愿意合作。

（3）护士准备：衣帽整洁，剪指甲，洗手，戴口罩。

（4）用物准备：输液泵及电源连线，固定支架，无菌输液器，按医嘱配好的液体。

（5）环境准备：调节室温，保持环境安静、安全、宽敞。

（6）操作：

1）固定：将输液泵固定在输液支架上，保证设备放置平稳，固定牢靠，输液瓶高于输液泵 30cm，输液泵高于患者心脏 30cm。

2）开机：如果是交流供电，插好电源插头，打开输液泵电源开关；如果是蓄电池供电，打开输液泵电源开关。此时面板上"电源"指示灯闪烁，"流速"、"预置量"、"累积量"指示灯亮，表示仪器开始工作。

3）设定：按"设置"键，此时流速部位的数字闪烁，按"数字"键输入需要的流速值(ml/h)，按"选择"键，此时预置量部位的数字闪烁，按"数字"键输入需要的预置值(ml)，再次按"设置"键，完成设定输入。

4）装卡：打开泵门，将普通输液器的管道自上而下装入输液泵的输液卡子上，将输液器放入止液夹内，使止液夹夹住输液器，关上泵门。如有滴数传感器的输液泵(JYM-1200，TE-112)，需将滴数传感器卡在墨菲氏滴管上部 1/3 位置。

5）运行：排气完毕，输液泵正确安装后，给患者穿刺并固定，按"启动"键开始输液，这时运行指示灯交替闪烁。

6）观察：观察患者输液后全身及局部反应，观察输液泵运转是否正常。

7）整理：整理床单位，清理用物，洗手。

8）记录：记录使用药物、时间、总量、效果、患者反应，以便评价。

2. 注意事项

（1）为了使输液泵正常准确工作，使用时须远离高频电流的装置，如手机、除颤器等，尽可能远离气源如氧气等。使用时避免将输液泵控制的输液器与手动滚动夹控制的输液管路相连接，以免影响输液的精确度和报警功能。

（2）禁止使用输液泵输入血液制品。

（3）在使用过程中保证交流电接口干燥清洁，以免发生意外。

（4）输液泵的工作压力不要超过规定的最高压力，否则会使高压密封环变形，产生漏液；同时泵工作时要留心防止溶剂瓶内的溶剂用完，否则空泵运转时会磨损柱塞、密封环或缸体，最终产生漏液。

（5）长期保留静脉通道、持续给药者，输液器应 24 小时更换一次，以预防感染，更换输液器时注意调好滴数，避免引起病情变化。

【常见故障与处理措施】

常见故障	原因	处理措施
接通电源，指示灯不亮	电源开关没有打开	打开电源开关
	电源插座未插紧	插紧电源插座
	保险丝断裂	更换保险丝
空气报警	气泡出现在输液器的软管中	取下软管排除气泡再安装
	药液排空	更换药液
阻塞报警	输液管调节器关闭	打开输液调节器
	针头闭塞	更换针头
	输液泵管弯曲受压	排除输液泵管弯曲受压状态
开门报警	误报警	更换止液夹
	不报警	检查红外线传感器是否正常连接或损坏
空气或阻塞传感器出现不报警或误报警	泵管太粗或太细	更换与输液泵配套的专用泵管
频繁乱报警	机器功能不良	送维修部门进行维修
	输液泵周围有电磁干扰	排除电磁干扰
输液精确度不够	输液泵与泵管配套使用时其相对流速误差超过 5%	更换与输液泵配套的专用泵管
输液管道破损	泵管弹性不够，轮齿反复挤压	更换泵管
药液不滴	输液泵的“启动”键未开启	按“启动”键，检查穿刺处有无肿胀
输液泵突然停止工作	电源插座置于地上遇水或中途再插设备时导致短路	为输液泵设专用插座
	蓄电池自身损坏而引起仪器负载内阻加大	送维修部门进行维修

【应急预案】

1. 如使用中突然断电或停电，蓄电池电源能维持使用 1 ～ 2 小时。

2. 工作中仪器出现故障，应立即停止使用，送维修部门进行维修，并更换输液泵。

【消毒与维护】

1. 清洁与消毒

（1）输液泵外壳被污染后可使用蘸有凉水或温水的纱布或软布擦拭。使用时一人一用一消毒及定期将输液泵消毒（如 5% 氯己定），以防交叉感染。

（2）滴液传感器应经常用无水乙醇清洁，以免药液进入影响工作可靠性及腐蚀传感器。

（3）管路通气探测器污染后禁止使用尖锐物品清洁，可使用蘸有温水的软布擦拭并保持干燥。

2. 保养与维护

（1）防止任何固体微粒进入泵体。因为尘埃或其他任何杂质都会磨损柱塞、密封环、缸体和单向阀，因此未使用的输液泵应覆盖防尘罩或放置于专用柜内保管。

（2）首次使用前或长时间不用时其内部蓄电池要充电至少 12 小时，内部蓄电池电量不足时要及时充电，每月对内部电池进行充电一次，以防电池老化，并开机运行 1 小时。

（3）每周一次由专人对输液泵进行开启检查。

（4）输液泵在正常使用情况下，使用期限为 5 年（连续 24 小时使用）。

第二节　注射泵

注射泵是应用丝杆泵准确控制输液速度的医用仪器，主要适用于需要精确地控制输液速度和监控输液过程的临床各科治疗。

【结构与原理】

1. 基本结构：注射泵由步进电机及其驱动器、丝杆和支架等构成。

2. 原理：工作时，单片机系统发出控制脉冲使步进电机旋转，而步进电机带动丝杆将旋转运动变成直线运动，推动注射器的活塞进行注射输液，把注射器中的药液输入人体。

【操作步骤】

1. 操作流程

（1）评估患者：

1）评估：年龄、病情、意识、治疗情况、局部皮肤情况、活动能力及合作程度。

2）向患者解释使用注射泵的目的、方法、注意事项及配合要点。

（2）患者准备：

1）了解用注射泵的目的、方法、注意事项及配合要点。

2）体位舒适，愿意合作。

（3）护士准备：衣帽整洁，剪指甲，洗手，戴口罩。

（4）用物准备：注射泵及电源连线，将要输注的药物配好。

（5）环境准备：调节室温，保持环境安静、安全、宽敞。

（6）操作：

1）打开电源开关。

2）设置流速。

3）安装注射器（针筒的圈边要卡入泵上针筒座和半圆的小挡片之间，针筒的推片要卡入泵上推动的卡槽中，并将压块压住针筒）。

4）消除间隙：按住进键排空管路内的空气和泵的机械间隙。

5）按启动键（START）启动泵。

2. 注意事项

（1）更换针筒时注意排空管路内的空气。

（2）快速注射功能只有在 STOP 状态下可用。快速注射有两种模式：

A：不计入累积总量，操作方法为在 STOP 状态下 1 秒内连续按两次 FAST 键并且第二次按住不放。B：计入累积总量，操作方法为在 STOP 状态下同时按住 Σ 键和 FAST 键。FAST 结束后若继续以常速注射，按 START 键。

（3）压力限制有低压（L）、高压（H）（操作方式：在 STOP 状态下按功能选择键 SELECT 三次，右边显示中 L 变 H）。注射低黏度药液或低速注射时选择低压（L）。

（4）低压电压报警时，请及时充电或采用交流电供应。

（5）须将泵平放或固定在支架上，防止意外摔裂及内部零件的意外受伤。

（6）注射器圈边必须插入注射泵的圈边固定槽中，否则会无药液输出或因虹吸造成大剂量输出给患者带来伤害。

【常见故障与处理措施】

常见故障	原因	处理措施
速率不准	装夹不正确	重新正确装夹
	未使用推荐的注射器	使用推荐的注射器
电池欠压报警	电源未连接	连接好电源
	未及时充电或电池未更换	进行关机充电或更换电池
开始输液有回血	注射器安装不正确	重新正确安装注射器
	输液管内有空气	确定输液管内无空气，可按住快进键，将血推入静脉即可
推头移动不畅	泵推杆上有药液粘住	用乙醇擦去泵推杆上粘住的药液

【应急预案】

1. 如使用中突然断电或停电，蓄电池电源能维持使用 1 ～ 2 小时。

2. 工作中仪器出现故障，应立即停止使用，并更换注射泵。

3. 故障仪器悬挂“设备故障”牌，送维修部门进行维修。

【消毒与维护】

1. 清洁与消毒

（1）泵外壳被污染后可使用蘸有凉水或温水的纱布或其他软布擦拭。

（2）使用时一人一用一消毒及定期将输液泵消毒（如 5% 氯己定）以防交叉感染。

2. 保养与维护

（1）放置于专用柜内保管。

（2）每周一次对注射泵进行开机检查，监测泵的性能。首次使用前或长时间不用时其内部蓄电池要充电至少 12 小时，内部蓄电池电量不足时要及时充电，每月对内部电池进行充电一次，以防电池老化，并开机运行 1 小时。

（3）避免液体渗入泵内，不使用时存放在阴凉干燥处，避免剧烈震动、阳光直射。

（4）泵内充电电池应每月进行一次充电放电时间的检查，长期不用应每三个月充电一次。

（5）注射泵在正常使用情况下，使用期限为 5 年（连续 24 小时使用）。

第三节 胰岛素泵

胰岛素泵系统是一个集动态血糖监测、胰岛素泵治疗和糖尿病管理软件于一体的整合系统，帮助患者更有效更安全地控制血糖，优化糖尿病治疗管理。

【结构与原理】

1. 基本结构：胰岛素泵系统由以下几部分组成：胰岛素泵、充电器、发送器、测试器、Carelink USB、Carelink Pro 软件。

2. 原理：实时动态监测血糖，实时反应患者血糖的变化及趋势，对高低血糖及时报警；向患者体内 24 小时不间断地输入胰岛素，模拟基础胰岛素分泌，维持正常肝糖输出，控制空腹血糖，进餐前追加输注胰岛素，模拟进餐后胰岛素分泌，控制餐后高血糖；利用糖尿病微电脑管理软件，整合分析各种糖尿病信息。

【操作步骤】

1. 操作流程

（1）评估患者：

1）评估：年龄、病情、意识、治疗情况、局部皮肤情况、活动能力及合作程度。

2）向患者解释使用胰岛素泵的目的、方法、注意事项及配合要点。

（2）患者准备：

1）了解用胰岛素泵的目的、方法、注意事项及配合要点。

2）体位舒适，愿意合作。

（3）护士准备：衣帽整洁，剪指甲，洗手，戴口罩。

（4）用物准备：治疗盘、胰岛素泵及发送器、助针器、探头、短效或速效胰岛素、储药器和输注管路、乙醇、棉签、敷贴 2 张。

（5）环境准备：调节室温，保持环境安静、安全、宽敞。

（6）胰岛素泵功能的操作：

1）取出胰岛素：至少提前半小时从冰箱中取出胰岛素，让其回到室温状态下，并且查看胰岛素有效期及是否变质。

2）储物器抽药和排气：从包装中取出储药器，推杆来回推两次，让推杆与器壁得到充分的润滑。然后针尖垂直朝上插入笔芯中，缓慢拉动活塞让胰岛素装入储药器中，轻敲储药壁，使可能存在的气泡上升到顶部，将其推入笔芯。

3）连接输注管路：握住储物器逆时针转动，然后垂直向上将其从移液罩和笔芯瓶上拔出。把输注管路接头装到储药器上，通过顺时针转动将其固定。轻推活塞直至胰岛素进入管内，以排除储药器顶部的气泡。逆时针转动活塞杆，将其从储药器上拆下。切勿前后拉动活塞，导致空气进入。

4）马达复位：马达复位之前，不要将储药器插进胰岛素泵内，否则会导致胰岛素输注不正确。在泵上进入主菜单→充盈→马达复位，屏幕上将出现“手动充盈，安装 / 固定储药器”的提示即松开按键，复位成功。

5）安装固定储药器：储药器刻度向内，从泵的储药仓顶部插入储药器。顺时针转动管路接头 1/2 圈将其装好，接头应与电池帽的槽平行。需要时系上活动保护装置。

6）进行手动充盈：切记不要将输注管路与身体连接！在充盈过程中，需持续按住 ACT 键，直到针尖出现胰岛素液滴再松开。确认输液管内没有气泡。

7）选择部位植入管路：同胰岛素注射部位。暴露注射部位，用 75% 医用乙醇，以注射点为中心，由内向外，环状消毒 3 次，等待自然干燥。油脂性或干燥皮肤，请先清洁后再消毒。

8）进行定量充盈：主菜单→充盈→定量充盈。用于将胰岛素充满引导针拔出后软管中留下的空隙。6mm 软针：0.3U；9mm 软针：0.5U。

9）检查注射部位：检查植入部位有无过敏，管路是否有进血等情况。

10）开启胰岛素泵。

（7）实时动态血糖监测系统的操作：

1）洗手。

2）取出常温下已放置半小时的探头，查看探头日期是否过期，在有效期内方可使用。

3）选择脂肪丰富的位置，注意避免胰岛素输注部位有疤痕、硬结等，避开脐周 5cm，75% 乙醇由里向外三圈消毒，晾干。

4）将探头装到助针器中。

5）探头植入：确保植入角度在 45 ～ 60 度之间，植入时，确保皮肤处在紧绷状态，按动助针器按钮植入。

6）退出助针器：拔出引导针时，用两个手指按住探头基座，按照植入时的相同角度轻轻拔出。拔出助针器时，避免转动、弯曲或者向后抬起助针器。

7）探头参数设置。

8）连接发送器（待探头植入 15 分钟），观察是否有绿灯亮，并闪 6 下代表连接成功。

9）探头初始化。

10）输入指血：大约 2 小时初始化结束后屏幕将出现 METER BG NOW，这时进行第一次测指血输入，一天至少 3 ～ 4 次指血输入。

11）三天监测结束，电脑下载图谱，取下发送器（与充电器连接保存），探头丢弃，关闭探头功能。

2. 注意事项

（1）探头植入后至少浸润 15 分钟方可与发送器连接。

（2）一天 4 次指血校准最好是在血糖平稳时进行，如空腹、餐前和睡前。避免在血糖快速波动时输入校准指血，如运动、餐后 2 小时。

（3）建议使用一个固定的血糖仪校准，至少对同一患者采用一个固定的血糖仪校准。

（4）勿在同一天（下午 0 点到下一个午夜 0 点）内给不同的两个患者使用 722 系统，否则会导致 CareLink 报告的数据重合。

（5）充电器和发送器不防水，避免将其浸入水中，避免将发送器丢弃在医疗废物箱中或将其焚烧，发送器的电池在燃烧时会发生爆炸。

（6）不能将设备带入高磁场的环境中，以防损害设备。

（7）佩戴期间，如需洗澡、剧烈运动，需将设备分离，但最好不要分离超过 30 分钟，否则会使血糖信息丢失。

（8）将手机、收音机、无线上网的电脑等有无线电干扰的设备与它保持至少 30cm 的距离，否则会干扰血糖信息的接受。

【常见故障与处理措施】

常见故障	原因	处理措施
与血糖有关的报警	现在输入血糖仪值	按 ESC，ACT 消除报警，输入一个血糖仪测量的血糖值
	在 --：-- 时间输入血糖仪值	按 ESC，ACT 消除报警，输入一个血糖仪测量的血糖值
	高血糖	按 ESC，ACT 消除报警，与设置了 HIGH GLUCOSE 有关，根据临床情况测指血验证后如确实高，立即进行降血糖处理
	低血糖	按 ESC，ACT 消除报警，与设置了 LOW GLUCOSE 有关，根据临床情况测指血验证后如确实低，立即进行升血糖处理
	校准错误	按 ESC，ACT 消除警报，输入的校准指血值与电流的比值超过了 1.5 ～ 20 的范围，请等待直到血糖稳定再输入一个新的血糖值用于校准
与探头有关的报警	有故障的探头	按 ESC，ACT 消除报警，若探头初始化期间出现，等待探头充分浸润后再次 SENSOR START；若连续两个 CAL ERROR（校准错误）引起，请更换探头；若单独出现此提醒，使用测试器检查
	探头寿命终止	按 ESC，ACT 消除报警，探头达到最大使用寿命 72 小时，请更换探头
	探头错误	按 ESC，ACT 消除报警，若初始化期间或只出现一次提醒，清除提醒即可；若两次以上提醒更换探头
与发射器有关的报警	丢失探头	按 ESC，ACT 消除报警，首先检查植入、ID 号、发送器和探头连接。其次使用 FIND LOST SENSOR（查找丢失的探头）功能去查找探头，最后如初识化期间反复出现 LOST SENSOR，请在泵上按 SENSOR Off（关闭探头），使用 NEW SENSOR
	弱信号	按 ESC，ACT 消除报警，将胰岛素泵靠近发送器，或发送器和胰岛素放到身体的同侧
	发送器电量低	按 ESC，ACT 消除报警，尽快为发送器重新充电
	有问题的发送器	按 ESC，ACT 消除报警，立即给发送器重新充电约 8 小时，直到充电器上绿灯灭

【应急预案】

工作中仪器出现故障，应立即停止使用，送维修部门进行维修。

【消毒与维护】

1. 清洁与消毒

（1）胰岛素泵

1）只能使用清水湿布和温和清洗剂水溶液清洁泵表面，擦完后再用清水擦洗，再使用干布擦干，使用 75% 乙醇擦拭消毒。

2）不要使用打火机油、指甲油清除剂、油漆稀释剂等擦洗泵，不要使用任何润滑剂。

3）保持储药室和电池室干燥，避免受潮。

（2）发送器

1）用温和肥皂水和温和湿清洁布，擦拭发送器等的外部。

2）用清洁干燥的布和抗菌洗手液擦拭发送器的表面。避免使用任何洗手液浸入连接处内部。重复接触洗手液可能损坏连接处并最终影响发送器的性能。如果洗手液进入连接处内部，应将其晾干。

3）将发送器放置在清洁干燥的布上 2 ～ 3 分钟，将其晾干。

2. 保养与维护

（1）722 系统：建议在装有电池的情况下保存 722 胰岛素泵，并记住当前的基础率。为节省电池，应把基础率设置为 0，并将自动关闭设为“-----”或零。

（2）发送器：在室温下和清洁、干燥的地方保存 MINILINK、充电器和监测器。建议在保存时保持发送器与充电器连接。如果不使用发送器，每隔 60 天给发送器充一次电。

第六章

雾化器

第一节　超声雾化器

超声雾化器是利用超声原理将药液雾化成微小颗粒，然后通过呼吸吸入的方式进入呼吸道和肺部，从而达到有效治疗呼吸道疾病目的的医用仪器，适用于治疗呼吸道感染，解除支气管痉挛，稀释痰液，帮助祛痰。

【结构与原理】

1. 基本结构：超声雾化器由主机、超声波发生器、水槽、雾化罐、螺纹管和口含嘴（或面罩）等组成。

2. 原理：利用超声波发生器输出高频电能，使水槽底部晶体换能器发生超声波声能，声能震动了雾化罐底部的透声膜，作用于雾化罐内的液体，破坏了药液的表面张力和惯性，使液体雾化成小分子的气雾，使药物分子通过气雾直接进入气管、支气管或肺泡，达到治疗作用。

【操作步骤】

1. 操作流程

（1）评估患者：

1）评估：病情、意识状况、体位、呼吸道通气情况（患者有无呼吸困难、咳嗽、咳痰、痰液黏稠情况）、患者合作程度。

2）向患者解释超声雾化吸入的目的、方法、注意事项及配合要点。

（2）患者准备：

1）了解超声雾化吸入的目的、方法、注意事项及配合要点。

2）体位舒适，愿意配合。

（3）护士准备：衣帽整洁，修剪指甲，洗手，戴口罩。

（4）用物准备：

1）将超声波雾化吸入器主机与各附件连接；在水槽内加入冷蒸馏水，液面高度约 3cm（一般 250ml），要求浸没雾化罐底部的透声膜，将盖旋紧。将稀释好的 20 ～ 30ml 药液放雾化罐内加放入水槽内，将水槽盖盖紧。

2）药液准备：将药液稀释至 20 ～ 30ml 后加入雾化罐内。

3）通电检查是否有雾气，检查正常可以使用。

（5）病房环境：光线充足，病房安静、舒适、整洁。

（6）操作步骤：

1）携用物至患者床旁，再次核对患者，给予患者舒适坐位或卧位头偏向一侧，摇高床头，在颌下垫小毛巾。

2）连接电源线，拨通电源开关（向上），电源指示灯和水位指示灯均亮。设定预定吸入时间 15 ～ 20 分钟，再调节雾量开关到合适位置。

3）将面罩罩住患者口鼻或将口含嘴放入其口中，指导患者以口吸气、鼻呼气的方法进行深呼吸。

4）向患者及家属告知操作注意事项，并将呼叫器放在患者身旁。

5）观察病情（面色、呼吸、咳嗽情况）及治疗效果，随时巡视病房。

6）到达预定吸入时间，定时器将会自动回到“OFF”位，机器停止工作，指示灯熄灭，取下面罩（口含嘴），先关雾化开关，后关电源开关。

7）用小毛巾擦干患者面部，整理床单位，妥善安置患者，将用物置于治疗车下，感谢患者配合。

8）正确处理用物（将水槽内的水及雾化罐内的药液倒掉，擦干水槽，将螺旋管及面罩各个轴节打开，浸泡 30 分钟，取出冲洗干净备用，雾化罐应清洗干净；特殊细菌感染患者应专用专消）。洗手，记录。

2. 注意事项

（1）检查机器是否完好。

（2）水槽内盛冷蒸馏水，不能盛生理盐水，以免雾化后换能器芯片结垢，破坏雾化效果。

（3）水槽注水时，液面高度约为 3cm，约 250ml，水温不可超过 50℃，否则会影响雾化率。如连续使用时，两次中间应间隔 30 分钟。以免溢出水进入机内使电子组件受潮，造成人为故障。

（4）机器工作完毕，一定要放掉水槽里的水，并用纱布吸干水箱和芯片上的积水。切忌用硬物擦刮换能器芯片。

（5）雾化器操作时雾化杯底膜片中心突起应朝芯片方向，否则雾化量将会变小。

【常见故障与处理措施】

常见故障	原因	处理措施
开机后各种指示灯都不亮，机器不能工作	电源插头未插紧，熔断器熔断	首先检查电源插头和电源线，再检查熔断器是否熔断。如果上述没有问题，由专业人员进行维修
开机就断保险丝	电压过高，机内有短路	由专业人员进行维修
开机后有水柱无气雾	通风口无风	由专业人员进行维修
	因为雾化杯内药液过多堵住杯内风口而无雾化	减少雾化杯内药液
工作不正常或水槽内温度过高	工作时间过长	关机 30 分钟或更换水槽内水后，再开机使用

【应急预案】

1. 工作中仪器出现故障，应立即停止使用，必要时更换仪器。

2. 故障仪器悬挂“设备故障”牌，送维修部门进行维修。

【消毒与维护】

1. 清洁与消毒

（1）面罩、波纹管、药杯：应用化学法浸泡消毒，然后洗净晾干备用，不可高温消毒，否则会使其老化、变形而不能使用。

（2）仪器外表面：用湿布和温和清洗剂水溶液清洁。

2. 保养与维护

（1）水槽中应及时加入蒸馏水，水温超过 50℃时要及时换冷蒸馏水。

（2）每次用毕，应把雾量旋钮调节到最小的位置，以保护功率管的寿命。芯片为易耗品，进口芯片一般使用寿命为一年（国产半年）左右。如发现工作时水槽内水柱明显减少时，应及时更换芯片。

（3）每次使用完毕后，放掉水槽里的水，并用纱布吸干水箱和芯片上的积水保持干燥、清洁。

第二节 氧气雾化器

氧气雾化器是利用高速气流将药液喷成雾状微粒，然后通过呼吸吸入的方式进入呼吸道和肺部，从而达到有效治疗呼吸道疾病目的的医用仪器，适用于治疗呼吸道感染，解除支气管痉挛，稀释痰液，帮助祛痰。

【结构与原理】

1. 基本结构：氧气雾化吸入装置一套（雾化药液罐、管道）、氧气吸入装置一套（取下湿化瓶）。

2. 原理：氧气雾化吸入法是利用高速氧气气流，使药液形成雾状，再由呼吸道吸入，达到治疗的目的。

【操作步骤】

1. 操作流程

（1）评估患者：

1）评估年龄、病情、治疗情况，咳嗽、咳痰情况，呼吸频率、节律，有无呼吸困难，气道阻塞症状。

2）向患者及家属解释氧气雾化吸入的目的、方法、注意事项及配合要点。

（2）患者准备：

1）患者和 / 或家长了解氧气雾化的目的、方法、注意事项及配合要点，以取得合作。

2）气道通畅，体位舒适，愿意合作。

（3）护士准备：衣帽整洁、洗手。

（4）用物准备：供氧装置完好，雾化装置完好。

（5）环境准备：安静、整洁、温湿度适宜，雾化吸入前 1 小时避免扫地、铺床等可能引起灰尘的操作。

（6）操作：

1）按医嘱要求正确配制雾化吸入药液，装入氧气雾化吸入面罩药皿内。

2）将雾化器药皿与面罩旋紧，携用物、医嘱单推治疗车至患者床旁。

3）协助患者整理床单位，取舒适卧位（以坐位、半卧位为宜）。

4）连接管道氧与雾化器，打开氧气，氧流量为 6 ～ 10L / min，使药液呈雾状喷出。

5）将面罩扣于患者口鼻上，包紧患者口鼻，嘱患者缓慢深吸气后屏息片刻后（以便药物更好地沉积），用鼻轻轻呼气。持续治疗时间遵医嘱。

6）治疗毕，先取下雾化面罩，再关氧气开关，协助擦净患者面部，漱口。

7）协助患者取舒适卧位，整理床单位，整理用物。

【注意事项】

1. 雾化吸入过程中，避开烟火及易燃物，注意安全用氧。
2. 雾化器内药液必须浸没弯管底部，否则药液不能喷出。

【常见故障与处理措施】

常见故障	原因	处理措施
雾化器不出雾	连接管道脱落	重新连接好管道
	连接管道打折	整理好连接管道
	雾化器使用时间过长	更换新雾化器
雾化器雾小	氧流量不够	适当增大氧流量
	雾化器使用时间过长	更换新雾化器

【应急预案】

1. 工作中雾化管出现故障，应立即停止使用，必要时更换，并向采购部上报。
2. 故障仪器悬挂“设备故障”牌，送维修部门进行维修。

【消毒与维护】

1. 清洁与消毒

（1）氧气雾化器专人专用。

（2）每次使用后及时拆洗各部件，按要求清洁消毒，晾干后备用。

2. 保养与维护

（1）防止任何固体微粒进入雾化器。

（2）使用后雾化器晾干，用专用袋包装好备用。

第三节　空气压缩式雾化器

空气压缩式雾化器是利用压缩空气将药液变成雾状微粒从出气管喷出，然后通过呼吸吸入的方式进入呼吸道和肺部，从而达到有效治疗呼吸道疾病目的的医用仪器，适用于治疗咽炎、扁桃体炎、哮喘、老慢支等呼吸系统疾病；肺功能支气管舒张试验中，用于舒张支气管。

【结构与原理】

1. 基本结构：本体、过滤片盖、药液杯组件、送气管、过滤片、吸嘴、吸入面罩。

2. 原理：根据喷雾原理，利用压缩空气通过细小管口形成高速气流，产生的负压带动液体或其他流体一起喷射到阻挡物上，在高速撞击下向周围飞溅使液滴变成雾状微粒从出气管喷出，随呼吸而吸入呼吸道。

【操作步骤】

1. 操作流程

（1）评估患者：

1）评估：患者的意识状态、生命体征、呼吸形态、心肺情况。

2）向患者解释雾化吸入的作用、注意事项以及配合要点。

（2）患者准备：气道通畅，体位舒适，愿意合作。

（3）护士准备：衣帽整洁，剪指甲，洗手。

（4）用物准备：压缩式雾化器及电源连线，一次性雾化器，根据医嘱及患者体重将配制好药物加入喷雾器中待用。

（5）环境准备：调节室温，保持环境安静、安全、宽敞。

（6）操作：

1）连接好管道与喷雾器，打开电源开关，启动压缩机。

2）取坐位或者半卧位，将雾化器的面罩罩住患者的口鼻，嘱自然呼吸即可。

3）持续治疗到不再喷出气雾为止，关闭电源开关。

4）整理：整理床单位，清理用物，洗手。

5）记录：记录使用药物、时间、患者反应，以便评价。

2. 注意事项

（1）雾化机运行时勿覆盖压缩机表面，勿堵塞通风口；勿向机器内喷射清洗液，勿让液体流进通风口。

（2）导管的连接要正确牢固。

（3）使用时确保喷雾器处于直立状态，否则可能出现有药喷不出雾的现象。

（4）年龄越大，对支气管舒张剂的不良反应越敏感，常表现为：心悸、肌肉颤动，常为一过性，无需紧张，用药前注意交代注意事项，并观察用药反应。

（5）在雾化的过程中巡视，雾化完毕后指导患者擦脸，漱口。

【常见故障与处理措施】

常见故障	原因	处理措施
打开电源开关仪器无任何反应	确认电源插头是否插入插座	确认插座有电，重新连接各部件线路，仍不能解决时可能为压缩机故障，交由维修人员进行维修
接通电源时，不喷雾或喷雾量很小	药液过少	向药液杯中注入适量药液
	喷嘴堵塞	清洗喷嘴或更换喷嘴
	药液杯组件倾斜 45 度以上	杯口组件朝上
	送气管未与本体和药液杯组件正确连接	正确、牢固连接送气管
机体异常发热	环境温度过高，雾化机上覆盖物体	勿用布等覆盖在本体上；关机

【应急预案】

1. 工作中仪器出现故障，应立即停止使用，可选用氧气雾化或更换仪器。

2. 故障仪器悬挂“设备故障”牌，送维修部门进行维修。

【消毒与维护】

1. 清洁与消毒

（1）雾化器各部件：每次使用后及时拆洗各部件，按要求清洁消毒，晾干后备用。

（2）喷雾器：一用一消毒（如 5% 氯己定），以防交叉感染。

（3）仪器表面：用蘸有凉水或温水的纱布或其他软布擦拭，清洁前关闭仪器电源。

2. 保养与维护

（1）仪器专人负责，定位放置，保持干燥。

（2）勿让机器在在 40℃以上的环境中使用。

（3）药液杯组件使用 1 年后进行更换。

（4）有故障时及时送检，做好使用登记、检查、送检情况。

第七章

净化、消毒、灭菌设备

第一节 空气消毒机

空气消毒机是杀菌、消毒、净化空气的设备，广泛适用于医院等公共场所的空气消毒。

【结构与原理】

1. 基本结构：主机身、进风口、出风口、程控定时器、控制面板、臭氧发生器、紫外线灯、保险管、静电吸附装置、抗菌预过滤器、光触媒—高活性炭过滤网等。

2. 原理：静电除尘空气净化机的原理是利用静电吸附灭菌的原理，采取细线放电机与蜂巢状铝箱收集构成基线装置从而净化空气。动态空气净化消毒剂的原理是集层流过滤、静电吸附、紫外线内部杀菌为一体，有效过滤、吸附空气中的尘埃，并立即杀菌，将消毒净化后的洁净空气放回空间反复循环自净，从而达到空气消毒的目的。

【操作步骤】

1. 操作流程

（1）护士准备：衣帽整洁。

（2）用物准备：空气消毒机及电源连线。

（3）环境准备：关闭门窗，消毒机的进风口严禁有物品覆盖或遮挡。

（4）操作：

1）接通电源。

2）确定电源处于开启状态，开关指示灯亮。

3）临时消毒时请轻按遥控器或主机面板的定时器按钮，按要求选定时间，机器在消毒完成后自动停止工作。

4）改变风速大小，可使用面板上的风速调节开关。

5）使用紫外线时，也可使用面板上紫外线控制按键选择增减紫外线强度。

6）程控设置：

①设定北京时间和星期：同时按住 CLOCK+PROG 键，可切换 12/24 小时制。按住 CLOCK 键（不松动），同时分别按 WEEK、HOUR、MIN。

②设置开机时间，再按一次 PROG 键设置开机时间，反复按 PROG 键可设置每天数次开机时间，反复按 PROG 键可设置每天开机时间，按 PROG 键回到北京时间。

③程控模式设定按：按 AUTO 键，可以设置自动方式或手动方式下的关（OFF）和开（ON）的状态。

④检查和停止：反复按 PROG 键可检查设置错误；按 R 键可取消或恢复当次设定，程控左边一小孔为清零键。

（5）也可使用遥控器操作，步骤同上。

（6）空气消毒机操作：

1）接通电源。

2）在待机状态下，按启动或停止键，启动 1 小时消毒，显示手动消毒 01：00（待机状态下，按 1 至 8，再按启、停键，启动对应的小时消毒，显示为手动消毒 0：00，如先按 7，再按启、停键，显示“手动消毒 07：00”；在工作过程中，按启、停键，返回到待机状态）。

3）程控消毒：待机状态下，按“定时”键一次，显示程控开，此时如果北京时间与设定时间相吻合，空气消毒机自动进入工作状态，开启后显示程控消毒。

4）程控消毒自动开关、关机时间设定：待机状态下，按程控键一次，显示 1 组定时开机时间，此时按数字键设定开机的时间（方法参见设定时钟）；再按程控键一次，显示 2 组定时开机时间，此时按数字键设定关机时间；在设定过程中，5 秒无操作，则系统自动退出待机状态，未完成的设置无效；两次消毒时间不应该有相应的相交时间，否则第一次与第二次无间隙工作；程控设置成功后，关断电源，程序不会改变。

5）设定时钟；按时间键 1 次，按 4 个数字键，如 1238 表示时间为中午 12 点 38 分。

6）风向调节：空气消毒机启动工作后，挡风条自动打开，关机后挡风条能自动关闭。

7）显示积累工作时间：待机状态下，按模式一次，显示屏显示积累的工作时长。

8）污染源自动消毒：接通电源，在待机状态下，按自动键一次，显示自动开，在检测到连续3秒人的活动后，启动消毒；连续30分钟没有检测到人的活动，则关闭消毒；再按自动键一次，显示自动关。

2. 注意事项

（1）无论用于手动消毒还是程控消毒，均要求关闭门窗。

（2）消毒剂的进风口严禁有物品覆盖或遮挡。

（3）电源插座必须使用有安全地线的三芯插座。

（4）机器内严禁进水，用湿布清洁机器时，须先切断电源。

（5）常规消毒环境可不拔下电源插座和关闭总电源开关，以便使用程控功能。

（6）定期检查机器工作状况，如发现异常应立即检修。

（7）选用臭氧消毒时，人员应回避现场。

【常见故障与处理措施】

常见故障	原因	处理措施
接通电源，指示灯不亮	电源开关没有打开	打开电源开关
	电源插座未插紧	插紧电源插座
	保险丝断裂	更换保险丝
机器不按程控设定时间开、停机	程序设置失灵	重新设定开停机时间将程控模式开关设为中间位置，按北京时间重新校准
	程控定时器损坏	更换程控定时器
临时定时选定不能设定	定时模式选择键接触不良	通知供应商
	控制电脑版程序出错	通知供应商
风机不转	风叶轴卡死	检查风叶轴是否卡死
	风机电容损坏	更换风机或电容
紫外线灯不亮	灯丝烧断	更换紫外线灯管
	控制电脑板及镇流器损坏	更换控制电脑板或镇流器
控制面板不起作用	控制面板与电脑板连接排线接触不良	重新插接即可

（续表）

常见故障	原因	处理措施
风量不足	进、出风口过滤网堵塞	及时清洗进风口过滤网 定期更换出风口过滤网
静态消毒没有臭氧发出	臭氧高压系统发生系统故障	通知供应商
臭氧产量不足或臭氧浓度过低	高浓度臭氧发生管工作不良	通知供应商
	过滤网堵塞	清理或更换过滤网

【应急预案】

1. 工作中仪器出现故障，应立即停止使用，必要时更换仪器。

2. 故障仪器悬挂“设备故障”牌，送维修部门进行维修。

【消毒与维护】

1. 清洁与消毒

（1）保持消毒机的清洁干燥。

（2）空气消毒机外壳被污染后可使用蘸有凉水或温水的纱布或其他软布擦拭。每天消毒工作结束后用湿布擦拭表面即可。

（3）定期将空气消毒机消毒（如 5% 氯己定），以防交叉感染。

（4）清洁时切断电源并拔出电源头，避免与水直接接触或冲洗。

2. 保养与维护

（1）消毒机工作时，严禁使物体或手接近消毒机通风进、出口；搬运和装卸时应防止本产品受到硬物撞击或倒地。

（2）发现消毒机工作异常时，应立即关闭电源开关，并拔出电源插头，电话通知设备科检查。

（3）每周一次由专人对空气消毒机进行开启检查。

（4）每月检查过滤网，发现灰尘较多时揭开进风面板，卸下过滤网、用清水或加用中性洗涤剂的水进行进行清洗，严禁用毛刷类工具刷洗，水温不得超过 40℃，以免变形，洗涤干净放在阴冷通风处干燥后，按原路安装，每年更换过滤网。

（5）消毒机使用累计时间不超过 4000 小时，如达到累计时间联系设备科对紫外线灯管进行更换，并记录。

（6）消毒机上方应无任何遮盖物，也不能放置在柜内等环境中使用；多个房间轮流消毒时应轻推轻放，减少振动。

（7）注意用电安全。未经指导、培训、详阅说明书者严禁使用。

第二节 床单位消毒机

床单位消毒机是能杀灭病床及空气中各种病菌的消毒设备，适用于医院病房内的被褥、床单、枕芯、床垫、病服、婴儿玩具、手术室衣物等的消毒。

【结构与原理】

1. 基本结构：由机壳、臭氧管、高压变压器、充气泵、管子、专用床袋罩等组成，用于床单位终末消毒。

2. 原理：内置两套钛罗臭氧发生器系统，利用臭氧的特性，以抽真空方式消毒。高浓度的臭氧完全渗透到床单位最深层次，保障消毒彻底。同时具有解析功能，将消毒后残存的臭氧解析掉，不污染环境，并提高床的使用率。

【操作步骤】

1. 操作流程

（1）护士准备：衣帽整洁。

（2）用物准备：床单位消毒机及电源连线。

（3）环境准备：关闭门窗，调节室温，保持环境安静、安全、宽敞。严禁有物品覆盖或遮挡。

（4）操作：

1）将消毒机推到需要消毒的床单位旁边，接通电源，机器处于备用状态。

2）取出专用消毒密封袋，将密封袋打开并将有气嘴的一面向上。

3）将所需要消毒的床单位套入专用消毒袋中，然后密闭消毒袋口。

4）从消毒机的背部取下输气管，插入到消毒袋的气嘴上。

5）打开电源开关键，按需要选择时间，再按启停键，消毒机开始工作，工作的方式为先抽气，抽气完成后再送臭氧气体到消毒袋中进行消毒。

6）消毒 60 分钟，密闭 40 分钟后，整理好已消毒的床单位，然后放好消毒袋备用。

2. 注意事项

（1）使用标准三芯插座，并有良好接地。

（2）床袋需包裹严密。

（3）进、出风口前不允许有障碍物。

（4）机器内严禁进水，用湿布清洁机器时，须切断电源。

（5）定期检查机器工作情况，如异常立即检修。

（6）消毒时，人员应回避现场。

【常见的故障及处理】

常见故障	原因	处理措施
整机不工作	电源插头与插座接触不良	检查电源插座
	保险丝已断	更换保险丝
	电源指示灯损坏	更换电源指示灯
	电源开关关闭或供电系统无电	打开电源开关
定时器不能开停机	开关触点损坏	更换开关
	定时器电路故障	更换电路板
	供电电源电压过低	通知专业人员维修
散热风机不转，散热风量不足	风叶轴承损坏	更换风机
消毒机提前停机	未安要求定时	重新设定时间
压缩不良	过滤网堵塞	通知专业人员检查
消毒不良	臭氧过滤网堵塞	通知专业人员检查
机器工作无臭氧送出	臭氧供气泵不工作，臭氧高压发生系统故障	通知专业人员检修
工作时发出臭氧	气管漏气	通知专业人员维修

【应急预案】

1. 工作中仪器出现故障，应立即停止使用，必要时更换仪器。

2. 故障仪器悬挂“设备故障”牌，送维修部门进行维修。

【消毒与维护】

1. 清洁与消毒

（1）保持消毒机的清洁干燥。

（2）床单位消毒机外壳被污染后可使用蘸有凉水或温水的纱布或其他软布擦拭。每天消毒工作结束后用湿布擦拭表面即可。

（3）定期将床单位消毒机消毒(如5%氯已定)，以防交叉感染。

（4）清洁时切断电源并拔出电源头，避免与水直接接触或冲洗。

2. 保养与维护

（1）清洁保养前应拔下电源插头。

（2）清洁时宜用温水或中性洗涤剂，勿使用汽油、苯或其他化学试剂。

（3）清洁时切勿使电器系统受潮，以免引起故障和事故，一旦受潮必须待完全干燥后才能恢复使用。

（4）每周一次由专人对空气消毒机进行开启检查。

（5）清洁时主要清洗机器内复合性活性炭过滤网，6～12个月清洁一次，如在环境污染造成室内灰尘剧增的场合使用时，3～6个月清洁一次，清洁后必须抹干再装回原位。

（6）保养完毕后，请接回电源插座，并拿设定好的控制器重新开机。

（7）当机器出现故障，不运转、鸣声等及时联系设备科维修。

第三节 空气自净器

空气自净器是一种帮助空气自净过滤的仪器，适用于病房局部空气净化，维持高洁净度的环境。

【结构与原理】

1. 基本结构：由机壳、高频风机、叶轮及初、高效过滤器等组成。

2. 原理：室外空气通过吸风网板进入空气自净器，经过初效过滤器过滤后，由光触媒系统杀菌、消毒、除臭，最后再经过高效过滤器进行二级过滤，然后从出风口吹到室内，将室内的不洁空气吹出室外，经过反复循环，室内的不洁空气被从空气自净器吹出的洁净空气取代。

【操作步骤】

1. 操作流程

（1）操作前准备评估：检查电路是否通畅、机器是否运作正常。

（2）接通电源，电源指示灯亮起。

（3）开启杀菌开关按钮。

（4）开启工作开关按钮（如不需杀菌也可以不开启杀菌开关，直接按工作开关按钮即可）。

（5）调节自净器背面的无极调速器可调节风量和噪音，风量小噪音也小。

2. 注意事项

（1）使用标准三芯插座，并有良好接地。

（2）勿在不平坦光滑的地面用自净器自带的脚轮移动自净器。

【常见故障与处理措施】

常见故障	原因	处理措施
整机不工作	电源插头与插座接触不良	检查电源插座
	电源指示灯损坏	更换电源指示灯
	电源开关关闭或供电系统无电	打开电源开关
	开关触点损坏	更换开关按钮
	供电电源电压过低	通知专业人员维修
散热风机不转	风叶轴承损坏	更换风机
消毒杀菌不良	过滤网堵塞	及时更换过滤器，通知专业人员检查

【应急预案】

1. 工作中仪器出现故障，应立即停止使用，必要时更换仪器。

2. 故障仪器悬挂“设备故障”牌，送维修部门进行维修。

【消毒与维护】

1. 清洁与消毒

（1）自净器外壳：用温水或中性洗涤剂清洁，避免使用汽油、苯或其他化学试剂。清洁前应拔下电源插头，清洁时切勿使电器系统受潮，以免引起故障和事故，一旦受潮必须待完全干燥后才能恢复使用。清洁完毕，请插上电源插座。

（2）过滤器：高效过滤器需要2个月更换一次，初效过滤器则1个月更换一次。

2. 保养与维护

（1）机器内严禁进水。

（2）当机器出现故障，如不运转、出现鸣声等及时联系设备科维修。

（3）定期检查机器工作情况，如异常立即检修。

第四节 排风器

排风器是一种简单实用的通风排气设备，该设备能有效地解决房间空气不流通、闷热等问题，为病患或员工提供良好舒适的环境，适用于医院病房及各工作区域。

【结构与原理】

1. 基本结构：本机由机壳、高频风机、叶轮及初、高效过滤器等组成，用于病房净化空气、杀菌、除臭等。

2. 原理：室内空气通过吸风网板进入排风器，再通过高效过滤器，经过初效过滤器，由离心风机吹到排风软管，然后从出风口吹到室外，将室内的不洁空气吹出室外，经过反复循环，室内的不洁空气被从空气自净器吹出的洁净空气取代，形成洁净度高、清新自然的环境。

【操作步骤】

1. 操作流程

（1）操作前准备评估：检查电路是否通畅、机器是否运作正常。

（2）接通电源，电源指示灯亮起。

（3）开启工作开关按钮。

（4）调节排风器背面的无极调速器可调节风量和噪音，风量小噪音也小。

2. 注意事项

（1）使用标准三芯插座，并有良好接地。

（2）请勿在不平坦光滑的情况下用自净器自带的脚轮移动自净器。

【常见故障与处理措施】

同“空气自净器”。

【应急预案】

同“空气自净器”。

【消毒与维护】

同“空气自净器”。

第五节　医用超声波清洗机

医用超声波清洗机是彻底清洗手术器械及手术附件各种污渍的医用仪器，主要适用于各种穿刺针、管腔器械及精密复杂器械的清洗。

【结构与原理】

1. 基本结构：由超声波发生器、超声波换能器和清洗槽组成。

2. 原理：由超声波发生器发出高频振荡信号，通过换能器转换成高频机械振荡而传播到介质，清洗溶剂中超声波在清洗液中疏密相间地向前辐射，使液体流动而产生数以万计的微小气泡。存在于液体中的微小气泡在声场的作用下震动，当声压达到一定值时，气泡迅速增大，然后突然闭合，在气泡闭合时产生冲击波，在其周围产生上千大气压，破坏不溶性污物而使他们分散于清洁液中。当团体粒子被油污裹着而粘附在清洁件表面时，油被乳化，固体粒子即脱离，从而达到清洗件净化的目的，且通过其空化作用达到清洗器械盲端的作用。

【操作步骤】

1. 操作流程

（1）操作前准备：

1）检查清洗机槽内有无异物，准备网篮。

2）配制清洗液：在清洗槽内加纯水至相应刻度，按说明配置多酶清洗液；根据不同的清洗对象正确选择清洗剂，按 1 ：200 配置。

（2）操作：

1）开机：打开电源开关（POWER），机器自检；机器进行3秒钟的自检，然后屏幕上显示05。

2）设置加热清洗液及除气：①设置：在控制面板上用设置选择键（SELECT OPTION）选择到设置溶液温度上（SET TEMP ℃），用SET DISPLAY/CLEAR DISPLAY键设置溶液温度（一般设置不超过60℃），按启动按钮（ON/OFF）开始加热。②加热清洗液：用设置选择键（SELECT OPTION）选择到设置除气时间上（SET DEGAS min），用SET DISPLAY/CLEAR DISPLAY键设置除气时间（一般为5～10分钟），按启动按钮（ON/OFF）开始除气。

3）拆分器械，初步冲洗：将待清洗器械在流动水下初步冲洗后，充分打开器械各关节，可拆开的器械应拆分各组件，两个以上的组合器械拆开到最小单位。吸管等细长中空器械开口朝下倾斜放置于超声清洗机专用配套清洗网篮内。干涸太久的器械至少预先在多酶清洗剂中浸泡15分钟以上。将网篮直接放置于清洗机腔体底部，清洗液液面超出器械2～4cm，以确保管腔内注满溶液。

4）启动清洗程序：加热完成之后，用设置选择键（SELECT OPTION）选择到设置超声时间上（SET SONICS min），用SET DISPLAY/CLEAR DISPLAY键设置超声时间，按启动按钮（ON/OFF）开始超声。盖好超声清洗机盖子，设置清洗时间3～5分钟，启动超声清洗程序。根据污染程度和污物性质，选择按钮设置工作频率和超声波时间。

5）观察：超声清洗过程中经常观察机器的运行情况，发现异常及时解决。

6）取出器械：超声清洗结束后，打开盖子取出器械。

7）后续处理：按手工清洗流程继续后续的漂洗、终末漂洗及消毒处理。

8）整理：超声清洗程序结束后，关闭电源。打开清洗机内的排水孔塞，将清洗机内的清洗液排干净，保持机腔内干燥。

2. 注意事项

（1）清洗前一定要排尽水中的空气，有空气气泡存在会使超声波失效而达不到清洗的目的。

（2）愈接近水面超声效果愈强，相反愈接近底部则超声波愈弱，因此清洗时一定要用托盘或不锈钢筐，让器械与底部有一定距离，让超声机发挥最大效果；勿将清洗物品直接放置于水箱底部，以免影响超声效果及损坏传感器。

（3）清洗时应盖好超声清洗机盖子，防止气溶胶喷溅。

（4）在注满或倒空水箱之前，需关掉电源；清洗器正在运行时，勿将手伸进水箱里。

（5）随时将控制面板和水箱周围的溶液擦干净，避免人员损伤。

（6）随时保持溶液在操作水位线上，否则将导致清洗机无法工作。

（7）及时更换清洗液。

【常见故障与处理措施】

常见故障	原因	处理措施
接通电源后，指示灯不亮	接触不良	专业人员维修处理
	机器故障	专业人员维修
指示灯亮，无超声波输出	机器故障	立即停用，专业人员维修

【应急预案】

1. 工作中仪器出现故障，应立即停止使用，必要时更换仪器。

2. 故障仪器悬挂“设备故障”牌，送维修部门进行维修。

【消毒与维护】

1. 清洁与消毒

（1）医用超声清洗机外壳被污染后可使用蘸有凉水或温水的纱布或软布擦拭。使用时一用一消毒。

（2）每日定期将清洗槽内层清洗、消毒（如5%氯己定）。

（3）医用超声清洗机液晶显示面板应经常用95%无水乙醇清洁，以免药液进入影响工作可靠性及腐蚀操作控制面板。

2. 保养与维护

（1）每日设备运行前、后均须检查和清洗过滤网。

（2）每日设备运行完后将清洗槽中的水排干净，干燥备用。

（3）每季度检查阀门。

（4）每年校准传感器。

第六节　全自动喷淋清洗消毒器

全自动喷淋清洗消毒器（洁定）适用于清洗各种金属器械、器具、面罩、吸引瓶、麻醉管道、呼吸机管道等。

【结构与原理】

1. 基本结构：由清洗腔体、电气系统、管路系统和送料系统等组件组成。

2. 原理：通过集成电路对阀门开合的逻辑程序，达到清洗所需要的条件，即：进水清洗，进蒸汽加热，使水温达到消毒水平，通过控制循环泵的运转速度，使腔内水高速地、成一定角度地全面冲刷，使清洗器材表面不溶性污物分散于清洗液中，当团体粒子被油污裹着而粘附在器材表面时，使油被乳化，固体粒子脱离，再通过试剂泵辅助润滑，最后完成电热管和风机的干燥，从而达到清洗消毒的目的。

【操作步骤】

1. 操作流程

（1）操作前准备：

1）打开电源开关，检查水、电、气开关是否开启。

2）打开舱门，检查喷淋杆灵活度及是否堵塞。

3）检查清洗剂和润滑剂是否够用，管道是否通畅、有无渗漏。

（2）操作：

1）装载物品：将需要清洗的物品、器械按照正确的方法放入相应的机械清洗篮筐和架中，将清洗架推入舱内，关闭舱门。

2）程序选择：根据机械和物品选择合适的程序，启动开关，按"⟨!⟩"开始键，程序将自动运行。

3）运行：清洗过程中注意机器运转情况，如有报警，按提示进行处理。

4）观察：清洗过程中经常观察机器的运行情况，发现异常及时解决。

5）卸载物品：程序完成后，绿灯亮起，清洁侧门自动开启，此时戴好防烫手套从清洁侧将清洗架拖出取出已消毒物品，然后按关门键关上并锁好门。

6）关机：清洗完毕后，关闭电源。

2. 注意事项

（1）所有器械轴应充分打开，方向一致放于器械支撑架或篮筐内；可拆卸的零部件拆至最小单位装入保护容器内；器械不能超过器械篮筐四周，以免妨碍洗涤臂转动。蒸汽压力为 3 ～ 5kpa，水压为 3 ～ 6kpa，不低于 2.5kpa。

（2）吸引头、穿刺针等管腔类器械清洗时应使用专用清洗架。

（3）摆放物品时，器械如剪刀、镊子一定要打开，盒子、敷料桶等一定要倒放，而且物品的高度要保证旋转臂能正常旋转，体积较小的物品不能放进腔体，如穿刺针等较小的器械，必须放入精密网筐内，才可放进腔体内清洗。精密器械应固定并放入专用篮筐内，轻拿轻放，防止受压。

（4）严重污染器械应先手工清洗后再装筐进机清洗。

（5）放置清洗架时，每个多层架应正确接在机柜旋转喷头上，防止机器造成损害或不能有效清洗装载物。

（6）金属器械在终末漂洗程序中应使用润滑剂，塑胶类和软金属类材料不应使用酸性清洁剂和润滑剂。

（7）定时检查清洁剂泵管是否通畅，确保清洁剂用量准确；选择清洗剂和除垢产品时，尽量选用低泡及腐蚀性低的产品以免对机器和器械造成损害。

（8）机器运行前请检查水源是否开启。

（9）屏幕上的当前状态显示添加清洗剂或润滑剂时，须及时添加。

（10）根据酶油比例调节酶和油的参数，基数为 1.5ml/s，总水容量 30L/ 次。

（11）清洗结束后，过滤网上的残渣及时清理，以免影响下次清洗效果。

【常见故障与处理措施】

常见故障	原因	处理措施
接通电源后，指示灯不亮	接触不良	专业人员维修
	机器故障	专业人员维修
清洗消毒器时不能正常启动	前、后舱门未关闭	关闭前、后舱门
	纯水、水蒸气、压缩空气开关未打开	打开纯水、水蒸气、压缩空气打开开关
	压力不在正常范围内	调整压力至正常范围内
清洗消毒器运行故障时面板将亮起灯并伴有报警音	面板提示关门	关门
	酶低液位	加机洗酶
	清洗剂 2 低液位	加机洗酶
	润滑油低液位	加润滑油
	清洗剂 4 低液	加机洗酶

【应急预案】

1. 工作中仪器出现故障，应立即停止使用，必要时更换仪器。

2. 故障仪器悬挂“设备故障”牌，送维修部门进行维修。

【消毒与维护】

1. 清洁与消毒

（1）清洗消毒器外壳被污染后可使用蘸有凉水或温水的纱布或软布擦拭，使用时一用一消毒。

（2）每日定期将清洗消毒器内层及层架清洗、消毒（如 5% 氯己定）。

（3）清洗消毒器液晶显示面板应经常用 95% 无水乙醇清洁，以免药液进入影响工作可靠性及腐蚀操作控制面板。

2. 保养与维护

（1）每天最后一次清洗循环后，先让机器冷却，然后清洗旋转臂、内舱底部过滤网。

（2）每周清洁清洗消毒器的外部和清洗舱的内部，避免使用摩擦性清洗用具。

（3）清洗清洗舱的旋转式喷杆及配件上的旋转式喷杆，其清洁方式见厂家操作说明书。

（4）根据需要对清洗腔除垢，清洁各水分离器，检查保养各试剂泵、各循环泵。

第七节 酸性氧化电位水生成器

酸性氧化电位水生成器是一种能产生酸性氧化电位水的医用仪器，适用于手工清洗后不锈钢和其他非金属材质器械、器具和物品的消毒。

【结构与原理】

1. 基本结构：由电解槽、水路系统和储液箱等组成。

2. 原理：通过电解槽在电流下电解盐溶液所产生的次氯酸钠有效氯为 0.12 ～ 1.5% 左右，在一定的酸性环境（pH：2.0 ～ 3.0）和较高的氧化还原电位下破坏微生物生存环境，改变细胞膜电位，增强细胞膜的通透性，导致细胞肿胀、破裂，使得有效氯很快进入微生物细胞内，破坏细胞内代谢酶及核酸，使得微生物迅速死亡。

【操作步骤】

1. 操作流程

（1）操作前检查：

打开电源开关，检查纯水、电开关是否开启。

（2）操作：

1）开机：启动酸水机电源开关，进入操作界面。选择手动或自动程序，按开始键运行。

2）运行：查看三项指标是否正常；三项指标正常值：① pH 值：2.0 ～ 3.0；② ORP 值：≥ 1100mV；③有效氯含量：60mg/L ± 10mg/L。酸化水消毒液在使用前应检测以上三个主要性能指标，达到以上指标才能用于消毒。

3）观察：设备在运行中出现异常时自动报警，同时触摸屏显示报警内容，发现异常及时解决。

4）关机：物品清洗完毕后，关闭电源。

2. 注意事项

（1）酸性氧化电位水对光敏感，有效氯浓度随时间延长而下降，宜现配现用。

（2）储存应选用避光、密闭、硬质聚氯乙烯材质制成的容器，室温下储存不超过 3 天。

（3）每次使用前，应在出水口分别检测 pH 和有效氯浓度。检测数值应符合指标要求。

（4）酸性氧化电位水使用耗材为医用氯化钠，纯度应大于 99.5%。

（5）对铜、铝等非不锈钢的金属器械、器具和物品有一定的腐蚀作用，应慎用。

（6）不得将酸性氧化电位和其他药剂混合使用。

（7）皮肤过敏人员操作时应戴手套。

（8）酸性氧化电位水长时间排放可造成排水管道的腐蚀，故每次排放后应再排放少量碱性还原电位水或自来水。

【常见故障与处理措施】

常见故障	原因	处理措施
接通电源后，指示灯不亮	接触不良	专业人员维修
	机器故障	专业人员维修

（续表）

常见故障	原因	处理措施
生成器运行故障	电磁阀，内置路管不通畅	检查，并请专业人员维修
水箱缺水	原水箱中没有水	检测是否有纯水
加盐报警	电解质已用完	正确加入规定量的精制医用盐
pH 值高于正常值	电解质已用完	正确加入规定量的精制医用盐后使用精密 pH 值检测试纸检测直到正常
	机器故障	专业人员维修

【应急预案】

1. 工作中仪器出现故障，应立即停止使用，必要时更换仪器。

2. 故障仪器悬挂“设备故障”牌，送维修部门进行维修。

【消毒与维护】

1. 清洁与消毒

（1）酸性氧化电位水生成器外壳被污染后可使用蘸有凉水或温水的纱布或软布擦拭，使用时一用一消毒。

（2）每日定期将酸性氧化电位水生成器内层及层架清洗、消毒(如 5% 氯已定)。

（3）酸性氧化电位水生成器液晶显示面板应经常用 95% 无水乙醇清洁，以免药液进入影响工作可靠性及腐蚀操作控制面板。

2. 保养与维护

（1）每天使用后及时关闭电源。

（2）每周清洗一次内置管路，防止水垢堵塞，损坏设备。

第八节 医用干燥柜

医用干燥柜是保持医疗器械与物品干燥的医用仪器，主要适用于手工清洗需要干燥及清洗机清洗干燥不彻底的器械、物品，包括不锈钢碗盘、手术器械、呼吸机管道、玻璃器皿、非金属材质器械、器具等物品的干燥。但不适用于不能耐热的物品与器械的干燥。

【结构与原理】

1. 基本结构：干燥柜由发热丝、鼓风装置和电路系统组成。

2. 原理：通过温度控制仪控制温度高低及恒定，工作时空气由箱外进气孔流入，经干燥柜内部夹层的发热丝、鼓风装置流入干燥箱内，再由箱顶排气孔排出，从而达到干燥物品的作用。

【操作步骤】

1. 操作流程

（1）检查：检查柜门关闭是否严密，干燥柜内是否清洁，层放架是否牢固。

（2）装载：打开柜门，将需要干燥的物品及器械放入干燥柜内的层架上，呼吸机管道悬挂或接入通风管路上，关好柜门。

（3）运行：打开电源开关，根据物品在操作界面上按设置选择工作时间、工作温度、冷却时间等相应干燥程序，一般金属类干燥温度 70 ～ 90℃，时间 15 ～ 20 分钟；塑胶类干燥温度 65 ～ 75℃，时间 30 ～ 40 分钟；按启动键启动。

（4）观察：经常观察机器的运行情况，发现异常报警时及时解决。

（5）卸载：物品干燥程序结束后，戴隔热手套从清洁侧取出物品，关好柜门。

（6）关机：干燥结束，当报警装置鸣叫时，关闭电源开关。

2. 注意事项

（1）柜内物品切勿放置过挤，隔板上物品切勿放置过重。

（2）切勿放置易燃、易爆物品于柜内，开门时小心被烫伤。

【常见故障与处理措施】

常见故障	原因	处理措施
接通电源，指示灯不亮	电源开关没有打开	打开电源开关
	电源插头未插紧	插紧电源插头
	保险丝断裂	更换保险丝
	机器故障	通知专业人员维修
干燥效果不好	物品装载排放不合理	按照正确的物品装载要求重新摆放物品
	柜门闭合不严密有漏气	重新紧闭柜体门
	程序设置不合理	根据物品的性能及干燥要求选择相应的干燥程序
	机器故障	通知专业人员维修

【应急预案】

1. 工作中仪器出现故障，应立即停止使用，必要时更换仪器。

2. 故障仪器悬挂“设备故障”牌，送维修部门进行维修。

【消毒与维护】

1. 清洁与消毒

同“全自动喷淋清洗消毒器”。

2. 保养与维护

（1）防止任何尖锐器械镶入柜体内层的层架夹缝中，以免损伤。

（2）每周一次由专人使用灭菌石蜡油棉球擦拭不锈钢柜体外壳及内腔，延长使用寿命。

（3）定期检查空气过滤器，及时通知设备维修人员清洗或更换空气过滤器。

第九节　真空型压力蒸汽灭菌器

真空型压力蒸汽灭菌器是一种高性能、高智能化的压力蒸汽灭菌设备，主要适用于医疗金属器械、医用敷料、布类、玻璃器皿等耐热耐湿的物品的灭菌。但不适用于不能耐高温、耐高压和耐湿的物品与器械的灭菌处理。

【结构与原理】

1. 基本结构：压力蒸汽灭菌器由控制阀门、减压阀、真空泵、气动阀、压力传感控制器、压缩空气过滤减压阀、打印系统、压力表、安全阀、压力安全联锁装置、密封圈、消毒内车、卸载车、管路系统、控制系统等组成。

2. 原理：通过真空系统和空气过滤系统，采用机械抽真空的方法，使灭菌柜室内形成负压，蒸汽迅速穿透到物品表面，利用蒸汽释放的热能使物品升温至预定温度值，达到灭菌效果。

【操作步骤】

1. 操作流程

（1）操作前准备：

1)每天灭菌前做好灭菌器的清洁卫生，检查灭菌器冷凝水排出口是否通畅。

2）打开蒸汽冷却凝水排放阀门，排放冷凝水，3 分钟左右后关闭该阀门。再打开蒸汽供应阀门，蒸汽供应压力为 3.0 ～ 3.5kg/cm^2。

3）打开冷却循环水阀门及压缩空气阀门，压力分别需达到 2.0 ～ 4.0kg/cm^2。

4）打开控制柜内灭菌器电源总开关。

5）检查压力表在蒸汽排尽时是否在零的位置，安全阀是否灵活。

6）检查灭菌器柜门密封圈是否平整无损坏，柜内安全锁扣灵活、安全有效，记录打印装置是否处于备用状态。

（2）操作：

1)预热：打开灭菌器电源开关及关好门，选择预热程序，点击机器启动按钮，进行灭菌器的预热。

2）B–D 试验：打开灭菌器电源开关并关好门，进入灭菌器显示界面，选择 B–D 程序，点击机器启动按钮。结果合格后该灭菌器方能使用。

3）物品进舱：按物品装载要求放入待灭菌物品，关闭好灭菌柜门。

4）选择程序：选择合适的灭菌程序，按压启动键，程序开始运行。灭菌程序一般包括预热、反复抽真空和输入饱和蒸汽 3 ～ 4 次、干燥等。

5）运行：灭菌过程中观察灭菌温度、时间、压力，灭菌程序完成后在无菌物品存放区打开灭菌器门，待温度降至室温时方可移动灭菌物品，冷却后（时间应＞ 30 分钟）从灭菌器装卸车上卸载无菌物品。

6）检查、记录：每批次确认灭菌过程合格，查验批量监测包内、外化学指示物，检查有无湿包现象，防止无菌物品损坏和污染。按要求做好灭菌的物理、化学、生物监测。

7）结束：每天灭菌结束后，待机状态下关闭开关；关闭蒸汽、水、压缩空气开关；关闭设备开关。

2. 注意事项

（1）应尽量将同类物品放在一起灭菌，如必须将不同类物品同锅灭菌，则以最难达到灭菌效果的物品所需温度和时间为准。

（2）物品装载时上下左右相互间均应间隔一定距离以利蒸汽置换空气，大型灭菌器灭菌物品应放于柜内或推车的载物架上，无载物架的中小型灭菌物品放于网篮中。

（3）灭菌包与包之间应留有一定的空隙（间隔 2 ～ 3cm），柜内物品切勿放置过挤，以免影响蒸汽穿透。

（4）灭菌前应检查包类信息及包的完整性，按要求将物品装载在篮筐或灭菌装卸车上；器械包不宜超过 7 公斤，敷料包不宜超过 5 公斤，体积不宜超过 30cm × 30cm × 50cm；混合装载时小包、金属包放下层，大包、敷料包放上层，不能贴靠门和四壁；金属包应平放，盘、盆、碗等应处于竖立位置，玻璃瓶等应开口向下或侧放，启闭室筛孔容器应将筛孔的盖打开；纸塑包装应纸面对纸面、塑面对塑面侧放。

（5）灭菌器装载容量不超过柜内容积的 90% 或不小于柜内容积的 5%。

【常见故障与处理措施】

常见故障	原因	处理措施
接通电源，指示灯不亮	电源开关没有打开	打开电源开关
	电源插座未插紧	插紧电源插座
	机器故障	通知专业人员维修
B–D 试验不合格	灭菌器柜门密封圈闭合不紧密	应进行灭菌器密封圈的漏气试验，如漏气无法解决，请专业人员更换密封圈
	电磁阀异常	请专业人员维修或更换电磁阀
	饱和蒸汽质量不合格	通知专业人员进行处理
灭菌包出现湿包	干燥时间过短	根据物品的性能及干燥要求相应延长干燥时间
	器械包过大	对超大器械或敷料包进行拆、分包包装
	器械包包装或摆放不合理	按照灭菌要求分层摆放，器械包放下层，敷料或布类包放上层
	灭菌包与包之间放置过挤	灭菌包与包之间留有一定的空隙一般间隔 2 ～ 3cm
	器械或物品未完全冷却而急于出锅	灭菌程序完成后在无菌物品存放区打开灭菌器门，待温度降至室温时方可移动灭菌物品，冷却时间应＞ 30 分钟
灭菌效果监测不合格	机器故障	通知专业人员维修
	饱和蒸汽质量不合格	通知专业人员进行处理
	灭菌程序不合理	根据器械、物品的性能、材质和灭菌要求选择相应的灭菌程序

【应急预案】

1. 工作中仪器出现故障，应立即停止使用，必要时更换仪器。
2. 故障仪器悬挂“设备故障”牌，送维修部门进行维修。

【消毒与维护】

1. 清洁与消毒

（1）灭菌器外壳被污染后可使用蘸有凉水或温水的纱布或软布擦拭，使用时一用一消毒。

（2）每日定期将灭菌器内层及层架清洗。

（3）每周 1 次清洗腔体内的排放过滤网，密封圈门条。每日做好清洁卫生。

2. 保养与维护

（1）每班检查门封有无漏气，腔体门能否关闭并清洁腔体内壁。

（2）检查安全阀、疏水阀是否处于正常状态。

（3）灭菌器控制系统、仪器显示记录装置进行了维修或更换应按标准要求进行相应的物理、化学、生物监测。

（4）每周一次由专人用灭菌石蜡油棉球擦拭不锈钢柜体外壳，延长使用寿命。

（5）每月用耐高温润滑油润滑门封，必要时更换门封的密封圈。

（6）校验：每半年由市级以上质检部门对压力表进行检测，每年对安全阀进行检测。

第十节　环氧乙烷低温灭菌器

环氧乙烷（EO）灭菌器是应用环氧乙烷灭菌剂进行低温灭菌的仪器，主要适用于不耐热 / 不耐湿的电子仪器、光学仪器、精密仪器、心肺机、体外循环器、电钻、人工关节、关节镜、气管镜、膀胱镜、直肠镜等硬式和软式内镜，以及导管、扩张器、起搏器等塑胶料制品及一次性使用的诊疗用品的灭菌。但不适用于食品、液体、油剂、粉剂的灭菌处理。

【结构与原理】

1. 基本结构：环氧乙烷灭菌器由温湿度传感器、门锁联动保险装置、控制阀门、减压阀、真空泵、气动阀、压力传感控制器、压缩空气过滤减压阀、打印系统、加热加湿系统、管路系统、控制系统、排气系统等组成。

2. 原理：通过环氧乙烷与微生物的蛋白质、DNA 和 RNA 发生非特异性烷基化作用，使蛋白质正常的生化反应和新陈代谢受阻，导致微生物死亡。

【操作步骤】

1. 操作流程

（1）操作前准备：

1）接通中央供气管的压缩空气，打开空压机电源，等待压力上升到 3.5kg/cm^2 以上。

2）打开环氧乙烷灭菌器的电源，检查电脑显示屏是否处于正常状态，检查打印装置是否处于备用状态，打开排风系统。

（2）操作：

1）准备灭菌物品：在灭菌器内装好气瓶，并按要求装载物品，装载时上下左右均应有空隙，灭菌物品不能接触柜壁，物品应放于网状篮筐内或金属网架上，物品装载量不能超过柜内总容积的 80%。将生物监测包放入整个装载物品的中心部位。

2）装载完毕，关闭环氧乙烷灭菌门，注意将手柄顺时针旋到底部。

3）选择程序：选择合适的灭菌程序。根据物品的种类和使用性质，选择灭菌温度（37℃或 55℃）、灭菌时间和通气时间（12 小时以上）。

4）运行：检查参数的正确性，按“开始”键进入灭菌程序。灭菌程序包括预热、预湿、抽真空、通入环氧乙烷气体达到预定浓度、维持时间、清除灭菌柜内环氧乙烷气体、解析灭菌物品内环氧乙烷的残留气体的程序。

5）观察：灭菌过程中应观察显示屏的技术参数，是否有报警提示，如有报警应根据提示进行相应的应急处理。

6）灭菌结束打开炉门：在通气阶段，显示屏幕将显示“门锁打开”提示符，提示炉门可以打开。逆时针旋转炉门手柄到底，30 ～ 60 秒后，炉腔压力等于大气压力时，门即可打开。

7）检查灭菌效果，卸载灭菌物品：检查灭菌物品的物理监测及化学监测合格后，根据物品卸载要求逐渐取出灭菌物品。

8）检查、记录：检查打印标签的时间、锅次、压力数值并签名，做好环氧乙烷灭菌生物监测。

9）结束：取出灭菌物品后，取出环氧乙烷气体瓶，按医疗废物处理。在炉门开启状态，按下“停止”键，灭菌器即处于待机状态，等待下次灭菌或关闭设备电源开关。

2. 注意事项

（1）环氧乙烷灭菌间内必须安装独立的非循环通风系统，换气次数大于10次/小时。

（2）环氧乙烷灭菌操作人员必须经过专门的培训，使其熟悉环氧乙烷的理化性质、设备的操作程序，以及环氧乙烷泄漏应急处理流程和安全防护的规则。

（3）食物、液体及粉末不能放入环氧乙烷锅内灭菌，导管必须保持一端开口不能密闭。

（4）需灭菌的物品必须彻底清洗干净，但不能使用生理盐水清洗，物品灭菌前应彻底清洁干燥，不能有水滴，以免造成环氧乙烷稀释和水解。

（5）环氧乙烷灭菌器及气体瓶或气罐应远离火源和静电，储存温度低于40℃，气罐不应存放在冰箱中。

（6）进行环氧乙烷灭菌操作的职员需佩戴呼吸面罩、防护衣、隔热手套等职业防护措施。

（7）在环氧乙烷灭菌器运行时，必须打开灭菌器及工作室内的排气系统。灭菌过程中如电力中断，应保持灭菌器门的关闭，当电力恢复后再重新开启灭菌程序。

（8）环氧乙烷工作室内安装可见或可闻的EO浓度监测和报警装置，在EO意外泄漏时提示工作人员。

（9）环氧乙烷灭菌间应配有空气负压装置。

（10）EO排放首选大气,单独安装排放剩余环氧乙烷的铜管至本栋楼的楼顶。

【常见故障与处理措施】

常见故障	原因	处理措施
接通电源，指示灯不亮	电源开关没有打开	打开电源开关
	电源插头未插紧	插紧电源插头
	机器故障	通知专业人员维修
高温报警	温度传感器故障	通知设专业人员维修
	室内温度过高	打开空调制冷系统，将室温控制在30℃以内

（续表）

常见故障	原因	处理措施
门锁关闭不严报警	物品顶住柜门	调整物品放置位置，与柜门保持一定的距离
	机器故障	通知专业人员维修
	密封门胶条老化	通知专业人员更换
	柜门闭合不严密	重新紧闭柜体门
湿度报警	储水器内缺水	及时加入蒸馏水或纯水
	湿度传感器故障	通知专业人员维修
灭菌效果监测不合格	机器故障	通知专业人员维修
	环氧乙烷气体浓度过低	更换合格的环氧乙烷气体
	物品未完全干燥，留有过多积水，导致环氧乙烷浓度被稀释	按照物品的性能，选择合适的干燥仪器进行彻底干燥后才能进行灭菌
	灭菌程序不合理	根据器械、物品的性能、材质和灭菌要求选择相应的灭菌程序和时间

【应急预案】

1. 工作中仪器出现故障，应立即停止使用，必要时更换仪器。

2. 故障仪器悬挂“设备故障”牌，送维修部门进行维修。

【消毒与维护】

1. 清洁与消毒

（1）EO 柜外壳被污染后可使用蘸有凉水或温水的纱布或其他软布擦拭，使用时一用一消毒。

（2）每日清洗 EO 柜内层及层架。

2. 保养与维护

（1）每周定期检查储水器，并根据需要加入蒸馏水或纯水。

（2）每周一次由专人使用灭菌石蜡油棉球擦拭不锈钢柜体外壳及内腔，延长使用寿命。

（3）每季度对门胶条进行清洁保养一次。

（4）EO 浓度监测由厂家每季度监测一次，进行记录，8 小时工作环境中 EO 浓度 $\leq 10^{-6}$ 和 15 分钟的工作环境浓度 $\leq 5 \times 10^{-6}$。

（5）定期检查 EO 工作室内 EO 浓度监测和报警装置，使其处于良好状态。

第十一节　过氧化氢低温等离子体灭菌器

过氧化氢低温等离子体灭菌器是通过过氧化氢在较低的温度下被“激励”成等离子体状态进行灭菌的医疗器械，适用于对热或水汽敏感的器械灭菌。

【结构与原理】

1. 基本结构：由显示操作系统、测量系统、注液系统、真空系统、灭菌舱、打印机、气路系统、控制系统、等离子体电源、机架、外壳、电源线组成。

2. 原理：通过过氧化氢在较低的温度下被“激励”成等离子体状态进行灭菌。消毒过程中通过特定方式使医疗器械和手术器械上的多种微生物失去活性，从而达到灭菌目的。

【操作步骤】

1. 操作流程

（1）评估与核对患者。

（2）操作前准备：检查灭菌器性能是否完好。打开灭菌器的电源，检查电脑显示屏是否处于正常状态。

（3）操作：

1）将待灭菌物品有序地摆放在灭菌器的搁架上，物品间要有空隙，关好柜门。

2）按“启动标准模式”键进入灭菌程序，开始运行时，灭菌器需要预热一段时间，待预热完成后，灭菌系统开始“倒计时”并开始灭菌周期的运行。

3）灭菌周期运行完成时，显示屏会弹出“灭菌结束”画面。该窗口屏幕的背景为绿色，表示顺利完成灭菌。

2. 注意事项

（1）灭菌过程中应观察显示屏的技术参数，是否有报警提示，如有报警应根据提示进行处理。

（2）待灭菌的医疗器械和用品必须彻底干燥，不得残留水分。待灭菌物品在器械盒中排列妥当，将袋的透明一面朝向相邻袋的不透明一面，包装袋不要叠置。物品之间应保持一定间隙，确保过氧化氢能正常扩散。

（3）无纺布重复使用次数最好不超过 2 次，灭菌包装袋不能重复使用。

（4）严禁直接使用无纺布包裹手术器械进行灭菌。

（5）不要让任何物品触及灭菌舱壁、门或电极。

【常见故障与处理措施】

常见故障	原因	处理措施
柜门未关闭或未关好	柜门未关到位或检测开关有问题	确认已关好柜门，启动灭菌模式，必要时与设备科联系
正在升温，温度未达标	升温时间不够或恒温系统失效	如在冬天请等待50分钟左右，如在夏天请等待30分钟左右
未检测到卡匣，不能启动工作	卡匣槽内没有卡匣或卡匣检测失效	插入卡匣后再启动灭菌模式
药液已用完，请更换新卡匣	卡匣的药液已用完	取出旧卡匣，插入新卡匣
该卡匣槽内没有卡匣	卡匣槽内没有卡匣或卡匣检测失效	插入新卡匣，如插入卡匣后仍有此信息请与售后服务联系
模式运行中，不能对柜门进行操作	系统维护	等到灭菌模式完成后再操作柜门
真空泵维护提示	真空油更换时间已到	与设备科联系
过氧化氢调节中	过氧化氢自动调节	等待10分钟，在10分钟内如调节成功则自动运行第二个灭菌周期，如调节失败则只执行了半周期，需再重新进行灭菌程序
置物栏未推到位或放入的物品超出置物栏区域	置物栏没有完全推进灭菌舱内，或放在置物栏上的物品超出了堆放区域，或检测信号失效	把置物栏向里推直到不能推动为止，再把放在置物栏上的物品向内移，确认置物栏到位和放入的物品没有超出置物栏区域
恒温系统调节中	恒温系统自动调节	等待30分钟后左右后，才能启动灭菌程序

【应急预案】

1. 工作中仪器出现故障，应立即停止使用，必要时更换仪器。
2. 故障仪器悬挂“设备故障”牌，请维修部门进行维修。

【消毒与维护】

1. 清洁与消毒

可使用蘸有凉水的纱布或软布进行外部清洁。

2. 保养与维护

（1）设备使用前需检查仪表是否灵敏，在使用中发现异常要及时进行维修。

（2）设备使用完及时拔掉电源。

（3）专业人员每年 1 ～ 2 次对灭菌器进行全面检修。

第八章

医用床

第一节 医用手摇床

医用手摇床是供患者检查、诊断、护理、疗养使用的医疗仪器，适用于上身需抬高的患者。

【结构与原理】

1. 基本结构：由中部两折宽架板、背部摇杆、双侧护栏、摇杆组件、底架（配有置物架）组成。

2. 原理：利用机械能驱动床身和 / 或各部件，使其满足患者体位的需要。

【操作步骤】

1. 操作流程

（1）检查背部升降操作是否能进行。

（2）检查床侧护栏是否可以固定。

（3）通过手摇柄调节背部床板的整体高度。背部床板的角度可以从0° ～75° 进行调节。

（4）护栏的使用：使用时握住护栏把手向上拉，挂在床头床尾侧的挂钩上，放下时则握住护栏把手先向上拉，从挂钩上取下护栏轻轻放下即可。

（5）手摇柄的使用：先将手摇柄拉出，调节床背至所需高度，调好后将手摇柄折叠至床板下，以免患者走路时碰触手摇柄。

2. 注意事项

（1）注意不要把头颈伸进床侧护栏的间隙中。

（2）在调节床板的角度时，注意患者的状态，避免跌倒和受伤。

（3）不要坐在床侧护栏上，或坐在升起的床板上，不要在床上蹦跳。

（4）床在移动时，床以及床侧护栏请不要碰到周围物体。

【常见故障与处理】

常见故障	原因	处理措施
各部位不能正常到位	零部件欠灵活	定期润滑
床侧护栏不能挂住挂钩	有障碍物	移除障碍物
手摇柄不能拉出或折叠	轴承故障	维修轴承

【应急预案】

使用中出现故障不能及时处理，应立即停止使用，必要时更换。故障仪器悬挂“设备故障”牌，通知维修部维修。

【消毒与维护】

1. 清洁与消毒

（1）每日保持摇床的清洁，无污迹。

（2）患者出院做终末处理时，将含中性洗涤剂溶液的软布拧干擦洗，再用清水布拧干擦洗，最后用干毛巾擦干。

（3）传染患者按传染患者终末处理。

2. 保养与维护

（1）为了延长床的使用寿命，应每半年进行检查，确认螺栓没有松动，在可动部位加入润滑油等。

（2）避免床及床垫上吸进水分及湿气，以免引起生锈、异常声音及细菌。如果有水附着请立即擦拭干净。

（3）不要接触挥发性的物品（稀释剂、挥发剂、汽油），以免引起变色变质。

第二节　骨科牵引床

骨科牵引床是根据牵引需要而研制的一种特殊的床，适用于骨科外固定后需要牵引的患者。

【结构与原理】

1. 基本结构：包括床上部的支撑柱、横杆、牵引用固定架及小牵引轮、双上肢功能锻炼用吊环、可拆卸床头板、可拆卸床尾板、中部三折框架板（背部床板、腰部床板、腿部床板）、床下部的置物架、手摇升降装置及手摇把、护栏和脚轮、输液架及其插孔、十字铰接头。

2. 原理：利用人体肌肉弹性产生的反作用原理达到牵引目的，对抗软组织的紧张和回缩，使骨折或脱位得以整复，预防和矫正畸形。

【操作步骤】

1. 操作流程

（1）检查支撑柱、横杆、十字铰接头处固定是否牢固；牵引用固定架及小牵引轮是否能正常使用以及灵活移动；中部三折框架是否能在正常的角度范围内进行调节、整张床能否升降；手摇升降装置是否能够正常使用；检查脚轮及床侧护栏是否可以灵活固定。

（2）护栏的使用：按下护栏边上（中间位置）金属按键的同时，向上抬护栏，当听到“咔哒”声时，则安装完毕，上下拉动护栏确认是否锁定牢固；当按下金属按键的同时，向下放护栏，则完成护栏的收纳。

（3）脚轮的使用：当要制动时，踩下脚轮上方的踏板，使其与地面成一角度；停止制动时，反方向踩踏板，使其与地面平行。

（4）通过手摇柄调节背部床板、膝部床板角度及床的整体高度，背部床板的角度可以从 5° ～ 80° 进行调节；膝部床板的角度可以从 5° ～ 40° 进行调节；整张床可上升 0 ～ 75mm。

2. 注意事项

（1）根据患者的治疗需要遵医嘱将牵引用固定架调整到适当的高度和宽度，横杆的两端分别通过十字铰接头与支撑柱顶端连接，将其固定在合适的位置。

（2）根据患者双臂的宽度以及其需要将拉环沿横杆滑动，在合适的位置固定，并调整拉环的长度。

【常见故障与处理措施】

常见故障	原因	处理措施
床头板或床脚板不能卸下、床侧护栏不能松动	检查其固定件是否处于锁紧状	将固定件松开

（续表）

常见故障	原因	处理措施
牵引器固定架、拉环、横杆等不能移动或固定不稳	检查连接处是否生锈、螺钉是否滑脱	用润滑油进行润滑或更换螺钉
床不能升降，或背部床板、膝部床板不能在正常角度范围内调整	床不能移动或固定不良	检查脚轮是否完好

【应急预案】

同“医用手摇床”。

【消毒与维护】

同“医用手摇床”。

第三节　手术床

手术床适用于所有手术患者。

【结构与原理】

1. 基本机构：手术床由床身、头架、托手板、各种型号形状体位垫组成，根据手术体位需要可以进行装卸。床身包括头板、躯干板、腿板。头架组合包括头架、头架锁扣，托手板组合包括托手板、托手板锁扣、固定带。

2. 原理：利用电能或机械能驱动手术床身和 / 或各部件，使其满足摆放患者手术体位的需要。

【操作步骤】

1. 操作流程

（1）液压手术床

手术床有四个踏板，分别为床头左侧踏板可刹车，控制整个手术床的移动，向上可移动，向下可固定。床头右侧踏板可升高床身。床座圆踏板可调节整个床身的位置，如头高脚低、右侧倾斜等。床身右侧踏板可降低床身。操作者可根据要求，灵活应用。

（2）电动手术床

手术床由床身、头架、托手板组成，根据手术体位需要可以进行装卸。遥控板可根据图示调整手术床。如电池电量不足时，可连接电源线进行充电。

2. 注意事项

（1）使用前检查手术床是否平稳，固定，各配件是否连接紧密牢固，防止患者摔伤，术中需调整手术床位置时，先确保患者的平稳和安全。

（2）液压手术床：手术结束后将床复原，按床身降至平卧最低点，否则手术床的液压装置始终处于工作状态，影响手术床的使用寿命。

（3）电动手术床：手术结束时将床复原，把床身降至最低；调节手术床时，须确保周围没有障碍物，避免伤害人员和损坏其他仪器设备。

【常见的故障与处理措施】

1. 电动手术床：遥控器无反应，检查手术床遥控器是否已充电。

2. 液压手术床：无法调节各部件位置，检查各部件是否连接好，确认连接稳固后再调节。

【消毒与维护】

1. 清洁与消毒

（1）定期用含中性洗涤剂溶液的软布拧干擦洗，再用清水布拧干擦洗，最后用干毛巾擦干。

（2）每次术毕终末料理时将手术床擦拭干净并装上各部件，使床调节至平卧最低位置。

2. 保养与维护

同“医用手摇床”。

第四节 层流床

层流床（移动净化消毒罩）是一种单向流空气净化消毒设备，适用于医院血液病患者、放化疗患者及其他免疫力低下的患者在设备内休息、疗养。

【结构与原理】

1. 基本结构：层流床由溶菌酶、光触酶空气净化消毒系统、照明灭菌系统、远程遥控操作控制系统、进口低噪音风动系统等组成。

2. 原理：顶部为光触媒空气净化消毒系统，四周以高透明度的进口无味胶垂帘围护，工作时顶部的风机吸入环境空气，经光触媒空气净化系统消毒过滤成为洁净无菌空气，再以层流的方式送入工作区域，同时使工作区域内保持正压，以阻止外部空间的尘埃粒子进入工作区域。

【操作步骤】

1. 操作流程

（1）评估患者：

1）评估：年龄、病情、治疗情况及合作程度。

2）向患者及家属解释使用层流床的目的、方法、注意事项及配合要点。

（2）患者及家属准备：

1）了解层流床使用的目的、方法、注意事项及配合要点。

2）愿意合作。

3）在启动净化消毒约 1 小时后，患者沐浴更衣后方可以入住。

（3）护士准备：衣帽整洁，剪指甲，洗手，戴口罩。

（4）用物准备：无菌层流床、含氯消毒液、单项三极插座。

（5）环境准备：调节室温，保持环境安静、安全、宽敞。

（6）操作：

1）将病床轻轻推入层流床内，确认床体安放稳当，不产生滑移现象。

2）患者入住前，需对病床进行清洁，并更换好幕帘。首次使用层流床，用 500mg/L 含氧消毒剂（或其他无毒性、无腐蚀性、无刺激性消毒液）擦拭层流床主体。接通电源后打开主机开关，将层流床的档位开至最高档（即风机高速档）开启 15 ～ 20 分钟，进行自净。开启紫外线灭菌系统 5 ～ 10 分钟左右。

3）在启动净化消毒约 1 小时后，患者沐浴更衣即可以入住。

4）入住后可根据患者的需求调节档位（一般中档在白天使用，低档在晚上使用）。

5）在患者入住期间，需每日对层流床的幕帘用非有机消毒液或干净的湿布在幕帘内外轻轻擦拭。

6）患者离开后，需对病床进行清洁。接通电源，开启紫外线灭菌系统 5 ～ 10 分钟左右后关闭电源。

7）做好记录。

2. 注意事项

（1）该产品属室内使用型，不能在室外使用。勿置于有高速尘源和震源处。

本产品不具有防爆能力，严禁在易燃易爆的环境中使用。禁止在低温、高温、高湿、结露、多尘、油雾、化学腐蚀的场所使用。

（2）不能用有机溶剂擦拭，以免损伤涂层或损坏层流床。

（3）禁止用水冲洗移动层流床。

（4）禁止在一分钟内反复操作电源开关，以免因频繁动作而损坏控制器件。

（5）禁止有生物危害的物品、有毒有害物质在本设备内操作，以免操作者受到伤害或污染环境。长期停用时，应从插座上拔去电源插头。

（6）在使用紫外线杀菌时医患人员必须离开层流床。

（7）在检查层流床内患者时，操作人员应戴口罩、帽子、无菌手套。

【常见故障与处理措施】

常见故障	原因	处理措施
启动开关时风机不转	电源是否通电	查看电源是否接好或更换电源插座
	保险丝断裂	更换保险丝
移动净化消毒罩在运行过程中机箱里发出间断的轰轰的响声	进风口过滤棉积尘过多，从而影响进风而造成风机箱负压	及时清洗或更换过滤棉
无出风现象	风机不转	检查电源
	过滤器阻塞	更换高效过滤器，清洗预过滤器
调速不明显	过滤器阻塞	更换高效过滤器，清洗预过滤器
	开关控制问题	通知厂家修理或更换开关控制板

【应急预案】

1. 如使用中突然断电或停电，仪器将自动停止工作，不影响下一次工作。来电后需重启电源。

2. 工作中仪器出现故障，应立即停止使用，挂“仪器故障”牌并通知维修部检修。

【消毒与维护】

1. 清洁与消毒

（1）外壳或幕帘：被污染后可使用非有机消毒液或干净的湿布擦拭。使用时一人一用一消毒及每两周一次对层流床进行紫外线杀菌。

（2）在患者使用前必须对层流床内进行消毒和紫外线杀菌，避免交叉感染。

（3）进风口过滤棉每隔半个月到一个月清洗一次，取下过滤棉后用自来水冲洗，晾干后可反复使用。

（4）仪器停止使用时，应每隔半个月到一个月用非有机消毒剂（如84消毒液）浸泡过的干净抹布擦洗软帘两侧及机箱和支架。

（5）如果设备带有紫外线杀菌灯，每隔半个月到一个月左右杀菌一次。

2. 保养与维护

（1）仪器专人负责，定位放置，保持干燥。

（2）每半个月开机20～30分钟，以保证风机的有效运转。

（3）有故障时及时送检，做好使用登记、检查、送检情况记录。

第五节　婴儿床

新生儿科专用小床，供能自行维持体温的婴儿使用。

【结构与原理】

婴儿床材质有不锈钢、木质、塑料等，由床栏、床垫及底座构成。有的婴儿床安装有抬高床头的装置。

【操作步骤】

1. 操作流程

（1）环境准备：调节室温，保持环境安静、安全、宽敞。

（2）用物准备：

1）冬季使用消毒好的棉胎，棉胎必须清洁、干燥。

2）婴儿衣服、包被、床单经消毒处理。

（3）操作：

1）操作前洗手。

2）将婴儿床放置在无对流风处。保持规定的床间距，铺好床单。

3）无特殊要求抬高床头30°。

4）将婴儿穿好衣服，包好包被，抱入婴儿床上。

2. 注意事项

（1）包被不宜包裹太紧或太松，包被不能包裹太上捂住婴儿口鼻。

（2）保持床单位的干净整洁，如有污垢及时更换。

（3）医嘱有使用多功能监护的婴儿连接好监护仪并密切观察婴儿生命体征变化，医生判定不使用监护仪的至少 15 分钟巡视一次，注意观察患者皮肤颜色，及时记录。

（4）每 4 小时测量一次体温，及时增减衣被，有发热及时通知医生处理，遇到婴儿体温不升的情况请示医生及时处理。

【常见故障与处理措施】

常见故障	原因	处理措施
床头抬不高	抬高床头的支柱未撑好	支撑好
	支柱坏	通知设备维修部门更换
床垫与床栏尺寸不对	大小床垫混用	专床专垫
床挡周围有机玻璃破裂	工作人员用力过猛	工作人员操作宜轻巧
	空床剧烈碰撞	避免碰撞
	使用时间过长自行裂开	定期检查更换
轮子不灵活	生锈	定期涂油保护

【应急预案】

同“医用手摇床”。

【消毒与维护】

1. 清洁与消毒

（1）无感染性疾病使用时每天用温水擦洗，感染性疾病用中效消毒剂擦洗后用清水再擦洗干净，坚持先非感染后感染性、一人一用一消毒的原则。

（2）终末处理，使用消毒液擦洗，床垫使用臭氧消毒机消毒。

（3）婴儿床每天用 500mg/L 的含氯消毒剂擦洗后再用清水擦洗。

（4）每周更换消毒一次。

2. 保养与维护

（1）备用床放置在清洁干燥处使用防尘床套覆盖保存。

（2）定期给轮子涂油保护，防止生锈。

（3）每周检查或发现问题随时检查，保持正常使用状态或随时送修。

第九章

护理相关仪器

第一节　药用冰箱

药用冰箱是保持恒定低温的一种制冷设备，适用于药品 2 ～ 8℃恒温储存、疫苗恒温冷藏、血液 4℃储存、试剂样品冷藏。

【结构与原理】

1. 基本结构：箱体内有压缩机、制冰机用以结冰的柜或箱，带有制冷装置的储藏箱。

2. 原理：同普通冰箱制冷原理。

【操作步骤】

1. 操作流程

（1）接通电源。

（2）温度设定及调节。

（3）2 ～ 3 小时后达到设定温度，注意药品的保存温度。

（4）将药品放入冰箱内，关闭冰箱门。

2. 注意事项

（1）每类药品有独立的贮存箱，此箱外应有醒目药品标识。药品上要有有效期，箱内药品数量不可过多。

（2）由专人定期清洁消毒。

（3）不得存放食物及其他私人物品。

【常见故障与处理措施】

常见故障	原因	处理措施
接通电源，指示灯不亮	电源开关没有打开	打开电源开关
	电源插头未插紧	插紧电源插头
	保险丝断裂	更换保险丝
冰箱内温度偏高	制冷系统漏氟	氧焊防止氟泄露
	蒸发器内结霜	定时除霜
冷藏室壁面结霜	温控器的温度调节过低	首先将冰箱停机，将冷藏室壁上的霜化掉，调整温控器位置
	冰箱门密封不严	使用后及时将冰箱门关紧
冰箱的温控器失灵	机械温控器漏氟，或感温头不能感受到温度，电脑冰箱的控制电路板故障	更换温控器
不制冷	冰箱电源插头未插好；插座不通电	检查冷藏室灯是否亮，以确定冰箱是否接通电源

【应急预案】

1．如使用中突然断电或停电，将药品转移至其他制冷系统内。

2．工作中仪器出现故障，应立即停止使用，挂“设备故障”牌，送维修部门进行维修。

【消毒与维护】

1. 清洁与消毒

（1）每周使用500mg/L的含氯消毒液清洗消毒一次。

（2）每月除霜一次；存在的问题及时维修登记。

2. 保养与维护

（1）箱内不可过度拥挤，以利于冷风循环。

（2）禁放入易燃、易爆的危险品以及强腐蚀性酸碱等物品。

（3）停电或清洁时，应先拔下插头，至少保持间隔5分钟，才能再次接通电源，以防因连续启动而损坏压缩机。

（4）冰箱远离热源。

（5）霜层达 5mm 以上进行除霜。

（6）冰箱冷凝器上的灰尘在断电后可用洗耳球吹去。

（7）搬动时，冰箱倾斜度不能大于 30 度。

第二节　微波炉

微波炉是一种用微波加热食品或消毒、杀菌的现代化烹调灶具。

【结构与原理】

1. 基本结构：微波炉由门安全联锁开关、视屏窗、通风口、转盘支承、玻璃转盘、控制板、炉门开关组成。

2. 原理：磁控管在电源激励下连续产生微波，搅拌器把微波能量均匀分布在烹调腔内，达到加热或消毒的效果。

【操作步骤】

1. 操作流程：

（1）操作前准备：

1）检查微波炉的额定电压是否与电源相符，接地是否可靠，无误后方可使用。

2）微波炉要放于稳定的台架上，两边与墙壁距离至少间距 10cm，以利于通风；炉顶不可放置任何物品，如果放于柜内，则炉顶至少要有 10cm 间距；防止水及任何小物品掉入炉顶的通风口，防止造成电子线路故障。

3）将转盘支撑放入炉的凹道中，再将玻璃装盘放于支撑上，转盘要和炉底的转轴吻合使转盘能随转轴转动而转动。

4）选择非金属容器，如玻璃、陶瓷边上有金属边图案的都不能用。如用保鲜膜要留有通气的小口，不可太严密。打开保鲜膜时要从边上掀开，防止蒸汽灼伤。

5）轻轻关上炉门，不可用力过猛。

（2）操作：

1）插上电源。

2）调整加热功率到所需位置，再调整定时器到所需时间。

3）待微波炉自动停下后，可打开炉门取出被加热的食物，小心高温烫手。

4）断开电源，关上炉门，结束本次工作。

2. 注意事项

（1）不能空烧，否则会损坏微波炉。

（2）使用适当的器皿，不可使用内衬铝箔的软包装、易碎的玻璃器具、采用粘合方式制作的器具、内壁涂有彩色或油漆的各种器皿。

（3）加热鸡蛋、板栗等无孔的食物，应先穿刺，以防爆裂。

（4）不宜将食物直接放在玻璃转盘上。

（5）禁忌长时间在微波炉前工作，开启微波炉后，人人距微波炉至少在1米之外。

【常见故障与处理措施】

常见故障	原因	处理措施
接通电源，指示灯不亮	电源开关没有打开	打开电源开关
	电源插座未插紧	插紧电源插座
	保险丝断裂	更换保险丝
	电源接通，炉门未关好	检查炉门
	微波炉电源熔断器损坏	送检，专业维修
微波炉内照明灯不亮，但能加热食品	照明灯泡损坏	更换同规格的灯泡
	更换灯泡后仍不亮	照明回路虚接开路，需顺回路查找，消除虚接开路
微波炉刚开始工作正常，但时间未到突然灯灭，停止加热	排除停电原因后，检查炉门是否因使用久而松动，造成炉门开关接触不良；电源插头插座是否松动	排除以上原因后再检查热断器是否断开，温控电路是否动作。如果热断器或温控器动作，则应检查风道是否被杂物堵塞，排风风机是否运转正常
照明灯亮，但无法加热食品	可能在高压发生电路中，倍压整流二极管损坏、高压熔断器熔断、高压变压器损坏或磁控管老化损坏等	请专业人员维修

【应急预案】

1. 如使用过程中有火花出现，因立即拔掉电源插头。

2. 工作中微波炉出现故障，应立即停止使用，挂“设备故障”牌，送维修部维修。

【消毒与维护】

1. 清洁与消毒

（1）清洗炉腔之前，定时器调零，并拔下电源。

（2）保持炉腔清洁，可用湿布擦拭，如炉内很脏，可用食品清洁剂擦拭但不能用磨损性的清洁剂，如去污粉等。

（3）玻璃转盘可用温水清洗及使用中性洗涤剂，但必须在玻璃盘已经冷却的情况下进行。

（4）每周一次清洁门的密封面，以免密封不严造成微波泄露。可使用软布蘸洗涤剂清洗，然后用软干布擦干。

（5）微波炉的外表面可以用软布蘸洗涤剂擦拭，然后擦干。但注意不能使水渗入炉缝隙及通风口。

（6）带有控制器的控制面板要小心擦拭，不能使水渗入缝隙内。擦拭控制面板时，把炉门打开，以免误操作，擦拭完成后要把定时器回复到零的位置。

2. 保养与维护

（1）如果微波炉发生碰撞或跌落造成损坏，请专业人员进行维修，以免微波辐射伤害人体。

（2）专人负责清洁与维护。

第三节　婴儿电子秤

婴儿电子秤是婴幼儿称重的专用仪器，用于婴幼儿体重的称量。

【结构与原理】

1. 基本结构：由托盘、数字显示兼通电指示、水平调节螺钉、水平泡观察口、仪器上盖、置零钮、去皮钮、电源开关、橡皮托脚组成。

2. 原理：采用先进的微机采样分析和高亮度数字显示技术。

【操作步骤】

1. 操作流程

（1）评估患者：年龄、病情、意识、治疗情况、活动能力及合作程度、前一天的体重、是否进食等。

（2）患者准备：

1）家属了解使用婴儿电子称的目的、注意事项及配合要点。

2）体位舒适，愿意合作。

（3）护士准备：衣帽整洁，剪指甲，洗手。

（4）用物准备：婴儿电子称及电源连线，固定台面，干净垫巾，体重登记本。

（5）环境准备：调节室温高于 24℃，关闭门窗，避免对流风。

（6）操作：

1）接通电源，打开电源开关后显示屏亮，表示婴儿秤已通电，待显示器数字回归至零，仪器进入稳定状态。

2）按去皮键显示值为零。

3）将新生儿或婴儿裸露后放入秤盘，从显示屏上直接读出体重数。

4）记录：准确记录婴儿体重，并与前一次的体重比较。

2. 注意事项

（1）平衡调节螺钉用来小幅调节水平作用，不能以此作为垫高婴儿秤用，避免螺钉整体脱出。

（2）及时清除人体托盘内婴幼儿的排泄物，保持婴儿秤的整洁、卫生。

（3）避免称重 15kg 以上的载荷。避免使用缺损、开裂、严重老化的婴儿人体托盘。

【常见故障与处理措施】

常见故障	原因	处理措施
接通电源，指示灯不亮	电源开关没有打开	打开电源开关
	电源插座未插紧	插紧电源插座
	保险丝断裂	更换保险丝
称量结果不准确	婴儿称未放平衡	重新固定，放平
无法置零或去皮	托盘上已载重并超过置零或去皮限定载量	减轻去皮及置零的负荷
婴儿称突然停止工作	电路故障	送维修部门进行维修

【应急预案】

工作中仪器出现故障，应立即停止使用，挂“设备故障”牌，送维修部维修。

【消毒与维护】

1. 清洁与消毒

（1）外壳：被污染后可使用消毒液擦拭。

（2）托盘：先用清水清洗，再用医用乙醇擦拭或用一次性消毒纸巾擦拭。使用时一人一用一消毒，以防交叉感染。

2. 保养与维护

（1）每周一次由专人对婴儿称进行开启检查。

（2）为保证电子称的精度和正常使用，请勿将婴儿称暴露在阳光下或放置在温度、湿度较高的地方，应在干燥环境中使用。储存条件为环境温度范围：-25℃～40℃；相对湿度：≤80%。

（3）避免任何严重冲击。

（4）婴儿秤在未安上人体托盘前为普通设备，不具有防水功能，应防止液体进入机内。

第四节　壁挂洗眼器

壁挂洗眼器是一种能迅速将喷溅到眼部的有害物质的危害降到最低的、有效的安全防护用品。

【结构与原理】

1. 基本结构：壁挂洗眼器系统由洗眼喷头、洗眼喷头防尘罩、淋浴喷头、开关阀、通水管、滤网、底座组成。

2. 原理：特殊设计的三通球阀作为进水总阀，通过摆杆由脚踏侧进水口Rc1¼（或Rc1½）的内螺纹接口与水源连接。当打开洗眼盆盖时，洗眼喷头自动喷水，合上盖子则自动关闭阀门。

【操作步骤】

1. 操作流程

（1）在操作前打开水龙头开关，打开防尘盖，用手轻推手推阀，检查水流是否通畅。

（2）用食指及中指将眼睑翻开及固定。

（3）将头向前，让清水冲洗眼睛最少 15 分钟，但距离不能太近，以免污染水嘴。

2. 注意事项

（1）使用洗眼器时，用手轻推开关阀，让水自动喷出，用后须将开关阀关好。

（2）冲洗完后盖上防尘盖，以免污染。

【常见故障与处理措施】

常见故障	原因	处理措施
洗眼器堵塞	异物进入	堵塞物清除
水质不良	水垢铁锈	高频电磁除垢

【应急预案】

工作中仪器出现故障，应立即停止使用，挂“设备故障”牌，通知维修部门进行维修。

【消毒与维护】

1. 清洁与消毒

（1）仪器外表面：用软抹布蘸清水清洁。

2. 保养与维护

（1）专人负责监督执行洗眼器日常的维护与保养作业，有检查记录。

（2）如洗眼器有故障时应及时通知维修人员进行维修，及时排除故障。

（3）严禁将洗眼器用作其他用途。

第五节 振动排痰机

振动排痰机是替代手工叩背，解决肺深部痰液排出问题，改善肺通气的医用仪器，适用于各种原因引起的排痰能力下降、因感染等引起的分泌物过多或排出阻塞的肺部疾病。

【结构与原理】

1. 基本结构：由主机及两个叩击头组成。

2. 原理：应用叩击、震颤原理促使呼吸道黏膜表面黏液松弛和液化，通过挤推、震颤帮助已液化的黏液排出体外。

【操作步骤】

1. 操作流程

（1）评估患者：

评估患者年龄、体重、病情、血氧饱和度等一般情况。

（2）患者准备：

遵医嘱，选择在餐前 2 小时或餐后 2 小时为患者进行治疗。

2）选择大小合适的叩击器，协助患者摆好体位，一般采用侧卧位。患者着单衣，充分暴露叩击部位。

（3）自身准备：衣帽整洁，修剪指甲，洗手，戴口罩。

（4）环境准备：调节室温，保持环境整洁、安静、安全。

（5）仪器准备：将叩击器一端旋进装配头的面板，另一端接大小合适的叩击头，罩上叩击罩，推仪器到患者床边，打开仪器开关。

（6）操作：

1）开机：插好电源插头，打开开关，此时面板上显示“转速”和“时间”，调节“转速”和“时间”下的旋钮，根据需要选择转速和时间。调节治疗仪转速为 20 ～ 30 次 / 秒，操作时间每次为 10 ～ 15 分钟。

2）叩击：一手握叩击手柄，一手按紧叩击头，使叩击头与皮肤接触紧密，从下向上，从外到内，由周围到中央向肺门匀速移动叩击头，遍布整个肺野，叩击时避开胃、心脏及脊柱。

3）排痰：操作后对于能坐立患者嘱其双下肢放松，上身微向前倾斜，深吸气后用力咳嗽，将痰液咳出，不能咳嗽者进行电动吸痰。

4）观察：每次治疗后，应用听诊器听诊患者肺部啰音是否有减少，观察患者痰液量、色、性质变化情况，评估排痰的效果并做好记录。

5）整理：整理床单位，清理用物，洗手。

6）记录：记录痰量及患者生命体征。

2. 注意事项

（1）禁忌症：接触部位皮肤感染；胸部肿瘤、血管畸形；肺结核、气胸、胸水、胸壁疾病、未局限的肺脓肿；出血性疾病或凝血异常，有出血倾向者；肺部血栓及咳血；不耐受振动者；急性心肌梗死、心内血栓、房颤。

（2）慎用情况：操作部位出现出血点和瘀斑；新出现血痰；患者高度紧张；患者出现心率增加、血压等生命体征变化。

【常见故障与处理措施】

1. 按键失灵送设备科维修。

2. 调节时间与实际不符送设备科维修。

【应急预案】

1. 工作中仪器出现故障，应立即停止使用，必要时更换仪器。

2. 故障仪器悬挂“设备故障”牌，送维修部门进行维修。

【消毒与维护】

1. 清洁与消毒

（1）仪器表面：用微湿抹布蘸清水擦拭。

（2）污染后用乙醇擦拭消毒。

2. 保养与维护

叩击头保护套一次性使用。

第十章

专科设备

第一节　内科

一、新生儿黄疸治疗箱

新生儿黄疸治疗箱是治疗血液中未结合胆红素升高的光照治疗仪器，适用于各种原因所致的未结合胆红素升高患者。

【结构与原理】

1. 基本机构：主要由上箱体（含上灯箱、控制仪、婴儿床）及下箱体（含下灯箱、储物柜）组成。

2. 原理：胆红素能吸收光线，以波长 450 ～ 460nm 的光线作用最强，蓝光的波长在 425 ～ 475nm 之间，是光照治疗的最好光源。在光的作用下，未结合的胆红素ⅨαE型转化为异构ⅨαE 型，这些异构体属水溶性可经胆汁排泄到肠腔，或从尿液中排除，从而使血中血清胆红素浓度降低。

【操作步骤】

1. 操作流程

（1）评估患者：诊断、日龄、体重、黄疸的程度、胆红素结果、生命体征、有无神经系统症状和体征。

（2）患者准备：入箱前皮肤进行清洁，禁忌涂粉和油脂类物质，剪短指甲；双眼佩戴遮光眼罩，裸露全身，只用尿布遮盖会阴部。

（3）护士准备：衣帽整洁，剪指甲，洗手，必要时戴墨镜。

（4）用物准备：

1）光疗箱：确认黄疸治疗箱已消毒，无漏电，灯管亮度，确认婴儿床无裂痕及锐边，确认侧门锁扣完好安全。

2）光疗专用遮光眼罩。

3）尿布，必要时备约束带，并指手套。

（5）环境准备：室温在22℃～24℃，相对湿度55%～65%。冬季注意保暖，夏季则要防止过热。

（6）操作：

1）选择备好的黄疸治疗箱，放置于适当位置，锁定好脚轮。加湿水箱内加入蒸馏水或纯化水至相应水位。

2）插入电源插头，开启电源开关。控制仪发出短促“滴”的一声鸣叫，所有指示灯闪亮，设备进行系统自检，持续约5秒钟。

3）预热黄疸治疗箱。设置箱温为患者适中温度。按设置键，设置指示灯亮，按加或减键调节设定温度。一般设置箱温为30℃～32℃。开启上下灯箱开关。

4）患者入箱，将患者全身裸露，用尿布遮盖会阴部，佩戴眼罩，放入已预热好的光疗箱中。

5）记录开始照射时间，光疗时间长短遵医嘱。

2. 注意事项

（1）严密观察病情。监测血清胆红素变化；观察患者生命体征及神经系统症状和体征（有无呼吸暂停、烦躁、嗜睡，吸吮能力、哭声、肌张力等），每小时测体温一次，保持体温在36℃～37℃；注意皮肤黄疸消退及有无发红皮疹；注意大小便颜色及性状。

（2）保证水分的供给。遵医嘱静脉输液，合理喂奶，口服温开水。

（3）维持箱温的恒定。冬季操作后及时关闭侧门，避免对流风降低箱温；夏季则要注意通风，保证风机正常运转，防止出风口堵塞影响散热。

（4）光源的直接照射会对患者的眼睛造成伤害，应多加巡视，防止眼罩脱落；其他患者也应尽量远离使用中的光疗箱，或佩戴眼罩；操作者不宜直视光源太久，停留在光照区域的时间不宜太久，必要时可戴墨镜。

（5）必须使用尿布遮住光疗中患者的会阴部，避免对生殖功能的影响；剪短指甲防止抓伤，或戴手套适当约束。

【常见故障与处理措施】

常见故障	原因	处理措施
显示器无显示	电源开关未开启	开启电源开关
断电报警	停电	关闭电源开关
	供电电源线未连接	连接好供电电源线
超温报警 显示器显示报警代码 E0.5	周围环境过高	远离热源或降低环境温度
	箱内处于高湿度情况下	降低箱内的湿度
超温报警 显示器显示报警代码 E0.6	患者皮肤温度过高	检测患者肤温
风机报警 显示器显示报警代码 E0.7	风道堵塞	拿开堵塞风道的物品
下偏差报警 显示器显示报警代码 E0.8	环境温度波动过大	检测环境
	前正门、侧门或窗未关	关闭各门或窗
上偏差报警 显示器显示报警代码 E0.9	本机附近有热源	使设备远离热源
	环境温度波动过大	检测环境
所有治疗光源均不发亮	停电	关闭电源开关
	供电电源线未连接	连接好供电电源线
上灯箱光源不发亮	上灯箱开关未开启	开启开关
下灯箱光源不发亮	下灯箱开关未开启	开启开关

【应急预案】

1. 工作中仪器出现故障，应立即停止使用，必要时更换仪器。

2. 故障仪器悬挂“设备故障”牌，送维修部门进行维修。

【消毒与维护】

1. 清洁与消毒

（1）保持黄疸治疗箱的清洁，随时清理牛奶、药液等污渍，禁用乙醇(快速手消毒液)擦拭有机玻璃面。

（2）婴儿床及加湿水箱：将婴儿床及加湿水箱从黄疸治疗箱中取出，用0.5%84 液浸泡 30 分钟，用清水冲洗干净，擦干。

（3）箱体各层面：用 500mg/L 含氯消毒剂液毛巾擦拭。

（4）灯管表面：用乙醇擦拭。

2. 保养与维护

（1）专人负责管理，负责检测电源电线是否完整，黄疸治疗箱各配件是否完好，有机玻璃有无裂缝锐边，锁扣是否松脱，检查灯光亮度，风机加热装置运转是否正常，报警功能是否正常，有故障时随时报修，并设置“暂停使用”的标示。

（2）检查空气过滤器，过滤网已脏或超过两个月应更换。

（3）应避免水、牛奶放置在箱体顶部，以防止水分进入电路引起短路。

（4）不能将光疗箱放置于阳光直射或其他热源存在的地方，也不宜放置于通风口处。

二、经皮黄疸仪

经皮黄疸仪是用于皮肤黄疸测量的仪器，适用于动态监测新生儿、婴幼儿的血清胆红素经皮值。

【结构与原理】

1. 基本结构：由主机、标准校正板和充电器组成。

2. 原理：经皮黄疸仪利用蓝色光波（450nm）和绿色光波（550nm）在皮肤组织内的吸收差异，来检测沉积于婴儿皮肤组织内的胆红素浓度。

【操作步骤】

1. 操作流程

（1）使用前检查电池电量，确认仪器能正常使用。

（2）测试步骤。

1）用 75% 乙醇棉球擦拭探头。

2）将电源开关拨向“开”。通常显示“n–1”，在进行平均测量时，显示“n–2”“n–3”“n–4”“n–5”。

3）检查“READY”指示灯是否亮。数秒钟后“READY”指示灯会亮，如显示屏显示“▮▭”符号或无任何显示，须及时充电。

4）使测试探头与测定部位垂直接触，轻轻按压仪器直至出现“咔哒”的声音和闪光，即可在显示窗显示测量结果。

5）测量结束时，将电源开关拨向“关”。用 75% 乙醇擦拭测定探头，并将仪器小心放回包装箱。

2. 注意事项

（1）每日检测前应先用校验板校验仪器。

（2）对新生儿进行检测时，仪器必须垂直于被检测部位，使探头整个端面紧贴皮肤表面，不得有间隙，否则检测结果无效。

（3）仪器的探头端面触压时可发生强烈闪光，切不可对着任何人的眼睛触压，以免伤害其眼睛。

（4）为了减小误差，对每一个新生儿进行检测时，可在同一部位测 2 ～ 5 次，取其平均值。

（5）检测完毕，关闭电源开关。

（6）测量单位切换：将电源开关拨向“开”，或者按压“复位”键，使仪器处于测量状态。按压“设置”键可分别设置测量单位为：mg/dL、μ mol/L。仪器断电后，仍能保持设置的测量单位。

【常见故障与处理措施】

常见故障	原因	处理措施
显示舱出现“▭”电池符号	电池已用尽	立即充电
仪器测定值与临床体征不相符	测量方法可能不正确	测试探头整个端面紧贴皮肤
开不了机	仪器可能损坏	报修

【应急预案】

1. 工作中仪器出现故障，应立即停止使用，必要时更换仪器。

2. 故障仪器悬挂“设备故障”牌，送维修部门进行维修。

【消毒与维护】

1. 清洁与消毒

（1）校验板色屏表面：若有污迹，用干棉签蘸少许蒸馏水擦拭（注意：请勿用乙醇），以免色屏变色而失去校验意义。

（2）探头：用 75% 乙醇一用一消毒。

2. 保养与维护

（1）主机和校验板不要在有腐蚀性气体的环境中存放和使用，并且要经常保持其清洁。

（2）将仪器放置于阴凉干燥处，不得在阳光下暴晒，尤其是校验板。

（3）勿在强磁环境中存放和使用仪器，以免损坏。

（4）使用仪器时，轻拿轻放，切不可摔落或撞击，否则易损坏仪器。

（5）如果长时间不用仪器时，一个月左右用充电器对机内电池组充电一次；如果日检测在300次以上，应该每日对机内电池组充电，充电时间约4小时，使用专用充电器充电。

三、丹麦听力筛查仪（OAE）

丹麦听力筛查仪是一种客观、无创、快捷、灵敏的测试仪。该仪器由耳蜗外毛细胞反射出的能量，可全面直接反映耳蜗毛细胞的功能。主要用于新生儿及婴幼儿的听力筛查，对婴幼儿药物中毒性耳聋的早期诊断也有重要的价值。

【结构与原理】

1. 基本结构：主机、探头、耳塞、充电器。

2. 原理：采用诸如滴答声或短脉冲短声刺激，经外耳道、中耳达到内耳，此刺激为混频、无频率特性，几乎所有听力正常的人都能被记录到。当一个短声刺激得出一个回应，合成的波形像指纹一样有独特性。

【操作步骤】

1. 操作流程

（1）评估患者：日龄、病情、意识状态、外耳道是否清洁。

（2）患者准备：

1）测试时间：足月儿出生3天及以上，早产儿出生1周以上，高危儿可延长。被测试者以睡眠状态为宜。

2）外耳道准备：查看测试者外耳道有无耵聍堵塞，有耵聍时用耳科专用棉签蘸少许75%乙醇清洁外耳道。

（3）护士准备：衣帽整洁，洗手。

（4）用物准备：听力筛查仪，棉签，合适的耳塞，乙醇消毒液。

（5）环境准备：尽量关闭周围环境的声源，噪声小于40分贝，有条件可选择单独隔音室。检查前1～2小时给予检查室紫外线空气消毒。室内温度保持在24℃～26℃，相对湿度55%～65%。

（6）仪器准备：每天第一次测试前对听力筛查仪进行快速校准，校准通过才能用于患者；检查仪器的插针孔是否通畅，清除堵塞探针孔的异物；备好探针专用细针及消毒液；准备合适的耳塞，同一个患者如没有可疑感染时两耳可以使用同一个耳塞，在不同新生儿间测试，探头部必须用 75% 乙醇擦拭。

（7）操作：

1）按 OK 键开机，机器会自动进行 5 秒钟的电池测试，测试完电池后，屏幕会自动出现主菜单。

2）选择合适的耳塞套在探针上，轻轻向后拉上耳垂，旋转探头塞进耳道，确保探头塞紧，漏气会导致失真和噪音过多从而使测试时间延长（测试过程中探头线不能接触到任何有振动的物体）。

3）选择“TEST”（测试）键→ ADD（添加）→输入患者住院号、姓名、出生年月日→按 OK 键确认→ SELECT RIGHT EAR（选择右耳朵）进行测试，右耳测试完毕，同法测试左耳。如测试结果为 REFER，每只耳朵需连续测量三次。测试过程中，指示灯会一直呈绿灯闪烁，如指示灯变红，表明测试出现错误，可能原因为探头不稳或是周围环境噪音太大或是婴儿吵闹。

4）将听力筛查仪与电脑连接，打印测试者报告。

2. 注意事项

（1）呼吸道感染、呼吸音粗、痰鸣音重、喉软骨发育不良的患者在病情好转、症状减轻后测试。

（2）抽搐、惊厥、兴奋的患者选择用镇静剂后的安静状态或待病情稳定后测试。

（3）测试时探头需塞紧，否则漏气会导致失真和噪音过多使测试时间延长。

（4）测试过程中，探头线不能接触到任何有振动的物体。

（5）每次测试之后都应检查探针的通道是否通畅。

【常见故障与处理措施】

常见故障	原因	处理措施
校准失败	刺激稳定率低	重新安放探头，降低噪音
显示屏测试错误	程序紊乱	联系专业维修
打印机错误	程序紊乱	参阅标签打印机手册
指示灯闪烁，显示数字代码	内部错误代码	记下代码与技术人员联系

（续表）

常见故障	原因	处理措施
探头出现错误	探头坏	更换探头
	探头未连接好	连接好探头
	探头堵塞	清洁探头
停止	测试停止	重新测试
系统出现错误	程序紊乱	联系专业维修
不能进行测试	电阻过高或脑电流值一直很高	检查或更换电极，患者安静时重新测试

【应急预案】

1. 工作中仪器出现故障，应立即停止使用，必要时更换仪器。

2. 故障仪器悬挂“设备故障”牌，送维修部门进行维修。

【消毒与维护】

1. 清洁与消毒

（1）主机：清洁前先关机并拔掉所有外接设施；用湿布轻拭机器，必要时可用清洁剂。

（2）探头：一次性使用或可经超声波清洗后重复使用。

（3）耳塞：对不同的患者进行测试时，要用消毒剂对耳塞进行消毒，然后进行晾干，防止交叉感染。

（4）经常清洁探针，极少量的污垢或耵聍都可能将探针阻塞。

（5）清理线清洁探针后，需对清理线本身进行清洗。需待探针孔完全晾干后，才能将探针或备用探针安装到探头主体上，因为即使是极少量的水汽也会溶解残留的探头的耳垢，从而腐蚀探头内的敏感组件。

（6）探头内有高灵敏度组件。探头主体的后半部（内有声学换能器）是不能擦洗的，更不能用液体清洗，否则会损坏探头。

2. 保养与维护

（1）机器应远离液体、清洁溶液及湿气。

（2）每次测试后应检查探针的通道是否通畅。

（3）当设备校准时出现“PROBE ERROR”的信息，说明滤音片已被损坏或堵塞，应更换新的滤音片。

（4）使用制造商推荐的充电器及充电电池；电池应远离火焰，不得把电池投入火中，否则会引起爆炸；不要将电池与金属物体接触；防止电池短路；电池切勿与尖锐物体接触；保持电池电极干净（必要时可用软布清洁）。

四、脑功能监护仪

脑功能监护仪是以过滤压缩的脑电图为基础，通过相对简单的阅图方式，得出脑电背景活动在一段时期内的趋势和变化，以指导对临床预后判断的仪器。主要适用于对高危脑损伤的患者进行脑功能监测。

【结构与原理】

1. 基本结构：主机、C16信道或V32信道放大器、隔离电源、电缆及机架。

2. 原理：又叫振幅整合脑电图，即简单化的单频道的脑功能监测，它的信号来自于颅骨电极，低于2 Hz和大于20 Hz的频率被去除而在允许范围内的频率被增加扩大，脑电信号以半对数形式表示，信号被压缩，以6cm/h的走纸速度描记出的图形，表现为以振幅形式出现的波谱带（单位为 μV）。

【操作步骤】

1. 操作流程

（1）评估患者：年龄、病情、意识、头皮有无破损、有无头颅血肿、水肿等情况。

（2）患者准备：置患者于辐射台或暖箱内，剃头，用湿纸巾清洁头部。

（3）护士准备：衣帽整洁，剪指甲，洗手。

（4）用物准备：脑功能监护仪、导电膏、皮肤预备膏、弹力帽、备皮刀、棉签、湿纸巾。

（5）环境准备：环境安静，安全，避免干扰。

（6）操作：

1）打开主机电源开关。

2）双击“NIC VUE”图标（NIC VUE为患者数据库）。

3）选择“NEW”（新建）后输入患者信息：住院号、床号、姓名、性别、出生日期、诊断，之后按“确定”键存储刚输入的患者信息。

4）确定在NIC VUE中患者被高亮显示，双击NIC VUE图标，进入记录界面，之后双击采集图标（即NICU-4或NICU-8）。

5）双击阻抗图标，选择所需要的阻抗(5、10 或 20 欧姆)。

6）根据需要将电极连接在患者头部：盘状电极上涂少许导电膏，按照放大器上所显示的电极接口连接电极，粘贴电极时必须避开头颅血肿、骨缝处，两电极间距离左右间隔 6cm，前后间隔 3cm。

选择 4 导联：先后粘贴参考电极→地线→ P3 → P4 → F3 → F4。

选择 8 导联：先后粘贴参考电极→地线→ FP1 → FP2 → C3 → C4 → T3 → T4 → O1 → O2。

7）确认设定值，当实际阻抗值在设定值范围内时，阻抗检测显示为绿色。

8）选择开始按钮，系统开始记录数据到硬盘，实时显示患者动态脑电图。

9)患者监护完毕，退出记录桌面，进入“NIC VUE”→选中患者→点击“查阅”。

10）打印诊断报告：点击“工具”→“创建报告”→“检验报告”→根据监护图谱书写患者报告并打印。

11)打印 aEEG 趋势图：点击“文件”→“打印趋势(N)”→打印 aEEG 趋势图。

12）打印原始脑电图：选定需要的原始 EEG 图谱，点击“文件”→“打印 EEG（P）”→打印 EEG 趋势图。

13）关闭阅读器界面，关闭“NIC VUE”，关闭电脑主机。

2. 注意事项

（1）头颅血肿及皮肤破损处不能粘贴电极。

（2）患者信息必须输入完整，否则可能丢失数据。患者信息如输入错误，需更改，可点击更改，然后输入密码“NIOLET”，即可更改患者信息。

（3）使用时避开有可燃麻醉气体的环境。

（4）监护完毕，及时分类整理电极线。

【常见故障与处理措施】

常见故障	原因	处理措施
主机无法启动	电源开关没有打开；电源插座未插紧	打开电源开关；插紧电源插座
放大器关闭	放大器与主机之间的连接线未插紧	检查各连接线，检查放大器、密钥的指示灯是否显示并重新插紧
患者监测信息无法显示	C 盘存储空间不够	先将患者信息复制到移动硬盘，然后在阅读器中删除患者监测记录

【应急预案】

1. 工作中仪器出现故障，应立即停止使用，必要时更换仪器。

2. 故障仪器悬挂“设备故障”牌，送维修部门进行维修。

【消毒与维护】

1. 清洁与消毒

（1）使用完毕，使用清洁湿布擦拭仪器外表。

（2）盘状电极每次使用完毕，湿纸巾擦净导电膏，然后清水浸泡30分钟。

2. 保养与维护

（1）监护仪应放置在通风干燥处，不能阻塞冷却槽。

（2）脑功能监护仪搬动时动作轻柔，避免各连接部位松动，导致仪器不工作。

五、脑电图仪

脑电图仪是检查脑部疾病的仪器，适用于发作性疾病的诊断和鉴别诊断，如热性惊厥、颅内感染、各种脑病、遗传代谢或变性疾病、不明原因意识障碍、各种原因头痛、脑损伤、智能发育迟缓等。

【结构与原理】

1. 基本结构：传统的脑电图仪由电源、输入、放大、调节、记录等几部分组件构成。信号采集和输入包括电极、头盒、导联选择、校准电压、电阻测量等装置；放大部分包括前置放大器和后置放大器；调节部分包括增益、滤波、纸速、阻尼等；记录部分包括记录笔、记录纸等装置。随着电子计算机技术的发展，脑电图仪已逐步从传统的模拟信号记录发展到数字化信号采集和显示，实现了无笔或无纸记录，很多参数调节功能可通过软件实现。

2. 原理：脑电图检查是通过在头皮表面或颅内放置电极，提取脑电信号，经过放大器和计算机的处理，而显示于图纸上或脑电图机的显示器上。

【操作步骤】

1. 操作流程

（1）评估患者

1）全身情况：年龄、体重、性别及目前病情，治疗、意识状态、生命体征、沟通能力。

2）心理社会情况：对脑电图检查的了解与认知程度及社会经济状况。

3）向患者解释脑电图检查的目的、方法、注意事项及配合要点，消除其恐惧心理。

（2）患者准备

1）患者了解脑电图检查的目的、方法、注意事项及配合要点。

2）取下金属物品，注意保暖；洗头或剃发。

3）取舒适的体位。

（3）护士准备：着装整齐，洗手。对脑电图机的操作原理及流程熟悉后方能使用。

（4）用物准备：脑电图机电源充足，性能良好。脑电图记录仪及其导联线，95% 乙醇、导电膏、头套、污物桶、钢笔。

（5）环境准备：

1）室内要求保持温度适宜（18℃～24℃），以避免因寒颤或出汗引起的肌电干扰或基线漂移。

2）使用交流电源的脑电图机必须接可靠的专用地线（接地电阻应低于 0.5Ω）。

3）放置脑电图机的位置应使其电源线尽可能远离检查床和导联电缆，床旁不摆放其他电器具（不论通电否）及穿行的电源线。

（6）操作：

1）再次核对床号姓名，再次向患者进行解释。

2）接通电源，打开仪器。

3）用 95% 乙醇清洁受检查者头皮，在电极位置涂抹导电膏，安放电极，头套固定电极。电极安放的位置如下：

电极名称	电极标志符号	在人体表面的位置
左额极	FP1	左眉心上 1 ～ 2cm
左额区	F3	左额头皮
左中央区	C3	左中央头皮
左顶区	P3	左顶头皮
左枕区	O1	左枕外粗隆上 1 ～ 2cm
左前颞区	F7	FP1 与 T3 之间
左中颞区	T3	左耳前凹上 1 ～ 2cm
左后颞区	T5	T3 与 O1 之间

（续表）

电极名称	电极标志符号	在人体表面的位置
右额极	FP2	右眉心上 1 ～ 2cm
右额区	F4	右额头皮
右中央区	C4	右中央头皮
右顶区	P4	右顶头皮
右枕区	O2	右枕外粗隆上 1 ～ 2cm
右前颞区	F8	FP2 与 T4 之间
右中颞区	T4	右耳前凹上 1 ～ 2cm
右后颞区	T6	T4 与 O2 之间
额中线区	FZ	F3 与 F4 之间
中央中线区	CZ	C3 与 C4 之间
顶中线区	PZ	P3 与 P4 之间
左耳参考电极	A1	左耳垂处
右耳参考电极	A2	右耳垂处

4）测试电阻、校准电压、调整仪器参数、选择导联。

5）描记脑电图及同步录像：清醒时先描记 10 ～ 15 分钟的背景活动，再按规范完成睁闭眼、闪光刺激等诱发试验，根据年龄和患者配合程度完成过度换气诱发试验，根据疾病要求记录睡眠脑电图。

2. 注意事项

（1）检查前，不应剧烈运动、空腹、饮茶、喝酒等，癫痫患者根据病情剥夺睡眠。

（2）分析脑电图应结合患者的年龄、病史、症状、用药史、影像学结果等考虑。

（3）对初次接受脑电图检查者，必须事先作好解释工作，消除紧张心理。

（4）放置电极部位的头皮要预先清洁，去除油脂，必要时剃去头发。

（5）导电膏只涂擦放置电极处的皮肤，不应把导电膏涂在电极以外的头皮，以免形成电桥，影响脑电图的判读。

（6）严格按照国际 10-20 系统标准安放头皮电极，电极之间的距离保持 3 ～ 5cm，尽量避开头皮血（水）肿、伤口或感染区，但要保持左右对称。儿童和成人不少于 16 导，婴幼儿不少于 12 导，新生儿不少于 8 导。儿童和新生儿建议使用盘状电极，不使用柱状电极和针电极，成人和大龄儿童可根据需要使用蝶骨电极。

（7）遵医嘱完成诱发试验、过度换气试验等。

（8）描记过程中如遇患者癫痫发作要及时处理，保证患者安全，发作时间长者要与临床医生联系给予止惊剂，不能因为过分强调记录效果而贻误患者病情处理。

【常见故障与处理措施】

常见故障	原因	处理措施
接通电源，指示灯不亮	电源开关没有打开	打开电源开关
	电源插座未插紧	插紧电源插座
	保险丝断裂	更换保险丝
电极断裂	使用时间长、频率高	更换电极线
心电伪差	常与体位有关	变换体位
肌电伪差	吞咽、咀嚼、抬眉、眼上视、面肌抽搐等等	非抽搐或不自主动作引起的肌电伪差可人为消除
基线漂移	出汗	调节室温，避免出汗
各种电磁干扰	50Hz 交流电干扰、静电干扰等	开启 50Hz，陷波、避免穿着化纤衣物及人走动、不带手机
视频不清晰	云台脏污有灰尘或摄像头故障等	清洁云台或请设备科维修
打标不显示	打标器接触不良或断裂	请设备科维修
监测过程中无法记录保存	内存已满	及时清理内存
脑电图机无法开启	各种可能	请设备科进行维修

【应急预案】

1. 如使用中突然断电或停电，备用电源能维持使用 1 ～ 2 小时。

2. 记录过程中仪器出现故障数分钟内无法排除，应停止使用，与患者做好解释工作并更换至其他脑电图仪进行监测。

3. 记录过程中如患者出现临床发作时，应即刻完成如下操作：①在保证安全的前提下（同时与医师联系），避免对患者进行不必要的搬动或其他操作，以减少各种干扰的产生，避免镜头被遮挡。②立即掀开被子，使患者全身充分显示。③调整镜头，保证图像质量。④呼唤患者姓名或要求完成一些简单指令，注意其意识和反应性。⑤轻轻活动患者肢体，注意肌张力情况和有无轻微局部抽动。⑥观察眼神及瞳孔。⑦观察运动性症状、自动症及发作演变过程。⑧观察发作后意识恢复情况和有无 Todd 麻痹。⑨发作结束后询问患者对发作的记忆和感受。

4. 监测中的用药问题：对癫痫发作频繁、持续状态或电持续状态的患者应与临床医生联系，遵医嘱静脉给予抗癫痫药物控制发作。在给药后继续记录 30 ～ 60 分钟或更长时间，以观察药物对脑电图的影响和发作控制情况。

【消毒与维护】

1. 清洁与消毒

（1）脑电图仪每天用凉水或温水的纱布或软布擦拭表面，必要时使用消毒液擦拭。

（2）电极一用一消毒，可用清水泡干净导电膏，再用 75% 的乙醇擦拭后晾干。

（3）感染和非感染患者不安放在同一房间进行脑电监测，感染患者监测完毕后及时进行仪器或空气的消毒。

2. 保养与维护

（1）严格按照正规操作规程操作。每年一次对仪器进行参数调整测试等。

（2）安放电极尽量避免导电膏进入电极插孔，经常清洁插孔。

（3）每半年设备科工程师对脑电图仪进行 1 次检测。

六、纤维支气管镜

纤维支气管镜是利用光学纤维内镜对气管、支气管腔进行检查、活检或刷检、吸引或清除阻塞物或注入药物的仪器，适用于肺部疾病需要诊治的患者。

【结构与原理】

1. 基本结构：纤维支气管镜由几万根光导玻璃纤维聚合在一起构成，细长而柔软，具有导旋光性。

2. 原理：纤维支气管镜利用光学纤维原理对气管、支气管腔进行检查、活检或刷检、吸引或清除阻塞物。

【操作步骤】

1. 操作流程

（1）评估患者：

1）评估：年龄、病情、术前检查情况，禁食禁饮情况。

2）向患者解释纤支镜检查的目的、方法、注意事项及配合要点。

（2）患者准备：

1）了解纤支镜检查的目的、方法、注意事项及配合要点。

2）体位舒适，愿意合作。

（3）护士准备：衣帽整洁，剪指甲，洗手，戴口罩。

（4）用物准备：准备鼻导管吸氧装置，心电监护仪，纤支镜。

（5）环境准备：调节室温，保持环境安静、安全、宽敞。

（6）操作：

1）雾化吸入利多卡因和异丙托溴铵 10 ～ 15 分钟。

2）静脉注射咪达唑仑镇静。

3）1 ∶ 20000 盐酸肾上腺素滴鼻，清洁鼻腔。

4）鼻导管吸氧和心电监测血氧饱和度。

5）护士戴无菌手套取出消毒好的纤支镜，连接好电源，调节好光圈。

6）医生戴无菌手套，手执插入部，经鼻腔进入咽喉、会厌、声门、气管及气管各分支，根据不同病情检查不同部位，护士根据医嘱给予灌洗和药物治疗。

7）检查完毕，退出镜头，护士取下各连接部，给予清洗消毒。

2. 注意事项

（1）根据患者的年龄和病情，选择大小合适的纤支镜型号。操作前，检查纤支镜的性能，有故障立即停用。

（2）约束和固定好患者，术中防止患者咬损及手抓插入管，避免患者受伤及纤支镜损坏。

（3）操作部弯曲钮使用时勿用力过大，以减少仪器磨损。弯曲部绝对禁止过度弯曲，纤维支气管镜的导光束、导像束中玻璃纤维断裂，镜面就会出现黑点，其使用寿命将缩短。

（4）活检或刷检时勿用力过猛，否则，易造成内镜的钢丝折弯变形。钳刷插入遇有阻力，切忌硬行插入，应放松角度固定钮，调节弯曲钮，使钳刷顺利通过。活检钳插入或取出时，钳舌必须处于闭合状态。

【常见故障与处理措施】

常见故障	原因	处理措施
纤支镜出现黑点	光学玻璃纤维折断	更换玻璃纤维束
目镜模糊不清	物镜被血、黏液污染	重新清洁干净
	寒冷季节室温降低，水蒸气集聚	用镜头纸擦去目镜表面水蒸气
	物镜潮湿霉变，斑点出现	在物镜端放入干燥剂吸潮，对目镜应保持清洁、干燥
	插入管、终末端被破坏，物镜中出现彩环或云雾样	送专业维修站修理
聚氨酯套管老化皱褶	检查例数多，使用年限长	送专业维修站修理
	镜子的先端部擦用了有害润滑剂或应用高浓度消毒剂	使用润滑剂采用硅油或液状石蜡

【应急预案】

1. 如使用中突然断电或停电，立即退出镜头，停止检查。

2. 工作中仪器出现故障，应立即停止使用，挂“设备故障”牌，送维修部门进行维修。

【消毒与维护】

1．清洁与消毒

（1）去污：用洗涤剂纱布擦去内镜表面污物，并反复送水至少 10 秒钟，取下内镜并装好防水盖，置入清洗槽中。

（2）水洗：

1）在流动水下彻底冲洗，用纱布反复擦洗镜身，同时将操作部清洗干净。

2）取下活检入口阀门、吸引按钮、送气送水按钮，用毛刷刷洗活检孔道和吸引管道，刷洗时必须两头见刷头，并洗净刷头上的污物。

3）安装全管道灌流器、管道插塞、防水帽和吸引器，用吸引器反复抽吸活检孔道。

4）全管道灌流器接 50 毫升注射器吸清水注入送气送水管道。

5）用吸引器吸干活检孔道，擦干镜身。

（3）酶洗：将内镜置于酶洗槽中，用注射器抽吸多酶洗液 100 毫升，冲洗管道 10 分钟，用吸引器将含酶洗液吸入活检孔道，操作部用多酶液擦拭。擦干后的附件、各类按钮和阀门用多酶洗液浸泡 10 分钟。多酶液每清洗 1 条内镜后更换。

（4）清洗：

1）用多酶液浸泡后的内镜，用水枪或者注射器彻底冲洗管道及内镜表面。

2）用 50 毫升的注射器向管道送气，排出管道内的水分。

（5）消毒：

1）将擦干后的内镜和附件置入 2%戊二醛浸泡槽中，并全部浸没消毒液中，各管道用注射器灌满消毒液。

2）支气管镜浸泡不少于 20 分钟，当日不再使用的支气管镜应当延长消毒时间至 30 分钟；结核杆菌、其他分歧杆菌等特殊患者浸泡不少于 45 分钟。

3）需要灭菌时用 2%戊二醛浸泡 10 小时。

（6）清洗：

1）内镜从消毒槽取出前更换手套，用注射器向各管道注入空气清除消毒液。

2）将内镜置入冲洗槽，流动水下用纱布清洗内镜的外表面，反复抽吸清水冲洗孔道。

3）用纱布擦干镜身，将孔道的水分抽吸干净备用。

（7）备用：每日诊疗工作开始前。对当日使用内镜采用 2%戊二醛浸泡 20 分钟，冲洗、干燥后，方可用于患者诊疗。

2. 保养与维护

（1）每台内镜均需建立使用登记卡，及时记录使用次数、损伤及维护情况。

（2）保管场所必须选定清洁、干燥、通风好、温度适宜的地方。避开阳光直射、高温、潮湿的地方。气候潮湿的区域，存放内镜的房间应备有除湿机。内镜的存放柜保持清洁干燥防霉。

（3）每次存放前要确认内镜已擦干完全没有水滴，擦拭前端部的物镜时，应使用擦拭纸擦拭，然后蘸硅蜡擦拭镜头表面，使镜头清洁明亮。

（4）纤维支气管镜尽量以拉直状态进行保管。将角度钮放在自由位，松开角度按锁。

七、肺功能仪

肺功能仪是诊治呼吸系统疾病的医用仪器，是临床上评估胸、肺疾病及呼出生理的重要手段，肺功能检测用于早期检出肺和气道病变、判断疾病类型、判断是否存在气道阻塞和气流受阻的可逆性、评估疾病的严重程度及预后、评价药物治疗疗效、评估胸肺手术的耐受力以及对危重患者的监护等。

【结构与原理】

1. 基本结构：硬件主要由移动式仪器车、隔离电源、计算机系统、肺功能专用接口板（EASI-CARD）、扩展电路模块、流速传感器模块等组成。软件由运行在 Windows 操作系统下的肺功能测试软件和患者资料管理以及专用的维修测试软件等组成。

2. 原理：流速传感器为压差筛网式结构，当气流经过压差筛网，由于筛网有阻力（阻力为 0.36kPa·s/L），两端会产生压差，其压差的大小与流速成正比。这样就可以得到流速，通过对流速的积分就获得容量。有了流速和容量者两个基本指标，可以得到呼吸频率 BF、潮气量 VT、肺活量 VC、补呼气量 ERV、一秒量 FEV1、峰流速 PEF、每分最大通气量 MVV 和流速容量环等静态和动态肺参数。

【操作步骤】

1. 操作流程

（1）评估患者：

1）评估：患者年龄、病情、最近治疗情况及合作程度。

2）向患者家属解释肺功能检测的目的、方法、注意事项及配合要点。

（2）患者准备：

1）测量患者身高体重；填写“肺功能检查登记”本，并进行肺功能编号，依次录入患者资料。

2）4 岁以下婴幼儿遵医嘱口服 10% 水合氯醛，待其熟睡后方可进行检测；对 4 岁以上患者要做好示范，直到学会为止。

3）了解肺功能检测的目的、方法、注意事项及配合要点。

（3）护士准备：衣帽整洁，剪指甲，洗手。

（4）用物准备：连接肺功能仪电源，开机 20 分钟后进行环境校准和容积校准。

（5）环境准备：根据季节调节适宜的室内温湿度，保持环境安静、安全、宽敞。

（6）操作：

1）潮气分析肺功能测试：患者熟睡后取仰卧头稍后仰位，选择合适的面罩与潮气分析流速传感器连接，面罩罩严患者口鼻，点击“潮气分析”图标—点击 1 号图标—20 个呼吸波后点击 2 号图标—选取 5 次检测值—点击 7 号和 10 号图标保存退出。

2）常规通气肺功能测试：

①点击“常规通气”和“OK”图标—嘱患者口含口器平静呼吸，当右侧 dVT、dFRC 两条柱子由红变绿时—单击 2 号图标做慢肺活量检查，嘱患者呼气到残气位—再缓慢吸气到肺总量位—再呼气到残气位—回到平静呼吸—点击 7 号图标计算结果—可重复多次选取满意值。

②点击 3 号图标，嘱患者含住口器平静呼吸几个呼吸周期—指导患者用力、快速吸气到肺总量位—马上以最大能力最快速度用力呼气到不能再呼为止—再深吸气或回到平静呼吸—可重复多次，选取 3 次检测值—单击 7 号图标计算。

3）支气管舒张试验：基础肺功能—万托林雾化—休息 15 分钟—第二次肺功能。

4）退出保存：所有检测满意后，单击 10 号图标退出保存检测结果。

5）打印。

2. 注意事项

潮气流速传感器手柄安装时，注意前后正反，一定要将手柄上的患者标记对准患者侧。

【常见故障与处理措施】

常见故障	原因	处理措施
开机无显示	电源接触不好	检查各部位线路连接是否有松动，确保线路连接正确紧密
主机电源灯闪烁	系统错误	重启仪器；如重启后仍无法恢复，报请维修工程师检修是否硬件故障
打印机电源闪烁	缺墨或缺纸	更换墨盒或补充纸张
	系统错误	重启仪器
无法定标校准	传感器连接部位松动或接触不好漏气	检查各部位连接是否正确和紧密牢靠，确保连接正确，无漏气
开机无法正常使用	硬件故障	在上述自检完成后仍无法正常使用，报请维修工程师检修

【应急预案】

1. 工作中仪器出现故障，应立即停止使用。

2. 故障仪器悬挂“设备故障”牌，送维修部门进行维修。

【消毒与维护】

1. 清洁与消毒

（1）主机：每天使用后用软布擦拭仪器台面、键盘及外壳。

（2）口器：一用一丢弃。

（3）面罩：一人一用一消毒，用后送消毒供应中心或用自来水冲刷干净后浸泡于500mg/L的含氯消毒液中半小时，再用冷开水冲净晾干备用。

（4）过滤网：每天常规消毒。

（5）铂金筛网及密封圈：先用蒸馏水100ml+糜蛋白酶1支溶液中浸泡1小时—蒸馏水漂洗—浸泡于500mg/L的含氧消毒液中1小时—蒸馏水冲洗—蒸馏水浸泡半小时，晾干备用；其余部分除密封圈外，均用水冲净后浸泡于500mg/L的含氯消毒液中半小时，再用水冲净晾干，依原样安装好备用。

（6）管道：清洗后自然干燥，然后按旋转45度挤走空气方法安装。

2. 保养与维护

（1）铂金筛网比较敏感，注意其表面不能用手指甲等硬物划坏，消毒后自然干燥即可。

（2）密封圈不可浸泡，以防老化。安装时注意各个部位连接牢固，以防漏气。

八、婴儿沐浴池

婴儿沐浴池用于新生儿洗浴，使其保持皮肤清洁，身体舒适。

【结构与原理】

1. 基本结构：婴儿沐浴池由洗澡池、洗澡池控制器和护理台三部分组成。

2. 原理：洗澡池控制器应用微电脑显示水龙头出水温度，达到报警温度自动报警并且水龙头停止出水。

【操作步骤】

1. 操作流程

（1）评估患者：年龄、病情、意识、治疗情况、皮肤完整性。

（2）患者准备：

1）患者裸露。

2）进奶半小时后进行。

（3）护士准备：衣帽整洁，剪指甲，洗手，戴口罩。

（4）用物准备：婴儿沐浴露、干净尿裤、干净毛巾、干净衣物、脐部护理用物、臀部护理用物、一次性垫巾。

（5）环境准备：关闭门窗，调节室温在26℃至28℃之间。

（6）操作：

1）打开总进水阀门和总电源开关，在婴儿沐浴床上垫一次性垫巾。

2）设定好洗浴池控制器报警温度，打开洗浴池下水口排水，打开洗浴池水龙头将水池冲洗干净。

3）洗手。

4）洗浴。

①观察洗浴池控制器显示的实时水温是否符合要求，符合才能进行清洗。

②实时水温符合要求，打开洗浴池水龙头，按下洗浴池控制器的启动键，开始出水，将婴儿轻轻放进洗浴池内，用流动水冲洗婴儿全身。禁止使用非流动水冲洗，擦洗时使用一次性的软布。

③冲洗要细腻全面，使婴儿全身洁净。

④冲洗完毕，按洗浴池控制器的停止键，停止出水，用干燥的浴巾轻轻擦拭婴儿全身的水分。为患者做好眼部护理，消毒脐部。将婴儿轻轻放在婴儿秤称重。

2. 注意事项

（1）洗浴池水龙头出水不仅要将水龙头开关打开，还需按洗浴池控制器启动键或出水键。

（2）观察洗浴池控制器显示窗的温度值稳定后方可使用，时间约5秒钟。

（3）水流量调节适中，小心冲洗，切勿将喷头对准婴儿鼻、眼、嘴部冲洗。

（4）需在所有池内蓄水时，记住在水放到最高水位前关闭水龙头，以免造成水淹事件。

（5）定时清洗供水管道内异物，以免堵塞恒温调节阀。

（6）恒温调节阀不得后置两个或以上的用水装置。

（7）在停用且超低温环境下注意恒温调节阀体的防冻。

（8）每天下班前关闭设备总电源和冷热水总阀门。

（9）可拆卸部件如婴儿秤可自行更换，其他部件不得自行拆换，以免损坏。

【常见故障与处理措施】

常见故障	原因	处理措施
水龙头不出水	进水阀门未打开	打开阀门
	启动按钮未打开	打开启动按钮
	水温超温	重新调节冷热水量

【应急预案】

工作中设备出现故障，应立即停止使用，挂"设备故障"牌，请专业人员维修。

【消毒与维护】

1. 清洁与消毒

（1）池体及功能背板表面：用乙醇擦拭。

（2）清洗设备表面：每天充分刷洗后，用有效氯含量为500mg/L的含氯消毒剂或者200mg/L过氧乙酸擦拭。

（3）每天须对所有池面及台面，功能背板、柜体、水龙头、无菌纱布托架等部件外表面用湿海绵、纯棉白毛巾、纱布等擦去表面的灰尘或污渍，然后再用干的海绵、纯棉白毛巾、纱布等将其外表面残留的水分擦拭干。在清洗机器前要关闭设备总电源，以免造成不必要的触电事故或机器故障。

2. 保养与维护

（1）避免强烈阳光直射。

（2）每半年进行一次中心内部检查，查看各系统是否正常。

（3）严禁在洗手池、洗浴池和游泳池内盛装乙醇等化学性液体或蓄高于55℃的水，否则会造成池体损毁。

第二节　外科及手术室

一、内分泌治疗仪

内分泌治疗仪是通过治疗调节人体内分泌的仪器，适用于性发育不良综合治疗的肥胖患者。

【结构与原理】

1. 基本结构：内分泌治疗仪由辐射灯及支撑床体组成。

2. 原理：机体自身调节的生物能量电磁波主要（峰值）为 9.3mm 左右，称生命能源，治疗仪能产生 7～10mm 的电磁波（峰值），恰好覆盖生命体自身释放的生物能量波段。

【操作步骤】

1. 操作流程

（1）评估患者：

1）评估：年龄、病情、意识、治疗情况、局部皮肤情况、活动能力及合作程度。

2）向患者解释使用内分泌治疗仪的目的、方法、注意事项及配合要点。

（2）患者准备：

1）了解用内分泌治疗仪的目的、方法、注意事项及配合要点。

2）平卧体位，清洁照射处皮肤。

（3）护士准备：衣帽整洁，剪指甲，洗手。

（4）用物准备：内分泌治疗仪及电源，固定支架，摆好辐射灯。

（5）环境准备：调节室温，保持环境安静、安全、宽敞。

（6）操作：

1）接通电源，开电源开关，按启动键，预热 3 分钟，按复位键。

2）协助患者上床平躺，充分暴露腰腹和大腿部位，探头照射三个部位（腹部、大腿、后腰），勿照射会阴部及臀部，按启动键，交待不能自行调节照射器位置及时间。

3）主机自动倒计时 20 分钟停止后，协助患者下床。

4）关闭电源开关，拔除电源插头。

5）观察：观察患者治疗后全身及局部反应，观察内分泌治疗仪运转是否正常。

6）整理记录：500mg/L 含氯消毒液擦拭治疗床，清理用物，洗手。记录使用患者反应，以便评价。

2. 注意事项

（1）为保证安全，电源插头须插入接地良好的插座。使用时，须有医护人员监护。

（2）被辐射部位充分裸露，以便提高疗效。

（3）使用中“辐射头部”离体表高度一般为0.5米左右(供参考)。

（4）通电时，严禁将手指或其他金属物插入护网内。

【常见故障与处理措施】

常见故障	原因	处理措施
接通电源，指示灯不亮	电源开关没有打开	打开电源开关
	电源插座未插紧	插紧电源插座
辐射灯探头摇动	螺钉松动	拧紧螺钉或通知维修
辐射灯不热	辐射灯光坏	通知维修更换灯管

【应急预案】

工作中仪器出现故障，应立即停止使用，挂“设备故障”牌，通知维修部门进行维修。

【消毒与维护】

1. 清洁与消毒

（1）内分泌治疗仪被污染后可使用500mg/L含氯消毒液注软布擦拭床体，使用时一人一用一消毒，以防交叉感染。

2. 保养与维护

（1）专人管理，建立仪器使用记录本及维修本，每日检查记录仪器运作状况及维修情况。

（2）仪器必须存放在清洁干燥、不受阳光直接照射、通风良好的环境中，严禁碰撞。

（3）内分泌治疗仪在正常使用情况下，使用期限为5年(连续工作24小时)。

二、男性外生殖器治疗仪

男性外生殖器治疗仪是治疗男性外生殖疾病的仪器，适用于阴茎短小、阴茎发育不良的患者。

【结构与原理】

1. 基本结构：男性外生殖治疗仪系统由主机和负压吸引瓶、玻璃接收器及连接管组成。

2. 原理：利用负压吸引配合药物治疗达到改善阴茎血液循环，提高组织细胞供氧，促使阴茎增长的目的。

【操作步骤】

1. 操作流程

（1）评估患者：

1）评估：年龄、病情、意识、治疗情况、局部皮肤情况、活动能力及合作程度。

2）向患者解释使用男性外生殖器治疗仪的目的、方法、注意事项及配合要点。

（2）患者准备：

1）了解使用男性外生殖器治疗仪的目的、方法、注意事项及配合要点。

2）体位舒适，愿意配合。

（3）护士准备：衣帽整洁，剪指甲，洗手。

（4）用物准备：外生殖器治疗仪及电源连线、玻璃接收器、连接管、根据医嘱配好的药液。

（5）环境准备：调节室温，保持环境安静、安全、宽敞。

（6）操作：

1）连接治疗仪各瓶盖、管道、接通电源，检查是否连接紧密。

2）关好操作面板上所有的开关。

3）取坐位，铺一次性垫巾。

4）连接管道和玻璃接收器，反折管道，加入药液 40ml，套住阴茎体，避免睾丸滑入玻璃接收器内，保持管道通畅。

5）打开电源开关，设定治疗时间 20 分钟，开负压开关，每次治疗压力范围在 10 ～ 20kPa（压力大小可根据患者年龄、承受能力适当增减）。

6）治疗结束，取下玻璃接收器。先关负压开关，再关电源开关，分离玻璃接收器。

7）观察与整理：观察患者治疗后全身及局部反应，观察男性外生殖器治疗仪运转是否正常。清理用物，洗手。

8）记录：记录患者反应，以便评价。

2. 注意事项

（1）为保证安全，电源插头须插入接地良好的插座上。

（2）使用时，医护人员应监护，防止睾丸滑入玻璃接收器内。

（3）使用中负压不可过大。

【常见故障与处理措施】

常见故障	原因	处理措施
接通电源，指示灯不亮	电源开关没有打开	打开电源开关
	电源插座未插紧	插紧电源插座
打开负压开关无负压或吸力不够	吸引接口管子或负压瓶盖得不紧密；橡胶圈老化	重新连接吸引接口管子，按紧连接管道，盖紧瓶盖，更换老化的橡胶圈或通知维修

【应急预案】

工作中仪器出现故障，应立即停止使用，通知维修部门进行维修。

【消毒与维护】

1. 清洁与消毒

（1）玻璃接收器：浸泡于500mg/L含氯消毒液内30分钟，然后洗净，晾干备用。

（2）延长胶管：浸泡于500mg/L含氯消毒液内30分钟，然后洗净，晾干备用。

2. 保养与维护

（1）专人管理，建立仪器使用记录本及维修本，每日检查记录仪器运作状况及维修情况。

（2）仪器必须在清洁干燥、不受阳光直接照射、通风良好、室温下保存，定位存放，严禁碰撞。

（3）正常使用情况下，使用期限为5年（连续工作24小时）。

三、骨创伤治疗仪

骨创伤治疗仪是应用微电脑模拟人体正常生理状态下神经生物波作为治疗信息治疗骨创伤的仪器，适用于骨创伤患者，可达到镇痛、消肿、消炎的效果。

【结构与原理】

1. 基本结构：骨创伤治疗仪由治疗主机、穴位器、弹性自粘绷带、电极护套、电源线成。

2. 原理：采用超低频电子脉冲技术，应用微电脑摸拟人体正常生理状态下神经生物波作为治疗信息，通过两组电极交叉作用于人体患处，交叉部产生动态生物电场，在生物电场的作用下沿骨轴方向产生内生电流，激活骨和软骨细胞，增加细胞的代谢，使细胞膜周围离子重新分布，改善毛细血管的通透性及血管张力，促进局部供血，促进骨痂形成。同时动态生物电场通过综合震荡产生效果，稀释疼痛及炎症因子，促进渗出物的吸收，达到镇痛、消肿、消炎的效果。

【操作步骤】

1. 操作流程

（1）评估患者：

1）评估：年龄、病情、意识、治疗情况、局部皮肤情况、活动能力及合作程度。

2）向患者解释使用骨伤愈合仪的目的、方法、注意事项及配合要点。

（2）患者准备：

1）了解使用骨伤愈合仪的目的、方法、注意事项及配合要点。

2）体位舒适，愿意合作。

（3）护士准备：衣帽整洁，修剪指甲，洗手，戴口罩。

（4）用物准备：磁疗机、湿润棉纱电极保护套、弹力绷带、必要时备电插板一个。检查电源线是否完好，插上电源，绿色灯亮，说明设备正常。

（5）环境准备：调节室温，保持整洁、安静、安全、宽敞。

（6）操作：

1）使用前，操作者必须仔细阅读说明书。

2）带用物至床旁，核对患者床号、姓名、住院号，做好解释。

3）开机。

4）用清水湿润棉纱电极保护套。

5）协助患者取舒适体位。

6）将电极片放于病灶部位的两端或骨折整复处，紧贴皮肤放置，用弹力绷带固定。

7）选择好相应治疗模式，选择治疗时间，调节能量按钮、频率按钮。

8）启动开始键，开始治疗。

9）操作完毕，关机。

10）合理安置患者体位和床单位。

11）洗手，做好记录及健康教育。

2. 注意事项

（1）操作时切忌将电极组横跨心脏或胎儿。

（2）治疗机工作可能会对附近的其他精密电子设备产生一定的干扰，尽量远离，避免干扰。

（3）治疗结束或停止治疗后再取下电极。

（4）为防止在仪器温控线路损坏时红外温度过高，使用人员应在使用红外输出时注意每隔 5 分钟检查治疗输出的温度。

【常见故障与处理措施】

常见故障	原因	处理措施
指示灯液晶屏均无反应	断电或无电源	检查电源插头和电源插座，更换保险丝
患者局部无感觉	电极与软线，软线与输出插头之间未连接好，电极护套湿润，控制板排插松动	查电极接触是否良好，电极与软线，软线与输出插头之间是否连接良好，电极护套是否湿润，检查控制板排插是否松动
电刺激变弱或不稳定	电极表面与皮肤未吻合好	检查电极表面与皮肤是否吻合良好
报警铃不响	报警器已坏	检查报警器

【应急预案】

治疗时，如果仪器或患者出现异常，要立即停止治疗。

【消毒与维护】

1. 清洁与消毒

（1）棉纱电极套：可用乙醇擦拭，低温消毒。

（2）主机和穴位器只需 500mg/L 含氯消毒液抹试消毒，不可浸泡。

2. 保养与维护

（1）治疗时输出板不能相接触，不得阳光暴晒或接触油污。

（2）不得随意打开机箱。

四、CPM 机

CPM 关节恢复器是通过模拟人体自然运动，激发人的自然复原力，发挥组织代偿作用，进行上、下肢关节功能恢复训练的一种仪器。该仪器适用于上、下肢骨折；关节松解术后，包括创伤性关节炎、关节外挛缩；类风湿性关节炎、关节滑膜切除术后；半关节重建或全关节置换术后；创伤后骨化性肌炎术后。

【结构与原理】

1. 基本结构：CPM 关节恢复器由机身、机架、运动机构、传动机构和电机组成。

2. 原理：模拟人体自然运动、锻炼相关的肌肉，激发人体的自然恢复力，恢复神经系统对其运动功能的控制能力，最大限度地恢复关节原有功能。

【操作步骤】

1. 操作流程

（1）评估患者：

1）评估：年龄、病情、意识、治疗情况、局部皮肤情况、活动能力及合作程度。

2）向患者解释 CPM 机的治疗目的、方法、注意事项及配合要点。

（2）患者准备：

1）了解 CPM 机的治疗目的、方法、注意事项及配合要点。

2）体位舒适，愿意合作。

（3）护士准备：衣帽整洁，洗手。

（4）用物准备：CPM 机连接电源线。

（5）环境准备：调节室温，保持环境安静、安全、宽敞。

（6）操作：

1）接通电源，再次检查 CPM 机。

2）根据患者患肢大腿及小腿或上臂的长度，调节好 CPM 机杆的长度，拧紧旋钮。

3）患侧下肢置于 CPM 机上外展位 10° ～20° ，足尖向上中立位。患侧上肢置于 CPM 机上，手心朝患者。

4）穿固定鞋套，小腿及大腿或手臂固定在 CPM 机上。

5）开机，根据医嘱或病情调整各参数，启动；交代注意事项。

6）关机，关闭电源。

7）整理床单位及用物，协助患者取舒适卧位。

8）规范洗手、记录。

2. 注意事项

（1）使用前要调节好杆件长度，拧紧旋钮，肢体摆放符合要求，上好固定带，防止肢体离开机器支架，而不能达到要求。

（2）应用 CPM 机过程中增加角度要循序渐进，由慢到快，以患者能够接受为宜，从而减少患者的不舒适感。

（3）患肢搁架应按比例调节，若肢体搁架调解比例严重失调，则运行时可能会引起搁架杆件刮擦机壳或摩擦肢体皮肤的情况，应及时关机，松开搁架各调节部分的固定旋钮，重新调节，以保持患者体位舒适。

（4）机器运行中途发现异常情况时，必须先按面板上的电源开关关机，让患者离开患肢搁架，重新进行调整，待一切正常后方可将患肢置于搁架上进行被动康复锻炼，为防止意外的发生。

【常见故障与处理措施】

常见故障	原因	处理措施
机器出现不运作	电源开关不正常	检查电源
显示屏无显示	仪器故障	与厂家联系
屏有显示，机器不工作控制键正常	数据设置有误，电脑芯片锁机	每隔 10 秒开机，无法自动排除，与厂家联系
显示屏有显示，但控制键均不正常	控制键贴膜开关的印刷排线接触有问题	打开机壳重新接插一次

【应急预案】

1. 工作中仪器出现故障，应立即停止使用。

2. 故障仪器悬挂“设备故障”牌，送维修部门进行维修。

【消毒与维护】

1. 清洁与消毒

仪器外表面用软布蘸中性清洁剂擦拭。

2. 保养与维护

（1）该机使用时应严格配置单相三角插座，以保证可靠接地。

（2）使用时小心轻放。

（3）电镀件每月予以打蜡保养一次。

五、超声骨密度测量仪

超声骨密度测量仪是测量骨密度的仪器，适用于儿童生长发育过程中及老人骨损骨折后骨密度的测定，为骨质疏松患者提供一种先进的诊断手段。

【结构与原理】

1. 基本结构：超声骨密度测量仪由超声波发生器、超声波探头和电脑组成。

2. 原理：通过测量超声速度 SOS 和宽幅超声衰减 BUA，计算出骨质指数 BQI。

【操作步骤】

1. 操作流程

（1）核对及评估评估患者：

1）评估：年龄、病情、意识、治疗情况、局部皮肤情况、活动能力及合作程度。

2）向患者解释使用超声骨密度仪的目的、方法、注意事项及配合要点。

（2）患者准备：

1）了解使用超声骨密度的目的、方法、注意事项及配合要点。

2）体位舒适，愿意合作。

（3）护士准备：衣帽整洁，剪指甲，洗手，戴口罩。

（4）用物准备：骨密度仪电源连线。

（5）环境准备：调节室温，保持环境安静、安全、宽敞。

（6）操作：

1）操作程序：打开 OSTEOSPACE 软件，点击 NEW EXAMINATION，再点下 NEW，在框中输入患者信息。

2）患者信息输好点 OK，再点 SESSION 单击选择左右脚，选好按 OK。在患者足跟部均匀涂上耦合剂。

3）调节仪器面板按钮使红色激光点对准足外踝与足跟的中部。

4）点击 START 开始检测。

5）测完结束点 PRINT 打印患者报告单。

6）关机：退出 OSTEOSPACE 软件，关闭仪器电源开关。

2. 注意事项

1）定期对仪器设备的外观、探头、所有导线进行检查，每月 1 次。

2）超声骨密度仪尚未发现对健康的不良影响，孕妇患者和儿童均可进行检测。

3）仪器的任何维修均由厂家专业人员进行。

【常见故障与处理措施】

常见故障	原因	处理措施
机器出现不运作	电源开关不正常	检查电源
显示屏无显示	仪器故障	与厂家联系
执行日常校准失败	骨膜放置错误	正确放置骨膜
执行日常校准失败	仪器故障	与厂家联系
探头未检测到	患者足未放置好，探头检测不到足跟	重新放置

【应急预案】

1. 遇到紧急情况按下仪器上红色按钮。
2. 工作中仪器出现故障，应立即停止使用。
3. 故障仪器悬挂“设备故障”牌，送维修部门进行维修。

【消毒与维护】

1. 清洁与消毒

（1）仪器表面：用湿润抹布蘸清水或中性清洁液清洁，污染时用 75% 乙醇消毒。清洁时应防止液体流入仪器内部。

（2）探头：用软布蘸取 75% 的乙醇清洁，用软布轻擦。

2. 保养与维护

每次开机或重启后，用骨膜做校准。定期做患者资料的备份。

六、高频电刀

高频电刀是利用特定频率、特定波形和特定负载功率曲线的高频电流对组织进行切割、止血和烧灼的仪器，适用于手术中对生物组织进行切割、凝血等。

【结构与原理】

1. 基本结构：由中间电路、中间电路相隔的网电源（包括高压开关电源）和应用部分组成。

2. 原理：利用特定频率、特定波形和特定负载功率曲线的高频电流直接对不同阻抗和形态的生物组织进行切割、烧灼和止血，以达到手术目的。

【操作步骤】

1. 操作流程

（1）评估与核对患者。

（2）用物准备：将用物安全置于手术使用方便处，检查用物是否齐全。

（3）操作：

1）接电源，打开电源开关。

2）开输出开关，电刀机自动检测。

3）根据手术需要选择单极或双极使用模式。

4）选择电流输出控制方式：手控或脚控。

5）根据手术类别和患者的年龄设置输出功率，手术前按常规设置。

6）负极线安装一次性负极板。

7）将负极板妥善粘贴于距离切口近、患者身体肌肉或血管丰富的位置。

8）将脚踏放置于手术者合适的使用处。

9）手术开始时将无菌电刀连接线连接于电刀的单或双极的对应处，接上电刀头或镊。

10）手术医生用控制开关检查电刀的功能是否完好。

11）手术中根据医生的需求及时调节。

12）手术结束后，断开连接线，关电源开关。

2. 注意事项

（1）使用前检查附件、电线的完整性，破损后禁止使用。

（2）清洁前断开电源，禁止使用有腐蚀性的清洗液或消毒液。

（3）检查患者是否携带项链、耳环、戒指、起搏器、弹力袜、文身（墨水），体内是否有金属异物（如金属义齿），以及各种关节内固定物、金属瓣膜、助听器、齿科器具等，无法取出者尽量使用双极电凝或超声刀，使高频电流避开金属置入物，防止电流对组织内外的灼伤。

（4）安置体位时，应避免身体接触金属部位，患者和金属床之间有 4cm 以上的绝缘层。术中手术者要及时更换破损的橡胶手套。

（5）负极板贴附于血管丰富或肌肉丰富靠近手术部位的皮肤光洁完整处，避免贴附于骨性突起组织或血管缺乏部位，以及身体不规则处，避开切口和消毒部位，防止消毒液渗入负极板。

（6）禁止折叠、裁剪负极板，负极板位置避免与切口的连线穿过心脏。儿童、婴幼儿应选用专用负极板。

【常见故障与处理措施】

常见故障	原因	处理措施
接通电源，无任何显示	外电源插座无 AC220V 电压	检查外电源电压，送入 AC220V 电压
	电源电缆插头松动未接触好	插紧电源插头或更换电缆
	电源开关故障	修理或更换电源开关
	熔断器松动或熔断	拧紧或更换同型号规格熔断器（两只），更换熔断器后仍溶断，则为机内故障
接通电源，报警	极板插头未插入机器	正确连接好极板电缆插头
	极板电缆断线或电阻过大	更换极板电缆
	极板夹未夹持软极板柄	软极板金属柄可靠夹入极板内
插入手控电刀，机器即自行启动	手控刀按键密封失效进液或短路	更换手控刀，更换后仍自行启动，属机内故障，报修
手控刀不能启动机器	手控刀按键锈蚀或不动作	更换手控刀，更换后仍自行启动，属机内故障，报修
双联脚踏开关一接入，机器即启动单极切/凝	脚踏开关中切/凝开关恒连通	修理/更换双联脚踏开关，修好或更换脚踏开关后仍自行启动，则属机内故障，报修
双联脚踏开关不能启动单极切/凝	极板处于报警状态	正确选择和连接、贴放极板，消除报警
	双联脚踏开关中切/凝开关不能动作/电缆断线	修理/更换双联脚踏开关（主要是踏板与复位簧片连接松动）/电缆
	机内故障	报修
双联脚踏开关凝开关不能启动双极凝	开关连接失误	将开关连接到后面面板双联脚踏开关插座
	双联脚踏开关故障/电缆断线	修理/更换双联脚踏开关/电缆
	机内故障	报修
机器外壳带电	电源电缆中的地线未可靠接地	检查和保证手术室电源接地线
	电源电缆绝缘破损并接触机壳/或其他带电体接触机壳	更换电源电缆、防止其他带电体接触机壳
	机内故障	报修

（续表）

常见故障	原因	处理措施
输出电极电缆漏电	电极电缆破损或老化	更换相应应用附件
输出电缆过热甚至打火冒烟	电缆有断线，电阻过大	更换相应应用附件
单极手术中需用功率明显超过常用值	极板与患者接触面积不足	检查和保证极板与患者接触良好
	极板或手术电极电缆中有氧化断线	更换相应附件
	极板或手术电极的电缆插头氧化 / 接触不良	清洁插头 / 更换附件
	机器实际输出下降	属机内故障，报修
双极输出过小	双极电缆连接插套内簧片受潮、氧化 / 弹性不足，接触电阻过大（同时插套发热）	甩净插套内液体，干燥后连接使用、更换 双极电极电缆
	双极电缆断线阻抗过大 / 插头氧化 / 松动	更换双极电缆 / 擦拭插头，稍拨开插头簧片
	机器实际输出下降	属机内故障，报修
手控刀有输出时，脚控启动开关不起作用，反之亦然	正常，属保护性设计	国家标准规定，两个单极手术电极（如手控刀、脚控刀）不能同时输出

【应急预案】

1. 如使用中突然断电或停电，蓄电池电源能维持使用 1 ～ 2 小时。

2. 工作中仪器出现故障，应立即停止使用，挂“设备故障”牌，送维修部门进行维修，并更换高频电刀。

【消毒与维护】

1. 清洁与消毒

（1）主机：保持表面清洁。被污染后可使用无腐蚀性的消毒液的纱布或软布擦拭。

（2）附件的清洁与消毒：重复使用的电源电缆、脚踏开关等，应保持清洁，防止腐蚀和污染。手控刀和双极电镊，手术后用湿纱布擦拭外表的污物，再进行消毒灭菌。一般采用低温等离子方法灭菌。

2. 保养与维护

（1）专人负责，定期检查测试。

（2）在每次使用前应仔细检查其完好性，特别是绝缘层不得破裂，导线不得断折，接插件不得松动，手控开关应动作准确灵活。

（3）电缆不应过分弯折，不要过长时间置于消毒容器（柜）内。

（4）机外附件经多次使用、消毒、磨损后，易产生绝缘材料老化、变质甚至破裂、导线断折、接头松动和氧化、开关失灵等现象，应经常检查和更换。

七、VBM 电动气压式止血带

VBM 电动气压止血带是医疗专用止血带，适用于肢体手术患者。

【结构与原理】

1. 基本结构：由主机、气囊止血带、电源线三部分组成。主机面板上有压力显示屏、时间显示屏、充气按键、放气按键、止血带连接口、压力调节按键、时间调节按键、报警静音键和电源开关，主机内主要由压力监测器、压力调节器、空气灌注泵、定时、报时钟等组成。

2. 原理：通过高效气压泵快速泵气，压迫肢体，阻断血液循环，达到止血目的。

【操作步骤】

1. 操作流程

（1）评估及核对患者。

（2）操作前准备：使用前要注意检查气囊止血带是否漏气，否则导致充气泵持续工作。

（3）操作：

1）接通电源。打开电源开关，选择大小合适的止血气袋缚于所需肢体适当部位，松紧适宜，同时将止血气袋胶管接头与主机出气口连接。

2）设置所需手术止血压力。通常上肢工作压力不超过 40kPa，下肢不超过 80ka，设置所需工作时间不超过 1 小时。

3）按充气键（保持 1 秒），“运行”指示灯亮，定时器工作，“计时”指示灯亮，开始自动充气至设定压力后自动停止工作。手术中如须改变压力，方法同上。

4）设定时间倒计时至10分钟、5分钟、1分钟时将自动报警。显示时间为“0”时，止血带将自动放气减压。

5）手术完毕，先按“放气”键，使止血带放气减压，“运行”指示灯灭。待压力降压至“0”时，再关闭电源开关，拆除止血气袋。

2. 注意事项

（1）使用止血带要有文字记录，记录内容包括上止血带的时间、压力、位置等。

（2）每次使用前应检查气囊止血带、接管、接头，橡胶气囊带是否被布外套全部包住、是否漏气，接管、接头是否匹配、牢固。

（3）上止血带处的皮肤有损伤、水肿等情况时，禁止使用止血带。

（4）血液病患者慎用止血带。

（5）每次按“开始”前，必须先设置工作时间和压力，且工作压力必须小于保险压力，否则将不能开机。

（6）止血带应扎在肢体或物体上才能充气，否则会造成破裂。

（7）在使用过程中，若发现气带漏气，应及时更换，否则导致气泵持续工作而影响使用寿命。

（8）按键时，应避免用力过猛，以免损坏操作健，使其失灵。

【常见故障与处理措施】

常见故障	原因	处理措施
接通电源，面板上无任何显示，电源故障报警	断电或电源插头脱落	检查电源，插好电源接线
	机器故障	送设备维修

【应急预案】

1. 工作中仪器出现故障，应立即停止使用，必要时更换仪器。

2. 故障仪器悬挂“设备故障”牌，送维修部门进行维修。

【消毒与维护】

1. 清洁与消毒

（1）保持仪器表面清洁。

（2）止血气袋每周清洗一次，晾干备用。

2. 保养与维护

（1）防止仪器受到暴力损伤。

（2）经常维护、记录，确保设备处于功能状态。

（3）使用时可将其表面用一次性手术粘贴巾覆盖，可有效防止消毒液的腐蚀，减少污染和延长止血带的使用寿命。

第三节　五官科

一、电子鼻咽喉镜

电子鼻咽喉镜是具有高清晰度、高分辨率、高逼真度等特征的耳鼻咽喉科的诊疗仪器，广泛应用于耳鼻咽喉疾病的诊治过程。

【结构与原理】

1. 基本结构：电子鼻咽喉镜由内镜部分、影像系统中心、氙光源、彩色显示器、录像系统、打印机及活检钳组成。

2. 原理：内镜前端有微型图像传感器，它所采集到的图像被处理器处理后，清晰的动态彩色图被重新建立，放大后显示在彩色监视器上。通过电脑可保存图像，有利于病情变化的观察和临床资料的积累。

【操作步骤】

1. 操作流程

（1）评估患者：

1）评估：年龄、病情、意识、治疗情况、禁食情况、活动能力及合作程度。

2）向患者或家属解释使用电子鼻咽镜的目的、方法、注意事项及配合要点。

（2）患者准备：

1）检查咽喉部需禁食 4 小时，禁水 3 小时；检查腺样体的患者无需禁食禁饮。（根据年龄大小不同，禁食时间不一致）

2）检查了解电子鼻咽镜检查的目的、方法、注意事项及配合要点。

3）如鼻腔内分泌物较多者，需先行鼻腔清洗。

4）平躺仰卧，体位舒适，愿意合作。

（3）护士准备：衣帽整洁，剪指甲，洗手，戴口罩。

（4）用物准备：电子鼻咽镜与匹配的电脑与电源连线，开机。

（5）环境准备：调节室温，保持环境安静、安全、宽敞。

（6）操作：

1）表面麻醉用1%的丁卡因，喷双侧鼻腔及口咽部表面麻醉，等待5～10分钟。

2）手持电子喉镜自一侧鼻孔插入，经鼻咽部进入口咽部、喉部，观察有无病变；嘱患者发“衣”音，观察声带运动情况。

3）调节喉镜光源及角度，直至图像清晰。

4）摄像。

5）结束后将电子喉镜弯曲调成直线缓慢退出，关闭冷光源开关。

6）书写打印报告单，保存病历，完成检查。

2. 注意事项

（1）操作中要在电子镜下看清正常标志、病变的范围，注意勿损伤正常的鼻、咽、喉部黏膜。

（2）检查过程中若出现喉痉挛、窒息等情况，应立刻停止操作，并进行相应的抢救措施。

（3）助手密切配合，固定患者体位，防止患者躁动而发生意外或损伤喉镜。

（4）行咽喉部检查者检查完毕后30分钟内应禁食禁饮。

【常见故障与处理措施】

常见故障	原因	处理措施
冷光源不工作	电源插头与插座接触不良	检查电源插座
	灯泡损坏	更换灯泡
	开关触点损坏	更换开关
弯曲角度不到位	使用年限长	通知专业人员维修
	操作过程中用力不恰当	加强正规操作
导像束黑点多或龟裂	1. 使用年限长 2. 操作过程中患者牙垫脱落，喉镜先端部被咬，致使蛇管有压痕，内部导光束断丝，形成视野多数黑点	1. 加强正规保养，及时更换老化部件 2. 检查前与患者良好沟通，使其更好地配合，操作人员及辅助人员注意控制好牙垫，预防脱落

（续表）

常见故障	原因	处理措施
钳管道漏水	使用活检钳等附件不当	1. 活检钳在支气管镜通道内穿行时，一定要等钳头完全穿过锐口后再张开 2. 使用活检钳等附件时，动作宜轻、慢，插入时遇到阻力不可强行推进，防止用力过猛造成钳道破损
镜头模糊	患者鼻腔呼出的气体雾蒙镜面或咽腔内的涕、痰未能及时清理而贴附镜头造成镜蒙	1. 操作前先嘱患者吐痰擤涕 2. 镜头进入鼻腔时嘱其用嘴呼吸，进入咽腔后尽量减少吞咽次数
光度调节故障	将湿的导光杆部直接插到冷光源插口，引起电子接触点生锈，电子讯号不能传输，导致失去调光功能；主机与光源之间连接不当，电子讯号不能传输，导致失去调光功能	1. 将导光杆插入光源前，必须确认顶部彻底干燥 2. 保持光源插座干燥 3. 避免镜子碰撞 4. 使用前应确认调光功能是否正常
蛇管、护套橡皮老化镜壳磕碰、侧漏座密封不严等	1. 使用年限长 2. 保养不良而导致弯曲管老化使橡皮容易破裂	日常使用中和清洗消毒后保存应规范化，加强常规保养，用完及时清理，及时更换老化部件

【应急预案】

1. 如使用中突然断电或停电，电子鼻咽镜及电脑均会停止工作，但电脑会自动保存所有已做数据。

2. 工作中仪器出现故障，应立即停止使用，送维修部门进行维修，并向患者做好解释工作。

【消毒与维护】

1. 清洁与消毒

电子鼻咽喉镜使用后立即用湿纱布擦去外表面污物，并反复送气与送水至少 10 秒钟，取下内镜并装好防水盖，送消毒供应室消毒。

（1）初洗：

将电子鼻咽喉镜放入清洗槽内，打开水龙头和下水，用流动水冲洗镜身，毛刷刷洗镜腔，在先端部可以看到刷子的毛尖，对其揉搓洗涤并拔出，洗涤数次直到洗涤干净，刷洗完毕，盖上堵水堵头，再接上自动灌流器接头，按启动键，时间约 1～2 分钟，用水枪冲洗镜身表面的死角，灌洗完毕，用干燥的无菌纱布擦去镜身的水，取下灌流器接头，放入酶洗槽内。

注意：附件随着内镜的清洗流程一同清洗，在灌液未完毕前，请勿提前取下快速插头，若要临时终止灌流请按注气键后再取，否则可能会造成内镜的意外损坏。

（2）酶洗：

接上自动灌流器接头，按启动键，将含酶洗液吸入活检孔道（多酶洗液的配置和浸泡时间按照产品说明书要求），操作部用多酶洗液擦拭。灌流完毕后取下灌流器接头，放入清洗槽内。多酶洗液应当每清洗 1 条内镜后更换。

（3）清洗：

接上自动灌流器接头，打开水龙头和下水，按启动键，时间约 1 分钟，灌流完毕后，取下灌流器接头，先用干燥的无菌纱布擦去镜身的水，再拿出内镜用气枪除去镜身残留的水分，放入浸泡槽内。

注意：清洗后浸泡前镜身的水分一定要处理干净，以免稀释消毒液。

（4）浸泡（2% 戊二醛）：

接上自动灌流器接头，盖上盖子，首先按启动键，时间约 10 分钟（具体时间按相关规范要求执行），完毕后取下灌流器接头，放入末洗槽内。

注意：请保持消毒液浓度及有效期，内镜从浸注槽取出前，清洗消毒人员应当更换手套。

（5）末洗：

接上自动灌流器接头，打开水龙头和下水，流动水下用纱布清洗镜身，同时按启动键，时间约 1 分钟，完毕后，取下灌流器接头，拿出内镜放置于干燥台上。

（6）干燥：

先用无菌纱布擦干镜身的水，接上乙醇灌流器，按启动键，时间约 1～3 秒钟，其后自动转化为注气功能，再用专用高压气枪除去镜身残留的水分，最后取下清洗时的各种专用管道和按钮，换上诊疗用的各种附件，方可用于下一患者的诊疗或送入储存。

注意：采用化学消毒剂浸泡灭菌的内镜，使用前必须用无菌水彻底冲洗，去除残留消毒剂。放入储存柜的内镜第二天再使用前需重新消毒后方可使用。

2. 保养与维护

（1）图像处理装置及氙气光源的保养。

1）用湿毛巾擦拭图像处理装置及氙气光源后，应在其完全干燥后使用，否则造成易电击危险。

2）装置被血液或分泌物污染应先用清洁剂擦拭干净，再用75%乙醇纱布擦拭光源表面（勿擦拭内镜接口、各端口和交流电源插座）。

3）勿用尖硬或粗糙物擦拭设备外表面，以免划伤。

4）内镜应专人保管，定期检查维护，每天检查前应测漏。

5）使用后的内镜应及时清洗消毒，当天检查结束彻底消毒后将内管充分吹干，向内镜管道内送气或送水时，气压或水压不要超过0.5MPa。压力太高可能会导致内镜损坏。

（2）消毒后的内镜要储存于专用洁净柜内，镜体应悬挂，弯角固定钮应置于自由位，活检钳瓣应张开。

（3）储存柜内表面应光滑，便于清洁，储存柜应每天清洁消毒，挂镜室应每周清洁消毒一次。

（4）每月对电子鼻咽镜表面及钳道用戊二醛消毒并进行细菌培养。

（5）电子鼻咽喉镜使用达1年，要请专业的工程师进行全方面的检查及保养。

二、中耳分析仪

中耳分析仪主要是进行声阻抗方面临床检测，对中耳病变进行客观分析的仪器。用于测量声能在中耳的传递状态，从而判断中耳病变之外，还可通过声反射测听对听功能病变做出定性定位诊断。

【结构与原理】

1. 基本结构：中耳分析仪由主机和输入输出装置组成。主机包括内置热敏打印机、数据接口、并行打印口、耦合腔和仿真耳；输入输出装置包括一个耳机、一个耳塞探头和一个储存了校正数据的NOVRAM及相关电路等。

2. 原理：声波在传播过程中，振动能量引起介质分子位移所遇的阻力或抵抗称声阻抗。两种介质声阻抗相同时，从一种介质到另一种介质的声能传递最有效。两种介质声阻抗相差愈大，则声能传递效率愈差。中耳的主要功能就是作为变压增益装置，使液体对声波传播的高阻抗与空气较低的声阻抗得到匹配，从而可把空气中的声波振动能量高效而顺利地传入内耳淋巴。人耳在正常功能状态下有一定的声阻抗值，任何传音器病变都可使其改变。

【操作步骤】

1. 操作流程

（1）评估患者：

1）评估：病情及自理程度、耳部分泌物情况。

2）解释耐心，指导配合。

（2）患者准备：

1）向患者解释检查目的和方法。

2）体位舒适，愿意合作。

（3）护士准备：衣帽整洁，剪指甲，洗手，戴口罩。

（4）用物准备：物品备齐，放置合理，认真查对。

（5）环境准备：调节室温，保持环境安静、安全。

（6）操作：

1）接通电源，预热10分钟。

2）让患者坐在舒适的椅子上，幼儿最好坐在家长的腿上。

3）向患者做好解释。

4）进行测试前，探头必须装上大小合适的耳塞。

5）鼓室测试，按“TYMP”键，测试耳中放入探头，当探头上绿灯亮时，表明探头已密封好了，此时屏幕上显示的“LEAKING”标志随之消失，储存结果。

6）按同法测试对侧耳。

7）反射测试，按“REFLEX”键，测试右耳时，左耳戴耳机，探头放入右耳中，储存结果。然后用同法测试左耳，储存结果。

8）最后按“PRINT”键，将结果打印出来。

2. 注意事项

（1）在未测试之前检查外耳道，清除过多的耳垢，否则将会堵塞探头孔，妨碍测试。

（2）剪掉过多的耳毛，检查鼓膜是否穿孔。

（3）为了放好耳塞，在向耳道插入探头的时候，尽量拉直耳道。

（4）患者咳嗽、交谈和吞咽将会影响测试的结果。

（5）不要拉扯或弯折任何与探头塞相连的细线。

【常见故障与处理措施】

常见故障	原因	处理措施
面板和探头上的指示灯会发出黄、红色光或报警	探头气路上任一环节漏气	耳塞大小不合适，调换耳塞
		耳塞在耳道内未放置好，尝试向下拉耳垂调整
		与耳塞相连的 3 条气路塑料管端被耳垢堵塞，表现出气压不足，用焊锡丝捅透即可
	因长期使用，经常拉扯，加之转换器内的连接短管塑料硬化，导致内管脱落	小心打开转换器，将内部短管连接上，然后用乳胶封住即可
“Presure” 总达不到测量需要的值	泵故障	进行泵清洗，润滑泵推进杆
鼓室导抗图异常	探头损坏	当确认无内管阻塞或脓血倒抽等外在因素时，联系设备科更换

【应急预案】

1. 工作中仪器出现故障，应停止使用。

2. 故障仪器悬挂“设备故障” 牌，送维修部门进行维修。

【消毒与维护】

1. 清洁与消毒

保持仪器清洁，用微湿软布擦拭。擦拭机器外壳时，请用软布沾水拧干擦拭，不要让液体溅入机器内。

2. 保养与维护

（1）机器应避免阳光直射，保持良好的散热，以防止机器过热。

（2）仪器不用时，盖防尘罩。

三、裂隙灯

裂隙灯是眼科检查、观察眼部状况的仪器。主要用于观察眼睑、结膜、巩膜、角膜、前房、虹膜、瞳孔、晶状体及玻璃体前 1/3，可确定病变的位置、性质、大小及其深度。若配以附件，其检查范围将更加广泛。

【结构与原理】

1. 基本结构:裂隙灯的构造主要由两部分构成，即“裂隙灯”与“显微镜”。

2. 原理：灯光透过一个裂隙对眼睛进行照明。裂隙灯是一条窄缝光源，被称之为“光刀”。将“光刀”照射于眼睛形成一个光学切面，通过显微镜观察眼睛各部位的健康状况。

【操作步骤】

1. 操作流程

（1）评估患者：

1）评估：年龄、病情、合作程度。

2）向患者解释裂隙灯检查的目的、方法、注意事项及配合要点。

（2）患者准备：

1）了解裂隙灯检查的目的、方法、注意事项及配合要点。

2）主动配合检查。

（3）医师准备：衣帽整洁，洗手。

（4）用物准备：裂隙灯使用前，先进行屈光补偿和瞳孔距离调整。

（5）环境准备：调节室温，保持环境安静、安全、光线暗。

（6）操作：

1）开机：接通电源插头，打开裂隙灯电源开关。

2)固定:让患者把下巴放在颌托上,前额顶住前额托,调整颌托高度调节钮,使患者的外眼角与颌托上眼角标记处于相同的高度。

3）调整：嘱受检者注视小光点，通过改变小光点的位置，调整受检者眼睛位置。

4）检查：分别检查患者双眼，检查顺序：先左眼后右眼，检查时平均每只眼睛检查 120 秒，如有问题再做进一步检查。

5）整理：整理用物，患者接触仪器部位用消毒液（喷雾型皮肤消毒液）消毒，以防交叉感染；洗手。

5）关机：关闭裂隙灯电源开关，拔出电源插头，罩防尘罩。

6）记录：记录眼部检查的结果，为诊断提供依据。

2. 注意事项

（1）操作时，不要让可移动部件卡住患者的手，造成伤害。

（2）仪器在使用前请注意电源是否符合本仪器对电源的使用要求。

【常见故障与处理措施】

常见故障	原因	处理措施
无照明	电源线和电源插座连接不正确	正确连接电源线和插座
	主电源开关处于 OFF 位置	把主源开关扳到 ON
	灯泡插座烧坏了	更换插座
	灯泡坏了	更换灯泡
	保险丝坏了	更换保险丝
裂隙灯太暗	没有正确插入灯泡	正确插入灯泡
	电压选择器设定不正确	检查电压选择器并正确设定
保险丝坏了	电压选择器设定不正确	检查电压选择器并正确设定
	使用保险丝的型号不正确	换上标定的保险丝

【应急预案】

1. 工作中仪器出现故障，应立即使用。

2. 故障仪器悬挂“设备故障”牌，送维修部门进行维修。

【消毒与维护】

1. 清洁与消毒

（1）清洁镜片和反射镜：如镜片或反光镜有尘土，使用标准附件清洁刷除去灰尘。如不能清除干净，用一块柔软的棉布蘸少许乙醇，轻轻擦拭。

（2）清洁滑动板、底座轨道和轴：如果滑动板或纵横移动轨道和轴有污迹，会使垂直方向或水平方向上的移动不流畅，用干燥的布清洁。

（3）清洁塑料零件：例如颌托和前额托，只需用软布蘸中性洗涤液与水的溶液，擦除灰尘。勿使用其他种类的清洁剂。

（4）清洁零件：使用柔软的布蘸中性洗涤液与温水的混合喷雾型皮肤消毒液擦拭前额托和颌托。

（5）勿用手指或任何硬物进行清洁。

（6）患者接触过的仪器部位用喷雾型皮肤消毒液消毒，以防交叉感染。

2. 保养与维护

（1）经常检查仪器和部件。

（2）仪器应摆放在温度 10℃～40℃，相对湿度 30%～75%，通风良好的室内。仪器勿放置于有化学品或煤气的地方。

（3）长期停机再次使用前须确认此仪器可安全、正常工作。

（4）不让物镜沾上手指印或尘土，否则会影响画面质量。

（5）使用完毕，盖上物镜罩和防尘罩。

（6）仪器和备用光学零件（或附件）应贮藏在盛有干燥剂的干燥缸内保存。

（7）不在斜坡、不平坦或振动的地面储存或搬运此仪器。仪器在搬动时，应将运动底座、裂隙灯臂和显微镜臂上的紧固螺栓拧紧，以防止仪器在搬运时仪器脱出或使仪器失去重心，摔坏仪器。仪器在正常使用时应将这 3 个螺栓拧松。

四、同视机

同视机是集光、机、电于一体的眼科医疗仪器。用于患者双眼视觉功能（弱视、斜视、立体视）的矫正。

【结构与原理】

1. 基本结构：主要由主机、画片组、外接电源线、镜筒手柄等组成。

2. 原理：同视机检查的原理是利用两个镜筒将两眼视野分开，左眼看左画片，右眼看右画片，通过凸透镜将物象投射到两眼视网膜的一定位置上，再通过视中枢传导到视皮层进行加工、分析、综合。如有双眼视觉，将分别来自双眼的物象合二为一，感觉为一个物体，如无双眼视觉，可以借助于同视机面板的刻度了解患者的斜视度，并对其他一些资料进行分析。

【操作步骤】

1. 操作流程

（1）评估患者：

1）评估：年龄、病情、合作程度。

2）向患者解释同视机检查的目的、方法、注意事项及配合要点。

（2）患者准备：

1）了解同视机检查的目的、方法、注意事项及配合要点。

2）主动配合检查。

（3）医师准备：

1）衣帽整洁，洗手。

2）检查前，医师应该先了解与双眼视有关的一般情况：

①病史：发病时间和发病情况。

②检查视力，交替注视或是单眼注视以及注视性质。

③遮盖试验：检查患者是否存在隐斜视、显斜视、恒定性斜视或是间歇性斜视以及眼外肌麻痹。

（4）用物准备：同视机及电源连线。

（5）环境准备：调节室温，保持环境安静、安全、光线宜暗。

（6）操作：

1）开机：将仪器刻度全部归零，打开电源。

2）调整：调整患者下颚高度及瞳距宽度。

3）选择图片：根据患者的视力状况选择不同的图片。

4）检查：分别查患者的重合点、融合范围、立体感及相关斜度。

5）整理：整理用物，患者使用后接触仪器的部位，用消毒液（喷雾型皮肤消毒液）消毒，以防交叉感染。

6）关机：关闭电源，刻度归零。使用完毕盖上防尘罩，洗手。

7）记录：填写记录。

2. 注意事项

（1）本机应放在干燥、清洁的室内，检查及训练治疗时，宜在半暗室内进行。

（2）打开外包装箱及纸板后，仪器由泡沫包装材料支撑固定，取出仪器时，应双手托住仪器底板两侧，注意不能搬镜筒及其他部件，以免其他部件受力、损坏仪器。

（3）安装手柄时，应将手柄拧在左右弯臂支架下侧的螺孔内拧紧。

（4）准备工作就绪，打开总电源开关。开关内含指示灯，打开若不亮，可能电源不符导致保险丝烧断，须断开电源更换符合电源并更换电源线插座旁保险管。

（5）使用时应先调整定时钮 C，定时选择在 0 ～ 30 分钟之间（超出刻度范围无法正常工作），再按计时钮 D 开始计时。操作时不宜用力过猛。

【常见故障与处理措施】

常见故障	原因	处理措施
发光器不亮	电源线未正确连接到电源插座上	正确连接电源线和插座
	电源开关位于 O 位置或定时开关在 OFF 位	电源开关置于 I 位置，同时计时开关在 ON 位置，缺一不可
	发光器烧坏	更换新发光器
	保险丝熔断	更换合乎规格的保险丝
海丁格刷不转	海丁格刷的电气插头与内部插座未插到位	重新插入
可变光栏卡死	光栏片脱出或光栏盖移位	由专业人员维修
后像灯常亮，点闪失灵	误操作	单击后像灯开关进行后像灯与点闪状态的相互切换
	操作中不小心按动了后像开关	
	没有按后像灯开关	
后像灯常亮，关不掉	脉宽调节旋钮没放在“常灭”的位置上	将脉宽调节旋钮旋到“常灭”的位置上

【应急预案】

1. 工作中仪器出现故障，应立即停止使用，送维修部门进行维修。

2. 故障仪器悬挂“设备故障”牌，送维修部门进行维修。

【消毒与维护】

1. 清洁与消毒

（1）仪器应保持清洁，仪器外表面可用湿布进行擦净，不可使用含有腐蚀剂的清洁剂，以防溶解外表喷漆层。

（2）光学镜片及画片表面有灰尘时，可用吹气球吹去，或用拂尘笔拂除，当光学镜片表面有油污时，应用脱脂棉蘸少许松节油的混合液及时擦去。

（3）更换患者时，撕去前一页颚台垫纸外，额托上用消毒液擦拭(喷雾型皮肤消毒液)。

2. 保养与维护

（1）专人维护、保养，在不熟悉仪器结构性能时，不要随意拆卸，搬运、挪动均应轻挪轻放，以防损坏或降低仪器的使用性能。

（2）仪器存放在温度为 5℃～40℃，相对湿度为 30%～80%的环境中，应尽量避免放置在有腐蚀性气体的环境中，以防损坏仪器。

（3）仪器使用完毕后，所有的指标应置零位，盖防尘罩。

（4）海丁格刷暂不使用时，应放入其专用盒内保存。

（5）电源插座的地线应接地良好，避免仪器产生感应电，所有旋钮、开关均应缓慢均匀旋转、拨动。仪器使用前应将各调节旋钮适当调低，以免仪器电器部分受损。

（6）若仪器出现故障，应与制造厂商联系，未经厂商授权请勿自行拆卸。

五、检眼镜

检眼镜是适用于检查眼底和眼内异物定位及病灶范围用的医用光学仪器，适用于所有需要检查眼睛的患者。

【结构与原理】

1. 基本结构：检眼镜可分为直接检眼镜和间接检眼镜两种。由头部、电箱和手柄组成。

2. 原理：

（1）直接检眼镜：能将眼底像放大约 15 ～ 16 倍，所见为正像，可见范围小，但较细致详尽，亦可用于检查眼的屈光间质；

（2）间接检眼镜：间接检眼镜能将眼底放大 4.5 倍，所见为倒立的实像，看到的范围大，一次所见可达 25° ～ 60° ，立体感强，景深宽，对视网膜脱离、皱襞等不在眼底同一平面上的病变，可以同时看清。

【操作步骤】

1. 操作流程

（1）评估患者：

1）评估：年龄、病情、合作程度。

2）向患者解释检眼镜检查的目的、方法、注意事项及配合要点。

（2）患者准备：

1）了解检眼镜检查的目的、方法、注意事项及配合要点。

2）主动配合检查。

（3）医师准备：衣帽整洁，洗手。

（4）用物准备：检眼镜及电源连线。

（5）环境准备：调节室温，保持环境安静、安全、光线暗。

（6）直接检眼镜操作：

1）体位：取坐位或卧位。

2）开机：插好电源插头，打开检眼镜开关。

3）检查：

①在暗室中检查，检查者右手持检眼镜，检查者右眼检查患者的右眼，左眼则反之，检查者的另一手分开患者的上下眼睑。

②检查开始时转动检眼镜转盘，先用 +8D ～ +10D 的镜片，检眼镜距受检眼 10 ～ 20cm。以透照法检查眼屈光间质。由前逐次向后，分别检查角膜、晶状体、玻璃体。

③检查眼底时，将检眼镜置于受检眼前约 2cm 处。根据检查者和受检眼的屈光状态，旋转检眼镜转盘，直至看清眼底。

④嘱受检者先注视正前方，检眼镜光源经瞳孔偏鼻侧约 15° 可检查视盘，再沿血管走行观察视网膜后极部，最后嘱受检者注视检验镜的灯光，检查黄斑部。若要观察周边部视网膜，嘱受检者转动眼球，扩大观察范围。

4）关机：关闭开关、拔出电源。

5）整理：整理用物，患者接触仪器部位用 75% 乙醇棉球消毒，放仪器盒内；洗手。

6）记录：眼底检查的记录内容包括以眼底解剖结构为基础对视盘、视网膜血管、黄斑等部位进行描述。

（7）间接检眼镜操作：

1）扩瞳：被检查者检查前扩瞳。

2）体位：取坐位或卧位。

3）开机调节：插好电源插头，打开检眼镜开关；调整反射镜位置及距离。

4）检查：检查者左手持物镜，固定于患者眶缘，将光线直接射入被检眼瞳孔进行检查；先检查后极部眼底，再检查周边部眼底，检查周边部时可用右手巩膜压迫器。

5）关机：关闭开关，拔除电源。

6）整理：整理用物，患者使用后接触仪器的部位，用 75% 乙醇棉球消毒，放仪器盒内，以防交叉感染；洗手。

7）记录：绘制眼底图像。

2. 注意事项

（1）直接检眼镜：

1）直接检眼镜下所见检查比实际物像放大 14 ～ 16 倍。

2）若要观察视网膜神经纤维层改变时，应在无赤光下观察。

3）检查结束时，应将检眼镜的转盘拨到0处，以免转盘上的镜片受到污染。

4）一般检查时可不散大瞳孔。若要详细检查，需要散瞳后检查。

5）直接检眼镜观察范围小，屈光间质浑浊可影响眼底的观察。

6）怀疑闭角型青光眼患者或前房浅者，禁止散瞳，以免导致闭角型青光眼发作。

7）对于高度屈光不正者，直接检眼镜检查较为困难，可用间接检眼镜进行检查。

（2）间接检眼镜：

1）由于间接检眼镜所见图像放大倍数较小，因而不易发现细微病变。

2）检查时所见眼底像为倒像。

3）对于浅前房者和闭角型青光眼患者，禁止散瞳，以免散瞳后眼压升高。

4）检查时避免强光长时间照射黄斑部，以免引起黄斑部光损伤。

5）使用物镜时，将其表面弧度大的一面向上。否则反光过强，图像变形扭曲。

6）注意保持物镜清洁，否则会影响成像效果。

【常见故障与处理措施】

常见故障	原因	处理措施
灯泡不亮	未旋转调光旋钮	顺时针旋转调光旋钮
	灯泡已坏	更换灯泡
亮度不够	调光旋钮未旋转到位	将调光旋钮旋转到位
	灯泡已旧	更换灯泡
电源指示灯不亮	电源开关未打开	打开电源开关
	保险丝已熔断	更换保险丝
保险丝熔断	保险丝规格不对	更换合适的保险丝

【应急预案】

工作中仪器出现故障，应立即停止使用，挂“设备故障”牌，送维修部门进行维修。

【消毒与维护】

1. 清洁与消毒

（1）仪器应保持清洁，仪器外表面可用湿布进行擦净，不可使用含有腐蚀剂的清洁剂，防止溶解仪器外表喷漆。

（2）如镜片有灰尘，可用小毛笔轻轻拂去或用无水乙醇棉球轻轻擦拭；勿用手指或任何硬物擦拭光学镜片。

（3）患者使用后接触仪器的部位，用75%乙醇棉球消毒，放回原盒，以防交叉感染。

2. 保养与维护

（1）妥善维护、保养，由专业人员拆卸，以防损坏或降低仪器的使用性能。

（2）仪器应放置在清洁、干燥的环境中，以防损坏仪器，环境温度为5℃～40℃，相对湿度为30%～80%。

（3）仪器使用完毕后，其上面所有的指标应置零位。

（4）不使用仪器时处于关闭状态。

（5）为了延长灯泡的使用寿命，将检眼镜放回搁架前逆时针旋转调光旋钮至灯泡熄灭。

（6）检眼镜刚用完时，轻轻地放回搁架，以免灼热的灯丝被震断。

（7）使用完毕，请放置在专业仪器盒内。

六、视力表投影仪

视力表投影仪是一种采用遥控器控制将各种视力表制成幻灯片，验光时将所需用的各种视力图表连续投影到专用屏幕上的装置，适用于检查患者的视力。

【结构与原理】

1. 基本结构：本产品由主机、底座、投影板和遥控器组成。

2. 原理：投影仪先将光线照射到图像显示组件上来产生影像，通过镜头进行投影。投影仪的图像显示组件包括利用透光产生图像的透过型和利用反射光产生图像的反射型。原理是将投影灯的光线分成红、绿、蓝三色，再产生各种颜色的图像。组件本身只能进行单色显示，要利用 3 枚组件分别生成 3 色成分，然后再通过棱镜将这 3 色图像合成为一个图像，最后通过镜头投影到屏幕上。

【操作步骤】

1. 操作流程

（1）评估患者：

1）评估：年龄、病情、合作程度。

2）向患者解释检查的目的、方法、注意事项及配合要点。

（2）患者准备：了解检查的目的、方法、注意事项及配合要点、配合程度。

（3）医师准备：衣帽整洁，洗手。

（4）用物准备：视力表投影仪及电源连线。

（5）环境准备：调节室温，保持环境安静、安全。

（6）操作：

1）开机：接通电源，打开开关，选择旋转机身调整投射光至正位。

2）检查：按规定的距离嘱患者坐正，根据需要调整遥控器上的按钮对患者进行视力检查。

3）关机：检查完毕关掉电源。

4）记录：记录被检查者视力。

2. 注意事项

（1）严防强烈的冲撞、挤压和震动。强震能造成液晶片的位移，影响放映时三片 LCD 的会聚，出现 RGB 颜色不重合的现象，而光学系统中的透镜、反射镜也会产生变形或损坏，影响图像投影效果，而变焦镜头在冲击下会使轨道损坏，造成镜头卡死、镜头破裂无法使用。

（2）环境通风好、散热快。

（3）严禁带电插拔电缆，信号源与投影机电源最好同时接地。

【常见故障与处理措施】

常见故障	原因	处理措施
无发输出影像	电源线和电源插座连接不正确	正确连接电源线和插座
	灯泡损坏	更换灯泡
无故自动关机	通风口散热不良	定期对过滤网进行清洗
	环境温度过高	室内安装空调
镜头模糊不清	镜头或滤过网积尘太多	清除内部积尘、清洁镜头及滤过网
	液晶板过早老化	更换液晶板
显示信号不正常	投影仪 RGB 信号模式不匹配	选择 AUTO 模式或转换投影仪输出信号模式

【应急预案】

1. 工作中仪器出现故障，应立即停止使用，挂“设备故障”牌，送维修部门进行维修。

2. 改用其他仪器检查视力。

【保养与维护】

1. 清洁与消毒

（1）定期除尘。

（2）使用专业清洁剂来清除投影仪镜头上的灰尘。频繁使用时，须经常清洁投影仪镜头，勿用手指或任何硬物擦拭镜头。

2. 保养与维护

（1）妥善维护、保养由专业人员拆卸。

（2）应确保仪器在不使用状态下电源处于关断状态，仪器不使用时应断电。

（3）仪器应尽量避免放置在多灰尘、潮湿和含有腐蚀性气体的环境中，以防损坏仪器，环境温度为 5℃～ 40℃，相对湿度为 30%～ 80%。

（4）使用完毕，盖上防尘罩。

第四节　皮肤科

一、C6 激光治疗机

C6 激光治疗机是使色素逐渐变浅甚至消失的皮肤治疗仪器，适用于太田痣、颧部褐青色痣、色素沉着、黄褐斑等。

【结构与原理】

1. 结构：治疗手柄、面板、脚踏开关、防护墨镜。

2. 原理：色基在吸收激光后，激光能量在 ns（纳秒）级的时间内释放出来，形成能量密度很高的巨脉冲，皮内色基在瞬间爆破成细小的颗粒，由吞噬细胞吞噬或者结痂掉落，排出体外。

【操作步骤】

1. 操作流程

（1）评估患者：

1）评估：年龄、意识、病情、治疗情况、局部皮肤情况、活动能力及合作程度。

2）向患者解释使用 C6 激光治疗机的目的、方法、注意事项及配合要点。

（2）患者准备：

1）了解用 C6 激光治疗机的目的、方法、注意事项及配合要点。

2）体位舒适，愿意合作。

3）拍照、签知情同意书、留存资料。

4）必要时麻醉（外用麻醉药或全身麻醉）。

5）严格控制患者的适应症和禁忌症。

（3）技师准备：穿戴整齐，符合操作要求。

（4）用物准备：C6 激光设备是否装备完好。

（5）环境评估：环境因素是否安全。

（6）操作流程：

1）接通电源，打开开关，机器预热 5 分钟。

2）插入钥匙，转到“开始”档；机器预热 2 分钟，按“READY STANDBY”按钮，等待指示灯亮。

3）核实激光机的启动。

4）系统启动后，根据患者病变的情况调整面板上的参数；调整手柄上的波段，确保治疗手柄与面板的参数一致。

5）操作者及患者佩戴防护墨镜。

6）取下导光臂，持治疗手柄将探头对准目标组织。

7）测试光斑，在治疗区域打一个光斑，看皮肤反应情况；如果激光的波长或能量密度需要改变，系统必须重新校准。

8）踏脚控开关发射激光至目标组织。

9）关闭激光机，放置好导光臂，拔钥匙。

2. 注意事项

（1）孕妇、光过敏者、癫痫症、有瘢痕疙瘩史、有活动性传染病、免疫功能低下者和待治疗区域有Ⅰ/Ⅱ类疱疹者不宜做激光治疗。

（2）光敏性药物治疗者，建议停药 4～6 周再进行激光治疗。

（3）操作者及患者佩戴防护墨镜。

（4）限制进入治疗室人员。

（5）遮盖治疗室所有的窗户和开口。

（6）不得存放易燃易爆物品。

【常见故障与处理措施】

常见故障	原因	处理措施
接通电源，指示灯不亮	电源开关没有打开	打开电源开关
	电源插座未插紧	插紧电源插座
开机时低压加不上	紧急按钮未处于复位	按紧急停止按钮
开机后，各项指示正常，无激光输出	导光系统不正常	激光束道路受阻
	导光系统正常	检查激光管是否失效
激光输出时有时无	电压过低，造成激光管不稳	装电压稳压器
	导光臂松动，激光管衰老	更换原件，修复连线，紧固导光臂

【应急预案】

1. 如使用中突然断电或停电，停止治疗，安抚患者。

2. 工作中仪器出现故障，应立即停止使用，送维修部门进行维修。

【消毒与维护】

1. 清洁与消毒

患者使用 C6 激光机治疗前后均需使用 95% 无水乙醇擦拭激光头表面。

2. 保养与维护

（1）仪器应放在清洁干燥处，勿置于窗下、暖气旁，注意防尘，室内配备空气净化器和除湿机，搬动时要轻巧，不能倒置。

（2）仪器定位放置，专人负责管理，定期检查，使之处于完好的备用状态。停用仪器10天以上时，应每隔一周通电一次，每次1小时左右，以防霉变及损坏。

（3）日常保养由使用人员在每天开始工作前完成，包括仪器设备表面清洁，整理各类连接线及附件，保持仪器设备整洁和外部环境的清洁，检查仪器设备运转是否正常、设备无漏电现象等。

（4）建立使用及维修维护登记本，及时记录使用情况。妥善保管好仪器设备资料档案，如原始的使用说明书及有关资料、操作规程及维护保养手册等。

（5）仪器故障时应及时挂“设备故障”标识，并报告科主任或设备责任人及物质供应维修部及时维修。维修后的设备需经检查、确认满足使用要求后才可投入使用。

二、Cynergy 皮肤激光治疗仪

Cynergy 皮肤激光治疗仪是将两种激光——高功率脉冲染料激光（pdl）和 Nd ：YAG 激光合在一台设备上共用同一传输系统的仪器。适用于治疗小血管、疤痕、酒糟鼻、皮肤血管损伤和光致损伤的皮肤。

【结构与原理】

1. 基本结构：Cynergy 皮肤激光治疗仪由主机、控制面板、显示器、传输光纤、探头、脚踏器组成。

2. 原理：利用“选择性光热作用原理”，有效地使激光能量直接作用于目标组织，而周围组织不受伤。

【操作步骤】

1. 操作流程

（1）评估患者：

1）评估：年龄、意识、病情、治疗情况、局部皮肤情况、活动能力及合作程度。

2）向患者解释使用 Cynergy 皮肤激光治疗仪的目的、方法、注意事项及配合要点。

（2）患者准备：

1）了解用 Cynergy 皮肤激光治疗仪的目的、方法、注意事项及配合要点。

2）体位舒适，愿意合作。

3）拍照、签知情同意书、留存资料。

4）清洁局部皮肤。

5）必要时麻醉（外用麻醉药或全身麻醉）。

6）严格控制患者的适应症和禁忌症。

（3）技师准备：穿戴整齐，符合操作要求。

（4）用物准备：检查 Cynergy 皮肤激光治疗仪是否装备完好。

（5）环境评估：评估环境因素是否安全。

（6）操作：

1）接通电源。

2）插入钥匙，转到“开始”档。

3）等待机器自动校准。

4）在显示屏中按“SYSTEM CHECK”键，等待机器再次校准。

5）根据患者病变的情况选择合适的能量和参数。

6）操作者及患者佩戴专业防护镜。

7）测试光斑。

8）从校准口取出探头并且将它对准目标组织。

9）踏脚控开关发射激光至目标组织。

10）如果脉冲宽度或能量密度需要改变或探头需要改变，系统必须重新校准。

11）在正常或非紧急的情况下关机，把激光机背面钥匙转到“断”档；在紧急情况下，按“急停”开关。

12）拔钥匙。

2. 注意事项

（1）治疗时在室内的所有人员都必须戴好随激光治疗仪提供的防护眼镜，且戴着防护眼镜时也切勿直接看探头、光纤或光纤出口。

（2）治疗室要挂上激光治疗仪警告标志，只允许治疗辅助人员和经过设备使用培训的人进入治疗室，其他人员在治疗时不得进入。

（3）治疗室的窗户和其他开口要遮盖，避免激光不慎逸散。

（4）启动的激光只能对准指定的治疗部位。在治疗时要安排一位人员负责激光治疗仪的控制装置。

（5）对于可能会把激光束折射到指定治疗部位以外的部位的反射性物体，如珠宝或镜子要遮蔽。

（6）当激光治疗仪不使用时要把激光治疗仪设置到待机模式。在待机模式时激光束不会被不慎发射。

（7）要确保所有相关人员经过培训，知道在紧急情况下怎样关掉激光治疗仪。

（8）激光治疗仪不使用时，要把启动钥匙放在治疗室外面的一个安全固定地方。

（9）激光治疗仪使用高电压，除非受过培训或被批准人员，否则不能打开防护板。

（10）Cynergy 激光治疗仪使用染料介质，小心处理染料，以防止中毒污染。

（11）使用水冷却使激光治疗仪保持工作温度。超过 50℃的水可能会导致烫伤。水热时不在水系统上进行任何维修工作。在更换消离子过滤器以及加消离子水或蒸馏水之前让系统冷却下来。

（12）当激光束接触皮肤、头发、衣服或任何可燃性物质时会使表面温度升高。操作者应采取下列预防措施，防止激光诱发的火灾：

1）麻醉、皮肤术前准备和器械的清洗或消毒使用不可燃物质。

2）在用到氧气时要特别小心。氧气会促使火燃烧得更猛烈、范围更大。

3）激光室内存放最少量的可燃性物质（如乙醇）。治疗所需纱布，使用前先浸泡在水里。

4）治疗室备灭火器和水源。

【常见故障与处理措施】

常见故障	原因	处理措施
开机时低压加不上，电源指示灯不亮	保险管被烧断，指示灯失效；指示灯接触不良	更换保险丝，检测指示灯性能
开机后，高压指示灯不亮，高压加不上	高压指示灯失效或灯座接触不良	指示灯状态正常，应检查冷却水泵是否正常工作并使激光管的冷却水在循环流动，水压开关是否工作正常
	机器门开关接触不良	关好机门
开机后，各项指示正常，无激光输出	导光臂松动	专业维修人员重新调整光路系统
	导光系统正常	检查激光管是否失效，更换激光管
激光输出时有时无	电压太低，致使激光管工作电流太低，造成激光管工作不稳定	加装电源稳压装置使电源保持稳定，适当调高激光管电流
二氧化碳激光束与指示光束不同心	指示光管固定架松动或者是二氧化碳激光管固定架松动以及光学镜片固定件松动	应重新调整光路系统
无指示光输出	指示光管失效，或指示光开关失效或是指示光电源回路故障，使指示光管不能正常工作	更换指示光管，修复或更换指示光开关，修复指示光管电源供电电路等措施

【应急预案】

1. 如使用中突然断电或停电，停止治疗，安抚患者。

2. 工作中仪器出现故障，应立即停止使用，挂"设备故障"牌，送维修部门进行维修。

3. 化学事故应急处理

（1）咽下染料或溶剂：应立即饮水，催吐，立刻就诊。

（2）过多吸入染料或溶剂：应迅速到室外呼吸新鲜空气，如出现症状即刻就诊。

（3）眼睛接触染料或染料溶液：可用水冲洗眼睛，如出现症状，立即就诊。

（4）皮肤接触染料或染料溶液：立即用清水冲洗接触部位，然后用肥皂和水冲洗。

【消毒与维护】

1. 清洁与消毒：

（1）用软性的肥皂和清水洗激光治疗仪的外部。

（2）必要时用医院消毒剂对设备的外部部件进行消毒。

（3）清洁和消毒时都用软布。

2. 保养与维护

（1）每周一次由专人对 Cynergy 皮肤激光治疗仪进行开启检查。

（2）在激光冷却一段时间后，将激光打开。

（3）将加水的漏斗管连接在前门内的标有 WTATERFILL/DRAIN 的快速接头上。

（4）加注蒸馏水或去离子水直至水位显示 FULL，不要加水太满，否则激光治疗仪下会积水。

（5）及时更换染料罐。

三、CO_2 点阵激光治疗仪

CO_2 点阵激光治疗仪是新一代激光换肤仪器，可以迅速、准确地进行各种精细的激光手术，特别适用于人体整形和面部美容手术。

【结构与原理】

1. 基本结构：主机、七关节导光臂一套、激光防护眼镜、防护眼罩、电源线、脚踏开关、5A 保险丝。

2. 原理：通过组织吸收高能量的激光后所产生的光热反应，使局部温度在数秒内骤然升高到数百度或更高，组织发生凝固性坏死，甚至碳化或汽化。

【操作步骤】

1. 操作流程

（1）评估患者：

1）评估：年龄、意识、病情、治疗情况、局部皮肤情况、活动能力及合作程度。

2）向患者解释使用 CO_2 点阵激光治疗仪的目的、方法、注意事项及配合要点。

（2）患者准备：

1）了解用 CO_2 点阵激光治疗仪的目的、方法、注意事项及配合要点。

2）体位舒适，愿意合作。

3）拍照、签知情同意书、留存资料。

4）必要时麻醉（外用麻醉药或全身麻醉）。

5）严格控制患者的适应症和禁忌症。

（3）技师准备：穿戴整齐，符合操作要求。

（4）用物准备：CO_2 点阵激光治疗仪是否装备完好；消毒液。

（5）环境评估：环境因素是否安全。

（6）操作：

1）接通电源，将钥匙转到“开始”档。

2）根据患者病变的情况调整参数和形状。

3）患者皮肤消毒，麻醉准备。

4）测试光斑。

5）从校准口取出探头并将它对准目标组织。

6）脚踏控开关发射激光至目标组织。

7）治疗完毕将钥匙转到“关机”档，关闭电源。

8）紧急情况下按“急停”开关。

2. 注意事项

（1）激光室应保持清洁。做好室内的防尘，不要随意打开门窗。

（2）激光室内严禁放置具有反光性质的物体，医生、患者严禁佩戴具有反光性质的饰品，如镜子、手表、耳环等。激光室中不要使用易爆的麻醉剂或堆放易燃物。

（3）未经过培训的医生不能操作激光治疗设备。

（4）绝对禁止直接的或反射的激光射入眼内，操作者及患者必须佩戴与激光波长相匹配的激光防护镜或眼罩。

（5）设备应避免频繁的开关机，每两次开机的间隔时间不应少于10秒钟，当设备长时间不用时，应关机。

（6）不要用力牵拉导光臂，防止因导光臂变形造成激光输出功率/能量下降，使用时需注意手具传输信号线不能与导光臂缠绕以免造成故障。

（7）定期检查水位标记，当水位处于水位标记的下限时，应加注蒸馏水或去离子水，勿超过水位标记上限。

（8）设备启动后，禁止向出口内窥视或对准非手术区。

【常见故障与处理措施】

常见故障	原因	处理措施
开机时低压加不上，电源指示灯不亮	保险管烧断指示灯失效，指示灯座接触不良	检查保险管是否被烧断，指示灯是否失效以及指示灯座是否接触良好
开机后，高压指示灯不亮，高压加不上	高压指示灯失效或灯座接触不良	指示灯状态正常，应检查冷却水泵正常工作并使激光管的冷却水在循环流动，水压开关工作正常
	机器门开关接触良好	关好机门
开机后，各项指示正常，无激光输出	导光臂松动故障	专业维修人员重新调整光路系统
	导光系统正常	检查激光管是否失效，更换激光管
激光输出时有时无	市电电压太低	加装电源稳压装置使电源保持稳定，适当调高激光管电流
二氧化碳激光束与指示光束不同心	指示光管固定架松动或者是二氧化碳激光管固定架松动以及光学镜片固定件松动	应重新调整光路系统
无指示光输出	指示光管失效，或指示光开关失效或是指示光电源回路故障，使指示光管不能正常工作	更换指示光管，修复或更换指示光开关，修复指示光管电源供电电路等措施

【应急预案】

1. 如使用中突然断电或停电，停止治疗，安抚患者。

2. 工作中仪器出现故障，应立即停止使用，挂“设备故障”牌，送维修部门进行维修。

【消毒与维护】

1. 清洁与消毒

（1）刀头附件可使用高温、放射线及微波等消毒和灭菌。

（2）导光臂及光学图形扫描器的治疗手具进行消毒处理时，要将治疗手具从导光臂或扫描器上拆下，不能将带有镜片的部件进行药液浸泡消毒。

（3）设备每次使用前和使用后，均需检查出光口镜片（关机时进行），出光口镜片污染时需轻轻擦拭（用无水乙醇棉向同一方向擦拭），以防止因镜片污染造成的激光输出功率 / 能量下降。（注意：过力地擦拭或经乙醇浸泡也会损坏镜片）

2. 保养与维护

（1）每周一次由专人对 CO_2 点阵激光治疗仪进行开启检查。

（2）脚踏开关：应注意防尘，以免造成接触不良。不要过分用力踩踏，以免将脚踏开关损坏。脚踏开关禁止淋水、浸泡。

（3）脚踏开关及电源线连接机器的插头，避免频繁插拔，以免造成接触不良及损坏。

（4）仪器整机应存放在干燥通风处，保持仪器卫生，清洁治疗机表面时，不能使用含液体脱脂棉或软布，以免液体渗漏至机内造成机内电路故障。

（5）激光室相对湿度控制在 50% 内，温度控制在 20℃～25℃为最佳。否则激光机治疗性能会受到影响。

（6）仪器需使用单独的电源线和单独的电源开关。若由于网电压不稳影响设备的正常使用时，请配备一台功率为 3000W 以上正规厂商生产的稳压器。

（7）设备应做到专人使用。医护人员使用激光设备前须经过培训。

（8）设备安装调试后应避免随意搬动，以免造成激光输出功率 / 能量下降或激光光路失调、光学组件损坏。

（9）除专业技术人员或厂家授权维修人员，其他人严禁打开调和外壳，以防意外。

四、伍德灯

伍德灯是根据病变部位利用 WOOD 光的荧光反应进行临床诊断的设备。适用于红癣、小芽胞菌、黄癣、腋部毛菌、花斑癣、灰斑、白癜风及疥疮等的诊断。

【结构与原理】

1. 基本结构：伍德灯由 UV 灯管、带托架、主机、时间控制器、电源线、防辐射设备组成。

2. 原理：利用 WOOD 光的荧光反应。

【操作步骤】

1. 操作流程

（1）评估患者：

1）评估：年龄、意识、病情、治疗情况、局部皮肤情况、活动能力及合作程度。

2）向患者解释使用伍德灯的目的、方法、注意事项及配合要点。

（2）患者准备：

1）了解用伍德灯的目的、方法、注意事项及配合要点。

2）体位舒适，愿意合作。

（3）医师准备：穿戴整齐，符合操作要求。

（4）用物准备：伍德灯、插头。检查普通光源和荧光光源的照明情况。

（5）环境评估：环境因素是否安全。

（6）操作：

1）让患者暴露病灶部位皮肤。

2）接通电源后，再次检查普通光源和荧光光源的照明情况。

3）将对准病灶部位皮肤，先开启普通光源灯观察，再开启荧光光源灯观察。

4）记录检查结果，告知患者及家长，做好解释工作。

5）检查完毕关闭仪器电源开关。

2. 注意事项

（1）设备须在没有爆炸危险的干燥房间内使用。

（2）用后必须关掉检查灯。

（3）皮肤和眼睛不能长时间暴露在 UV 光下。

【常见故障与处理措施】

常见故障	原因	处理措施
接通电源，指示灯不亮	电源开关没有打开	打开电源开关
	电源插座未插紧	插紧电源插座
	保险丝断裂	更换保险丝
灯管不亮	灯管保险丝断裂	更换灯管

【应急预案】

1. 如使用中突然断电或停电，停止治疗，安抚患者。
2. 工作中仪器出现故障，应停止使用。
3. 故障仪器悬挂“设备故障”牌，送维修部门进行维修。

【消毒与维护】

1. 清洁与消毒

（1）清洁：定期清洁设备，根据污染情况，使用抗静电布沾上一般家用清洁剂的布进行清洗。

（2）确保所用的清洁剂不会损伤仪器外壳。

（3）用微湿布清洁玻璃屏。

（4）消毒：不能用乙醇消毒。

2. 保养与维护

（1）专人负责，专人保管。

（2）每周一次由专人对伍德灯进行开启检查。

五、微波治疗仪

微波治疗仪是利用微波进行治疗的仪器，适用于创口的修复、止痛、消炎。

【结构与原理】

1. 基本结构：微波治疗仪由控制面板、传输光纤、探头、脚踏器组成。

2. 原理：利用微波在组织内部产生的热效应，起到改善局部血液循环、增强代谢过程、加强局部组织营养、提高组织再生能力、激活机体免疫系统的效果，从而达到解痉、止痛、促进炎症消散及加速创口修复的临床治疗作用。另外，微波所产生的高热能使作用局部的蛋白质变性、凝固，这种微波组织凝固效应能达到止血、消炎、破坏增生组织细胞，使增生组织萎缩的治疗效果。

【操作步骤】

1. 操作流程

（1）评估患者：

1）评估：年龄、意识、病情、治疗情况、局部皮肤情况、合作程度。

2）向患者解释使用微波治疗仪的目的、方法、注意事项及配合要点。

（2）患者准备：

1）了解用微波治疗仪的目的、方法、注意事项及配合要点。

2）体位舒适，愿意合作，治疗局部皮肤无破溃无污染。

（3）医师准备：穿戴整齐，符合操作要求。

（4）用物准备：微波治疗仪是否装备完好；络合碘消毒液。

（5）环境评估：环境因素是否安全。

（6）操作：

1）接通电源，仪器预热 1 分钟。

2）根据治疗需要选择合适的预置时间和功率。据病变部位大小选择合适的探头。

3）再次检查治疗局部皮肤无破溃无污染。选择合适的体位，将病变局部暴露完整。

4）局部皮肤用络合碘消毒，范围大于病变部位 1 ～ 2cm。局部以 0.5% 利多卡因浸润麻醉。

5）尖探头插入病变部位，启动脚踏开关，持续 3 ～ 5 秒钟，至病变部位变色凝固后拨出探头，先拔探头再松脚踏开关。平探头接触病变部位，启动脚踏开关，持续 3 ～ 5 秒钟，至病变部位变色凝后松开探头，先松开探头再松开脚踏开关。如此往复，直至所有病变部位凝固变色。

2. 注意事项

（1）带有金属假体、心脏起搏器者，各种高危患者和出血倾向者禁用。

（2）治疗时辐射器不能朝向机器面板或金属板。

（3）严禁对人体眼睛和睾丸辐射。

【常见故障与处理措施】

常见故障	原因	处理措施
显示屏不亮，风扇不转	电源线没接好，保险丝烧断	重新插好电源线，换保险丝
显示屏不亮，风扇转	仪器内部过热，内部保险丝烧断	冷却，更换保险丝
显示屏亮，风扇不转	内部保险丝烧断，风扇坏	更换保险丝，更换风扇
无功率指示，无微波输出	内部保险丝烧断，磁控管坏	更换保险丝，更换新管
有功率指示，无微波输出	输出线坏，辐射器坏，输出连接器松动	更换新线，更换新辐射器，连接器捏紧
电缆线发热过烫	功率过大，辐射器坏	减少功率，更换辐射器，重新连接或更换连接线

【应急预案】

1. 如使用中突然断电或停电，停止治疗，安抚患者。

2. 工作中仪器出现故障，应停止使用。

3. 故障仪器悬挂“设备故障”牌，送维修部门进行维修。

【消毒与维护】

1. 清洁与消毒

（1）每次使用完后，清洁消毒治疗探头。

（2）经常清洁机体表面。

（3）治疗探头不宜高温消毒，也不宜将带有塑料手柄的电极浸泡在消毒液中。

2. 保养与维护

（1）不用时，用防尘罩遮盖。

（2）每周一次由专人对仪器进行开启检查。

六、多功能电离子治疗仪

多功能电离子治疗仪，是一种多用途的医疗手术仪器，可用于治疗皮肤科、外科、五官科、妇科等疾病。

【结构与原理】

1. 基本结构：多功能电离子治疗仪由振荡电路、变压器、整流器、调节系统、功率输出耦合器，散热系统等组成。

2. 原理：本机治疗时，将治疗针头对准局部病灶，利用触头与组织之间的极小气隙中形成的极高的电场强度使气体分子电离。当选择强输出时，瞬间产生3000℃左右的高温，使病变组织气化而消失。同时，由于气化层的下面还有薄薄的凝固层，可阻止出血，保护表层组织，使伤口迅速愈合。

【操作步骤】

1. 操作流程

（1）评估患者：

1）评估：年龄、意识、病情、治疗情况、局部皮肤情况、合作程度。

2）向患者解释使用多功能电离子仪的目的、方法、注意事项及配合要点。

（2）患者准备：

1）了解用多功能电离子仪的目的、方法、注意事项及配合要点。

2）体位舒适，愿意合作，完全暴露病变部位。

（3）医师准备：穿戴整齐，符合操作要求。

（4）用物准备：多功能电离子仪是否装备完好；络合碘消毒液。

（5）环境评估：环境因素是否安全。

（6）操作：

1）病变部位皮肤以络合碘消毒，范围超过病变部位1～2cm。局部以2%利多卡因浸润麻醉。

2）接通电源，开通仪器。

3）根据病变部位范围大小，选择合适的功率。

4）探针以络合碘消毒。

5）探针接触病变组织，持续3～5秒钟。由表及里逐步清除病变组织。

6）及时清理探针上及病变处碳化组织、使之达到最好治疗效果。

2. 注意事项

（1）功率不可太大，以免损伤较大血管而致大出血。

（2）局部术后用敷料包扎，嘱患者保持局部清洁、干燥，防止伤口感染。

（3）不用时随时关机，以延长机器使用寿命和避免造成人员烧伤。

【常见故障与处理措施】

常见故障	原因	处理措施
指示灯不亮，风扇不转	后盖保险管烧断	换上同样规格的保险管（总保险）
	换上保险管再次烧断	先插好输出线插头然后才能通电
电压表无指示，或电压指示很低而无法调高时	后盖上右边的保险管（工作线保险）烧断	保险管没断，因脚踏开关插座内部弹片接触不良，应拆下修整或更换
仪器一切正常，但无火花输出	治疗触笔针杆导线是否有火花	检查治疗触笔针杆导线

【应急预案】

1. 如使用中突然断电或停电，停止治疗，安抚患者。

2. 工作中仪器出现故障，应停止使用。

3. 故障仪器悬挂“设备故障”牌，送维修部门进行维修。

【消毒与维护】

1. 清洁与消毒

同“微波治疗仪”。

3. 保养与维护

同“微波治疗仪”。

七、百康过敏治疗系统

百康过敏治疗系统是临床治疗过敏性皮炎的新手段，适用于检测过敏原、诊断和治疗过敏性疾病。

【结构与原理】

1. 基本结构：百康过敏治疗系统由前面板、键盘功能、测试部分、充电装置、电极、电缆接头、红外收发器、存储器组成。

2. 原理：使用生物共振技术，将致敏信号检测出并通过同步镜像转换，逆转过敏原所产生的物质波——共振信息波（这种波代表着能够影响生产存储过敏印记的独特的确认码），然后，将该反转共振波（镜像共振波）进行高倍放大，重新输入人体的特定部位，经过镜像反转的波可以削减原过敏原所产生的波，一步一步地通过患者体内的共振系统将过敏痕迹抹去，使变异波形恢复为正常波形，从而使人体恢复正常。

【操作步骤】

1. 操作流程

（1）评估患者：

1）评估：年龄、意识、病情、治疗情况、局部皮肤情况、活动能力及合作程度。

2）向患者解释使用百康治疗仪的目的、方法、注意事项及配合要点。

（2）患者准备：

1）了解用百康治疗仪的目的、方法、注意事项及配合要点。

2）体位舒适，愿意合作。

3）取下身上所有金属类物品。

4）清净双手。

（3）医师准备：穿戴整齐，符合操作要求。

（4）用物准备：百康治疗仪接通电源；打开电源开关；用 75% 的乙醇擦拭所需要的金属电极。

（5）环境评估：环境因素是否安全。

（6）操作流程：

1）根据疾病要求选择相应程序。

2）根据程序要求将电极放置在相应的部位。

3）得出检测和治疗的相关数据。

4）关闭仪器开关。

2. 注意事项

（1）治疗时注意输入及输出的放置，不能将输入输出同时接触，会导致设备损坏。

（2）设备安装地点不能有任何强磁场、电辐射、散热器、重金属等物件；设备不能置于强光、荧光管等物件正下方。

（3）设备表面不能放置重物、磁性物质。

（4）患者的病情较严重时，可选用治疗类型“Ai”，但治疗时间只能 1 分钟。

（5）若急性过敏患者是傍晚 19：00 以后来治疗，此时需用 DMI 增强能量治疗。

（6）患者治疗前一天需戒酒、咖啡、茶及辛辣物质。

（7）嘱患者每日喝 1.5 升水。

（8）在治疗过程中或治疗结束后，患者如出现冷或热，有麻刺感、疼痛感、压迫感、出汗等，可继续按原来的治疗装置及程序治疗，直至症状消失。此时可多喝蒸馏水。

（9）在治疗过程中或治疗结束后立即出现眩晕、恶心或轻微头痛时，可继续按原来的治疗装置及程序治疗，或选用程序 No.127 进行治疗，直到症状消失为止；出现严重的关节疼痛、头痛（偏头痛）、眩晕、恶心、失眠等症状，可继续按原来的治疗装置及程序治疗，或用 No.128 或 No.401 进行治疗，直至症状好转为止。

【常见故障与处理措施】

常见故障	原因	处理措施
接通电源，指示灯不亮	电源开关没有打开	打开电源开关
	电源插座未插紧	插紧电源插座
	保险丝断裂	更换保险丝
设备面板上的按键出现松动或光标有损伤	设备损坏	及时通知专业人员维修，不能自行拆卸设备
打开设备，显示屏上出现 I+0 BEAKER OK-START，无法进入任何程序	程序故障	先关掉设备，按住 0 键，重新打开设备
无治疗结果或治疗结果错误	输入和输出电缆的稳定性差，电极污染	检查输入和输出电缆的稳定性，清洁电极。自调后（菜单 6），显示屏上显示“CALL SERVICE！”，重新启动自调程序
在测试程序中，测试时光标不能移动	脚踏开关出错	重新设定值 0 和 100
	对测试部分进行手动调整	
打印机不能打出任何参数	打印机程序设置错误	对测试部分进行手动调整，重新设定值 0 和 100

【应急预案】

1. 如使用中突然断电或停电，停止治疗，安抚患者。

2. 工作中仪器出现故障，应停止使用，悬挂“设备故障”牌，送维修部门维修。

【消毒与维护】

1. 清洁与消毒

（1）每次治疗后用 75% 的乙醇或洗涤剂清洁测试电极。

2. 保养与维护

（1）每月定期检测所有电缆、调节垫。定期对设备自动测试检测。

（2）电池：使用后及时充电。若 10 天未充电，也未使用设备，在使用前必须先将电池充电 30 ～ 60 分钟，然后开启设备。设备打开时，听到卡嗒声，表示设备电池电量不足。应关掉设备然后充电约 1 小时。

（3）不要让设备处于持续开机状态。

八、红蓝光治疗仪

红蓝光治疗仪是利用窄谱光源所发出的冷光治疗皮肤疾病的仪器，达到消炎、镇痛，加速体表创面愈合的作用，适用于嫩肤和痤疮治疗。

【结构与原理】

1. 基本结构：红蓝光治疗仪由单光源、主机箱、光源头、悬臂组件、电源线、3.15A 保险管、保护眼镜、眼镜袋、眼镜布、眼罩组成。

2. 原理：红蓝光治疗仪采用高纯度、高功率密度的红光、蓝光及黄光对皮肤进行照射，改变细胞结构，杀死细菌，为新生细胞提供一个适合的环境，增强新胶原质弹性蛋白和胶原蛋白的生成，促进细胞生长；修复炎性痤疮老化肌肤、缓解日晒灼伤皮肤，美白皮肤、促进皮肤弹性。

【操作步骤】

1. 操作流程

（1）评估患者：

1）评估：年龄、意识、病情、治疗情况、局部皮肤情况、活动能力及合作程度。

2）向患者解释使用红蓝光治疗仪的目的、方法、注意事项及配合要点。

（2）患者准备：

1）了解用红蓝光治疗仪的目的、方法、注意事项及配合要点。

2）体位舒适，愿意合作。

3）局部皮肤洁净。

（3）医师准备：穿戴整齐，符合操作要求。

（4）用物准备：红蓝光治疗仪是否装备完好。

（5）环境评估：环境因素是否安全。

（6）操作流程：

1）开机：打开仪器背侧电源开关。

2）调节照射距离：通过调节光源悬臂和转动灯头角度，将光杯口对准需要治疗的部位，并将照射距离调节到合适范围。

3）调节治疗时间：按“选择”进入治疗时间调节状态后，遵医嘱调节治疗。

4）调节治疗能量：按“选择”进入治疗能量调节状态后，遵医嘱调节治疗能量，范围为0～5级。

5）选择光源颜色（适用光源可调机型）：按“选择”进入光源颜色选择状态后，光源指示灯闪烁，提示当前所选的光源颜色，按“▲”或“▼”选择红光或蓝光。

6）选择治疗模式：按“选择”进入治疗模式选择状态后，治疗模式指示灯闪烁，提示当前所选的治疗模式，按“▲”或“▼”选择连续或脉冲治疗模式。

7)启动治疗:按“开始”启动治疗,治疗时间开始倒计时,显示剩余治疗时间。

8）中断治疗：在治疗过程中如果需要中断治疗，按“停止”。

9）恢复治疗：在中断治疗后如果需要恢复治疗，按“开始”。

10）结束治疗：治疗结束后仪器自动停止，如需提前结束治疗，在中断治疗后按“停止”。

11）关机：结束治疗后，关闭仪器电源开关。

2. 注意事项

（1）禁止在有易燃易爆品的环境中使用，避免在高温或潮湿环境下使用，远离腐蚀品。

（2）避免电击，电源线需插在三相电源插座上，保留地线，不使用不良插座，有条件配备稳压电源。

（3）使用环境必须保持清洁，锁定脚轮，避免震动。

（6）开放性创面或惧热刺激患者治疗时须严格参考照射治疗示意图中温度提示，选择合适照射距离，同时在创面部位可配合喷洒生理盐水或配合雾化治疗，以保证创面湿性愈合。

（7）患处有纱布或其他遮盖物时可直接照射治疗，但要获得最佳疗效，则需裸露患处照射。

（8）可配合专业光敏剂进行治疗。

（9）面部治疗时患者需佩戴专业眼罩。

【常见故障与处理措施】

常见故障	原因	处理措施
数码管无显示	电源插头未插上	正确插上电源插头
	熔断器损坏	通知维修
	仪器背面的电源开关未打开	打开仪器背面的电源开关
光源不亮	电源插头未插上	正确插上电源插头
	液晶屏未显示	打开液晶屏
	熔断器损坏	通知维修
	仪器背面的电源未打开	打开背面电源
	光源散热风扇未工作	维修光源散热扇
光源散热风扇不工作	仪器背面的电源开关未打开	打开背面电源
	电源插头未正确插上	正确插上电源插头
	熔断器损坏	通知维修
仪器死机	电压不稳定，检查操作不规范	检查电压，严格执行规范操作

【应急预案】

1. 如使用中突然断电或停电，停止治疗，安抚患者。

2. 工作中仪器出现故障，应停止使用。

3. 故障仪器悬挂“设备故障”牌，送维修部门进行维修。

【消毒与维护】

1. 清洁与消毒

（1）治疗仪表面用湿抹布擦拭清洁。

（2）不能用乙醇等液体乙醇消毒。

2. 保养与维护

（1）保持仪器清洁，注意清洁保护眼镜，防止污染。

（2）确保仪器接地良好。

（3）注意当地的电网电压波动情况，如超出允许范围，建议增设稳压设备。

（4）机内的各种电位器等可调组件，未经许可，不得擅自调节，以免出现故障而影响正常使用。

第五节　儿童保健及康复科

一、互动立方

互动立方是人机互动模式仪器，广泛用于脑瘫患者的康复训练，以及认知障碍、孤独症、肢体活动障碍患者等的康复训练。

【结构与原理】

1. 基本结构：互动立方主机一台、固定托盘一个、电源线一条、键盘一个、鼠标一个。

2. 原理：通过图像、颜色、动作的识别和训练，刺激并提高患者的大脑运动协调能力和思维辨别能力，通过视觉、听觉与趣味互动影像等刺激，激发患者训练的主动性，提高其认知水平，激发运动潜能，促进脑神经重塑。

【操作步骤】

1. 操作流程

（1）评估患者：

1）评估：姓名、性别、年龄、肢体障碍部位、疾病类型、治疗情况及合作程度。

2）向患者及家属解释互动立方训练的目的、方法、注意事项及配合要点。

（2）患者准备：

1）了解互动立方训练的目的、方法、注意事项及配合要点。

2）身体健康，无发热、腹泻等疾病。

（3）护士准备：衣帽整洁。

（4）用物准备：互动立方、地毯。

（5）环境准备：调节室温，保持环境安静、安全、舒适。

（6）操作：

1）打开电源开关。

2）根据病情选择训练项目并建档。

3）训练期间根据需要随时指导患者。

4）向家长交代如何继续坚持训练。

5）关闭电源开关。

2. 注意事项

（1）训练期间家长不需陪同患者。

（2）保持环境安静、舒适，让患者能专心训练。

（3）投射面保持平整光滑。

（4）训练期间需及时给患者必要指导，注意保护患者安全，防跌倒。

（5）操作者应耐心、热情，与被治疗者建立友好的医患关系。

（6）测试完毕，必须将患者交予家长，以防走失。

【常见故障与处理措施】

常见故障	原因	处理措施
训练界面突然消失	电源线移动，断电	重新开机
	投影仪过热	暂停一会

【应急预案】

1. 工作中仪器出现故障，应立即停止使用，送维修部门进行维修。

2. 故障仪器悬挂“设备故障”牌，送维修部门进行维修。

【消毒与维护】

1. 清洁与消毒

每天用清洁抹布擦拭设备表面，保持设备清洁无尘。

2. 保养与维护

（1）电脑关机后，5 分钟后才可关闭总电源，以利投影仪散热。

（2）为保证散热，四周应与墙面保持 5 厘米距离，保证排气孔通畅。不可连续工作 24 小时。

（3）为维护灯泡的寿命，开启后至少 5 分钟再关闭。

二、脑电生物反馈训练仪

脑电生物反馈训练仪是防治特定疾病的仪器，主要适用于儿科的注意力缺失过动症（ADHD）的治疗。

【结构与原理】

1. 基本结构：脑电生物反馈训练仪由联想电脑一台、显示器二台、音箱一对、编码器一个、光纤数据线一根、USB 数据线一根、脑电传感器一个、脑电电极一套、相关软件一个组成。

2. 原理：采用电子仪器准确测定神经—肌肉和自主神经系统的正常和异常活动状况，并把这些信息有选择地放大成视觉和听觉信号，然后反馈给受试者。

【操作步骤】

1. 操作流程

（1）评估患者：

1）评估：姓名、年龄、性别、ADHD 类型、心理状况、治疗情况及合作程度。

2）向患者及家属解释脑电生物反馈训练的目的、方法、注意事项及配合要点。

（2）患者准备：

1）了解脑电生物反馈训练的目的、方法、注意事项及配合要点。

2）体位舒适，愿意合作。

（3）护士准备：衣帽整洁。

（4）用物准备：脑电生物反馈仪、导电膏、棉签、卫生纸。

（5）环境准备：调节室温，保持环境安静、安全、舒适。

（6）操作：

1）安排好治疗患者处于一个舒适体位，放松心情。

2）清洁皮肤并连接导线；打开编码器开关。

3）选择治疗页面；点击“新增”或“选择”患者。

4）基线测试 2 分钟并记录 SMR 波、β 波、θ 波值。

5）选择训练项目并根据基线值调节设置。

6）脑电生物反馈训练 25 分钟结束后再次基线测试 2 分钟。

7）治疗完毕后交代患者及家属配合训练，多给患者精神鼓励。

2. 注意事项

（1）测试期间不需陪同患者。

（2）保持环境安静，让患者处于一个舒适体位，放松心情。

（3）测试或训练期间需及时给患者必要指导。

（4）治疗者应耐心、热情，与被治疗者建立良好的医患关系。

（5）测试完毕，必须将患者交予家长，以防走失。

【常见故障与处理措施】

常见故障	原因	处理措施
视觉信号、听觉信号突然停止	编码器电池没电	更换电池
	传感器连线松动	接好连线
训练页面显示通道未打开	编码器盒上开关未打开	打开开关
	脑电电极片滑脱	固定好电极片
	电极片连线脱落	更换新的电极片

【应急预案】

1. 工作中仪器出现故障，应停止使用。

2. 故障仪器悬挂“设备故障”牌，送维修部门进行维修。

【消毒与维护】

1. 清洁与消毒

每天用清洁抹布擦拭设备表面，保持设备清洁无尘。

2. 保养与维护

（1）训练前后均要防止患者用力拉扯传感器连线、电极片连线。

（2）生物反馈训练仪电脑主机上禁止使用U盘，防病毒侵入。

（3）训练结束后，及时清洁电极片上的导电膏，妥善保管好电极片，防连线折断。

三、人体成分分析仪

人体成分分析仪是测试患者身体脂肪率、蛋白质、无机盐等含量的仪器，为儿童进行运动、营养指导提供依据。

【结构与原理】

1. 基本结构：电脑一台、显示器一台、打印机一台、人体成分分析仪一台。

2. 原理：生物电阻抗分析原理。由于人体中脂肪组织含水量少，导电性差，而肌肉和内脏含水量多、易导电这一特性，通过电极直接接触人体皮肤，采用形成电路的接触电极法来测量。再通过人体成分分析系统软件进行数据分析，提供人体成分测试报告和运动、营养分析指导。

【操作步骤】

1. 操作流程

（1）评估患者：

1）评估：姓名、年龄、性别、体重、身高。

2）向测试者解释人体成分分析的目的、方法、注意事项及配合要点。

（2）患者准备：

1）了解人体成分分析的目的、方法、注意事项及配合要点。

2）体位舒适，愿意合作。

（3）护士准备：衣帽整洁。

（4）用物准备：人体成分分析仪、75% 乙醇、棉签、卫生纸。

（5）环境准备：调节室温，保持环境安静、安全、舒适。

（6）操作：

1）将电源适配器线插入插座，打开总电源开关和系统电源开关，系统开始自检预热，预热过程需要 3 分钟。

2）检查人体成分分析仪是否处于准备就绪状态。

3）尽可能脱掉厚重的衣服和佩戴的首饰品，测试者赤脚站在人体成分分析仪的底座上，脚跟和脚掌与仪器的脚部电极充分接触，双手自然下垂，身体站直不动，直到重量的浮动停止。

4）体重测试完毕后，保持身体不动，抬头挺胸，视线水平向前看齐，四个手指充分接触电极的表面，大拇指轻轻放在拇指电极上，身体躯干与上肢之间保持 15° 夹角，身高测试会自动开始。

5）身高测试完毕后，使用键盘按钮输入测试者的个人信息包括 ID、出生年月和性别，完成相关资料输入后，按下“ENTER”键。

6）在测试过程中，液晶显示器上会显示出测试者身体各组成部位的分析结果。

7）当测试完毕后，人体成分分析仪会发出一个提示音且屏幕上会有完成的消息提示。

8）测试者将手部电极放回其原来位置，走下仪器底座，自动打印测试结果报告。

2. 注意事项

（1）测试前，应尽量空腹，排空大小便，静立 5 分钟，测试环境宜保持适宜的温度（20℃～25℃），重复测试时应尽量使测试条件与上一次测试尽可能一致。

（2）将外围设备连接到人体成分分析仪时，应先打开外围设备，再打开人体成分分析仪，关闭电源时，先关闭人体成分分析仪，再关闭外围设备。

（3）接通电源之后，人体成分分析仪完成引导程序初始化之前，不要将重物放在仪器的下部。

（4）注意保护手部电极，不能强行拉扯手部电极连接处，不用指甲按压按钮，不能让裤子影响脚跟电极之间的接触，如果测试者的脚太小以至于不能同时覆盖两个电极的话，应该至少同时接触两个电极的一部分。

（5）关闭电源之前不得移动仪器。

（6）在使用电解纸时避免将水滴到电极上。

【常见故障与处理措施】

常见故障	原因	处理措施
测试进行到一半时停止测试	儿童手掌、脚底有汗或污垢	测试前先用乙醇擦拭儿童手掌和脚底
连接人体成分分析仪的软件没有正常运行	线路滑脱	连接好线路并固定

【应急预案】

1. 工作中仪器出现故障，应停止使用。

2. 故障仪器悬挂“设备故障”牌，送维修部门进行维修。

【消毒与维护】

1. 清洁与消毒

（1）每天用清洁抹布擦拭设备表面，保持设备清洁无尘。

（2）备用时，盖防尘罩。

2. 保养与维护

（1）防止患者在人体成分分析仪仪器上跳跃。

（2）电脑主机上禁止使用 U 盘，防病毒侵入。

（3）测试结束后，用 75% 乙醇清洁手部电极和脚跟电极。

四、表面肌电图仪

表面肌电图仪（sEMG）又称动态肌电图，是从肌肉表面通过电极引导后记录神经肌肉系统活动时的生物电信号的仪器。主要用于评估肌肉功能，对所查肌肉进行工作情况、工作效率的量化，指导患者进行神经、肌肉功能训练。

【结构与原理】

1. 基本结构：Me6000 测试主机及 Mega-Win 用户计算机、Mega-Win 用户计算机的无线网卡、电极片、电极片连接线。

2. 原理：利用无线网络、Mega-Win 专用连接线、一次性电极片，感应相应的信号，这些信号经过放大处理后，送入微机系统进行信号处理。

【操作步骤】

1. 操作流程

（1）评估患者：

1）评估：年龄、病情、意识、治疗情况、局部皮肤情况、活动能力及合作程度。

2）向患者解释使用表面肌电图的目的、方法、注意事项及配合要点。

（2）患者准备：

1）了解用表面肌电图的目的、方法、注意事项及配合要点。

2）体位舒适，愿意合作。

（3）技师准备：衣帽整洁，剪指甲，洗手。

（4）用物准备：表面肌电仪及 Mega-Win 专用连接线、一次性电极片、绑带等。

（5）环境准备：调节室温，保持环境安静、安全、宽敞。

（6）操作：

1）检查 Me6000 测试主机电池安装正确。Mega-Win 用户计算机的无线网卡是否安装。

2）将电源、Me6000 测试主机及 Mega-Win 用户计算机开关打开，确保计算机无线网卡与 Me6000 测试主机已点对点连接。

3）选择测试方案。

4）按训练部位放置表面肌电电极，相应的电极导线用固定带固定好，Me6000 测试主机用被带固定，使之处于安全正常的工作状态。

5）测试前先告知患者测试程序，分别将 2 个主电极沿肌肉纤维走向摆放在所测肌肉的最隆起部位，通过观察患者被动、主动屈伸时电极在被测试肌肉摆放位置的准确性后，将电极线紧密固定到皮肤上。测试时患者需根据测试部位按照徒手肌力检查的体位，放松，测肌张力时，快速被动牵拉关节，重复屈伸 8 次；测肌力时，要求患者主动屈伸关节 8 次，记录整个活动过程肌电信号，取中间 5 次活动的肌电积分（iEMG）。

6）退出程序，关闭计算机电源，将无线网卡、Me6000 测试主机及电极导线等放置于规定地点。

2. 注意事项

（1）保持环境安静，避免噪音干扰。

（2）采样时姿势：把患者摆放成徒手肌力检查的体位。

（3）根据肌肉的生理性特性，分别将 2 个记录电极沿肌肉纤维走向摆放在所测肌肉的最隆起部位，记录电极与参考电极的中心距离为 2cm。

（4）避免电极移动，电极导线用固定带固定好。

（5）适用于认知能力在边缘水平以上，能听懂指令，配合检查 4 ～ 5 岁以上的儿童。

【常见故障与处理措施】

常见故障	原因	处理措施
接通电源，指示灯不亮	电源开关没有打开	打开电源开关
无信号	无线局域网未连接	检查 D-Link 重新连接无线网络

【应急预案】

1. 如使用中突然断电，立即更换电池。
2. 工作中仪器出现故障，应停止使用。
3. 故障仪器悬挂“设备故障”牌，送维修部门进行维修。

【消毒与维护】

1. 清洁与消毒

（1）表面肌电仪及连接线被污染后可使用蘸有凉水或温水的纱布或软布擦拭。

（2）使用时一人一用一消毒（如 5% 氯已定）以防交叉感染。

2. 保养与维护

（1）表面肌电仪应覆盖防尘罩或放置于专用柜内保管。

（2）首次使用前或长时间不用时其内部电池要充电至少 12 小时，内部电池电量不足时要及时充电，每月对内部电池进行充电一次，以防电池老化。

（3）每周一次由专人对表面肌电仪进行开启检查。

五、肌电生物反馈仪

肌电生物反馈仪是借助肌电接收设备记录自主收缩肌肉时的微弱电信号，通过视觉或听觉通路提供反馈信号的仪器，适用于需要通过医生指导和自我训练，学会控制自身不随意功能的康复训练的患者。

【结构与原理】

1. 基本结构：治疗用台车、计算机系统、反馈内置放大器、扬声器、内置电流刺激器和彩色液晶显示器、专用治疗导联线、专用治疗电极、多媒体治疗专用软件系统，其他用品有 95% 乙醇、治疗电极、固定带等。

2. 原理：中枢神经网络重建机理；功能的代偿和功能可塑性重建；周围神经组织可再生原理。

【操作步骤】

1. 操作流程

（1）评估患者：

1）评估：年龄、病情、意识、治疗情况、局部皮肤情况、活动能力及合作程度。

2）向患者解释使用肌电生物反馈系统的目的、方法、注意事项及配合要点。

（2）患者准备：

1）了解用肌电生物反馈系统的目的、方法、注意事项及配合要点。

2）体位舒适，愿意合作。

（3）技师准备：衣帽整洁，手清洁干净。

（4）用物准备：肌电生物反馈系统。

（5）环境准备：调节室温，保持环境安静、安全、宽敞。

（6）操作：

1）开机：打开电源开关及面板上绿色复位开关。

2）设定：选择确定治疗模式（PBF、TENS 等）。

3）方案：确定治疗的方案（选择电极粘贴的皮肤部位）。

4）运行：患者交流与学习。

5）观察：观察治疗过程。

6）记录：治疗结束清理用物，记录效果、患者反应以便评价，洗手。

7）关机：正常退出系统，并关闭电源。

2. 注意事项

（1）患者入室治疗需一般情况良好，无感冒、发热、腹泻等不良症状。治疗部位无皮肤破溃、脓肿、皮疹。

（2）贴装电极不得粘连在一起，尤其是刺激电极的正负极更不能短接。短接时会引起肌电反馈信号无法正常输出。

（3）治疗开始及治疗中应不断鼓励患者积极参与治疗。

（4）带有心脏起搏器、骨折打钢针的患者不能做治疗。

【常见故障与处理措施】

常见故障	原因	处理措施
接通电源，指示灯不亮	电源开关没有打开	打开电源开关
	电源插座未插紧	插紧电源插座
刺激器初始化失败	系统程序紊乱	可关机后再重新启动进入系统，如果继续出现该故障要与厂家联系维修
USB 设备错误	系统内部软件资源错误	可先退出本系统，再重新进入即可
	USB 设备或连接线问题	检查 USB 接口及连线
无 USB 设备，显示虚拟数据	USB 设备或连接线问题	先关机，再重新开机
串口失败（错误）	串口接插松动	先观察仪器串口接插及使用情况，关机后再重新启动进入系统，如果继续出现该故障联系设备科维修

【应急预案】

1. 工作中仪器出现故障，应停止使用，必要时更换仪器。

2. 故障仪器悬挂“设备故障”牌，送维修部门进行维修。

【消毒与维护】

1. 清洁与消毒

（1）外壳：可使用蘸有凉水或温水的纱布或其他软布擦拭。

（2）显示器：用 95% 乙醇擦拭。

2. 保养与维护

（1）操作者必须详细了解治疗仪器的性能，培训后方可使用。

（2）每季度或半年应进行仪器内部的清洁除尘、检修内部线路及简单仪器的各项技术指标。

（3）非专业人员不得拆卸仪器，仪器在使用过程中发生故障，应请专业人员检查维修。

（4）电极接线接触不良，表示电极与导线接触不良或断离，应更换导线。

（5）仪器推动时，应注意保护好台车上相关的导线、电极及辅助用品。

六、水疗机

水疗机是应用水的温度、压力加上机械及化学刺激作用，用于小儿脑瘫、运动协调性障碍、智力低下等疾病治疗的医用仪器，适用于康复训练的患者。

【结构与原理】

1. 基本结构：水疗机由水槽、消毒指示灯、强排开关、恒温开关、气泡开关、涡流开关、消毒开关、排水口、进水口、气泡喷口、涡流喷口、溢水口、涡流强度旋钮组成。

2. 原理：利用水媒介物作为一种外来刺激来改变外界环境，并通过神经体液的调节机制，引起体内器官功能变化。

【操作步骤】

1. 操作流程

（1）评估患者：

1）评估：年龄、病情、意识、治疗情况、局部皮肤情况、活动能力及合作程度。

2）向患者解释使用水疗机的目的、方法及注意事项和配合要点。

（2）患者准备：

1）了解用水疗机的目的、方法、注意事项及配合要点。

2）患者舒适，无感冒、腹泻。排空大小便，褪去所有衣物，婴儿戴好泳圈。进食 30 分钟后无禁忌症。

（3）护士准备：衣帽整洁，剪指甲，洗手。

（4）用物准备：水疗仪性能良好，泳圈完好、气充足，浴巾、消毒用具，35℃～40℃温热水。

（5）环境准备：光线柔和、室内整洁、室温 24℃～28℃、相对湿度 75%。

（6）操作：

1）开机：打开电源开关，检查电源是否正常，检查各功能开关是否正常。

2）备水：根据患者耐热情况，浴池内放入 35℃～40℃的温热水，备水完毕后将热水管放出池外。

3）核对：核对医嘱处方，核对患者身份。

4）治疗：脱去衣物、鞋袜。选择型号适合、婴儿配戴气充足的泳圈。戴好系稳后患者入浴池中，选择气泡或涡流功能 15 分钟，操作者及家属在旁监护不得离开。

5）观察：有无不良反应，观察水温、泳圈、热水管是否安全。

6）记录：记录入水时间，完善各项记录。

7）消毒：记录完毕后排出污水，用 1 ∶ 20 络合碘消毒泳圈，1 ∶ 100 含氯消毒液消毒泳池，清水冲洗干净后备用，空气消毒每天 2 次。

8）整理：整理用物，将消毒好的泳圈整齐放入墙架上，消毒用物归位整齐，关水关电。

2. 注意事项

（1）婴幼儿水疗常采取全身温水浴或药液，刺激量和运动量较大。体弱儿及心肺功能不良、正患其他疾病如感冒、发热、有癫痫发作者不宜进行。

（2）使用时应先放冷水后放热水，严禁将 60℃以上的热水直接加入缸体内。

（3）注意保暖与安全，确保患者无呛水、烫伤及摔伤等意外事件发生。

（4）药浴时防止药物过量及毒副作用。

（5）遵守因人配量、循序渐进的原则，避免疲劳和受凉，避免在患者饥饿状态下进行治疗。

【常见故障与处理措施】

常见故障	原因	处理措施
接通电源，气泡电机不工作	电源未接通	打开电源开关
	气泡开关损坏	更换气泡开关
	气泡电机故障	请专业人员更换电机
涡流电机不工作	电源或开关出问题	检查电源
	涡流电机损坏	请专业人员更换电机

（续表）

常见故障	原因	处理措施
整机不工作	电源开关未打开	打开电源
	电源线路故障	通知电工检修电源线路

【应急预案】

1. 如使用中患者发生呛水，应迅速将患者移出水槽，如为婴儿应解开泳圈并将患者侧卧，按误吸预案处理。

2. 工作中仪器出现故障，应停止使用，并更换水疗机及零件。

3. 故障仪器悬挂“设备故障”牌，通知维修部门进行维修。

【消毒与维护】

1. 清洁与消毒

（1）保持水疗机清洁，如有污物，可使用牙膏、纱布擦拭，严禁使用强腐蚀性化学液体擦拭。

（2）每周开启“消毒键”进行系统消毒，除垢一次，方法为先在浴池内放入清水至300L水位，放入250ml除垢剂，开启“消毒键”，工作60分钟后，开启强排排尽污水。将缸内冲洗干净。

2. 保养与维护

（1）水疗设备壳体为哑格力，不能用硬物刮擦或敲打。

（2）本机供应电源为220V频率50Hz，设备严禁在230V以上状态长时间工作。

（3）水质差的地区应使用净化器。

（4）操作板面可用保鲜膜覆盖或干毛巾遮挡，防止各按键潮湿短路而损坏。

七、怡普乐体感互动康复训练仪

怡普乐体感互动康复训练仪是用体感互动反馈式康复技术开发的专业康复训练设备，适用于运动疗法、作业疗法、认知训练及心理治疗。

【结构与原理】

1. 基本结构：显示器、系统控制器、专用电源、专用A/V连接线、康复训练程序、动作传感器（感应垫、摇摆感应器、保龄球、拳击手套、软球、软棒、感应手套、纸网）。

2. 原理：利用动感游戏原理设计了诸多康复程序，在训练中能增加脑部血流量，有效促进脑部供氧量，活化大脑；能够激发康复对象的训练欲望，提高训练热情，改善患者的心理状态。

【操作步骤】

1. 操作流程

（1）评估患者：

1）评估：年龄、病情（认知水平）、治疗情况、活动能力及合作程度。

2）向患者及家属解释使用怡普乐体感互动康复训练系统的目的、方法、注意事项及配合要点。

（2）患者准备：

1）了解使用怡普乐体感互动康复训练系统的目的、方法、注意事项及配合要点。

2）调整正确的体位，愿意合作。

（3）治疗师准备：衣帽整洁，剪指甲，洗手。

（4）用物准备：系统控制器和动作传感器、坐椅。

（5）环境准备：调节室温，保持环境安静、安全、宽敞。

（6）操作：

1）将 A/V（音频、视频）线插头插入系统控制器背面的视听输出（A/V OUT）孔。

2）将 A/V 线的红白黄影音插头插入显示器的影音输入孔。

3）将电源线插头插入系统控制器背面的电源输入（POWER IN）孔。

4）将电源连接到插座上，确保电压为 220V（50Hz）。

5）遵医嘱选择合适的程序卡，将程序卡带插入系统控制器。

6）打开显示器电源，并切换到相应的视频模式。

7）开系统控制器电源，开始训练。训练时间根据年龄调整。

8）观察：观察患者训练后的反应。

9）整理与记录：清理用物，洗手。记录患者使用情况、时间以及患者反应，以便评价。

2. 注意事项

（1）根据认知情况选择适当的程序进行训练，训练过程中注意适当休息。

（2）如果在使用过程中感到晕眩或恶心，请立即停止使用。

（3）使用动作传感器时，要正确佩戴到身上或拿在手上，以免造成伤害。皮肤敏感人群配带时请不要直接接触肌肤，以免擦伤皮肤。

（4）使用动作传感器时要保证有足够的活动空间，不要靠近人或物品，以免造成伤害或损坏。

【常见故障与处理措施】

常见故障	原因	处理措施
无法打开电源（电源指示灯不亮）	电源插头未完全插入系统控制器背面的电源输入孔	检查电源插头是否插入正确
没有画面或声音	程序卡带插入位置和方向不正确	将程序卡带退出系统控制器重新插入前，确定系统控制器电源处于关闭状态
	显示器频道不正确	调整显示器的亮度和对比度，并检查显示器是否处于静音模式
画面或声音质量差	影音插头插入不完全	确认影音插头是否按对应的颜色正确并完全插入系统控制器背面的试听输出孔和显示器的影音输入孔
程序卡带不能插入系统控制器插槽	程序卡带放置的方向和位置不正确	检查程序卡带放置的方向和位置是否正确
系统控制器上的按键不能使用	程序卡带接触不良	将程序卡带从系统控制器移出，重新装入
系统控制器接到显示器上时，其他的A/V设备不能使用（使用系统控制器A/V选择器功能的情况）	系统控制器和A/V设备的连接不正确	1.A/V线黄色插头一端连到A/V设备的影像输出孔，另一端连接到系统控制器背面的影音输入孔 2.A/V线红色插头一端连到A/V设备的右声道输出孔，另一端连接到系统控制器背面的右声道输入孔 3.A/V线白色插头一端连到A/V设备的左声道输入孔，另一端连接到系统控制器背面的左声道输入孔

（续表）

常见故障	原因	处理措施
感应垫上的按键不能使用（绿色电源指示灯亮）	系统控制器和感应垫之间有障碍物，距离太远	1. 确定系统控制器的感应器面向感应垫控制台方向，排除它们之间的障碍物 2. 将系统控制器的接受器与感应垫的距离控制在 90 ～ 150cm 之间 3. 确保感应垫没有污垢 4. 将程序卡带移出系统控制器，并重新插入
操作动作传感器时画面无相应反应	系统控制器附近有发光体或强光源	去除系统控制器附近的发光体和强光源，患者不能穿带有反光效果的衣服或饰品
	动作范围在控制感应区域外	确定动作范围在系统控制器感应区域内

【应急预案】

1. 工作中仪器出现故障，应立即停止使用。

2. 故障仪器悬挂“设备故障”牌，通知专业人员进行维修。

【消毒与维护】

1. 清洁与消毒

（1）用干软的布料轻轻擦拭程序卡带和动作传感器上的灰尘和污垢，不要用湿布、乙醇、汽油等有机溶剂擦拭。

（2）将程序卡带和动作传感器放置在远离液体、干燥清洁的地方保管。

2. 保养与维护

（1）不要自行维护、修理、拆开程序卡带，或用任何物品（如金属线、金属钉等）划伤或插入程序卡带刃片。

（2）维修只能在专业人员的指导下和监督下进行。

（3）只有仪器原件才能用来装配和替换。

八、中药蒸汽浴机

中药蒸汽浴机是应用中药蒸汽将药力和热力有机地结合作用于人体的医疗器械。主要适用于治疗小儿脑瘫、风湿性关节炎、腰椎间盘突出症、肩周炎等。

【结构与原理】

1. 基本结构：由卧式蒸汽舱、药物蒸汽炉、电脑控制台组成。

2. 原理：通过药物蒸汽将药力和热力有机地结合在一起，促进皮肤和患处对药物的吸收，促进血液循环和淋巴的循环，加强糖、脂肪和蛋白质的代谢和体内废物的排泄，有利于组织间液的回流吸收，增强白细胞的吞噬能力，调节神经体液，增强机体的抗病能力。

【操作步骤】

1. 操作流程

（1）评估患者：

1）评估：年龄、病情、意识、治疗情况、局部皮肤情况、活动能力及合作程度。

2）向患者解释使用中药蒸汽浴机的目的、方法及注意事项和配合要点。

（2）患者准备：

1）了解用中药蒸汽浴机的目的、方法、注意事项及配合要点。

2）患者精神状态良好，进食30分钟后，无禁忌症。

（3）护士准备：衣帽整洁，剪指甲，洗手。

（4）用物准备：中药蒸汽浴仪性能良好，相应的中药、纱布、浴巾、消毒用具。

（5）环境准备：光线柔和、室内整洁、室温24℃～28℃、相对湿度75%。

（6）操作：

1）开机：打开电源开关，关好排水阀，打开进水阀，放入用布袋包好的中药粉，关闭并扣紧蒸汽炉。

2）调试：先按工作键或开关键，观察自动进水是否正常，待水位指示灯中水位或高水位亮灯后，再按模式键或汽疗键，选择所需的模式后，调节温度、时间、开始预热。

3）预热：患者治疗前，机器一定要充分预热，待蒸汽槽内温度均匀稳定后，再调低至所需的治疗温度。

4）核对：核对患者身份、核对医嘱。

5）调节：将温度调节到所需的安全温度（35℃～40℃），用手背测试汽槽内各点位温度，确定温度均匀安全。

6）治疗：患者需脱去衣、裤、鞋、帽，系好尿裤，穿好袜子，仰卧于汽槽内海绵垫上，大浴巾遮盖（头在汽槽罩外），汽槽罩口，嘱家属陪伴不得离开，防止患者从罩口滑出摔伤。确认安全妥当后,将时间调至30分钟,仪器倒计时。治疗完毕，浴巾包裹出仓更衣，嘱患者多喝水，两天内不予沐浴。

7）观察记录:观察机器温度是否安全，观察患者反应是否良好，哭闹不止，难以安抚者应予移出气舱。查明原因，休息片刻后继续治疗，否则停止治疗。记录并签字。

8）关机：每天汽疗结束后关电源，关进水阀，开排水阀排尽药液。

9）整理：整理用物，清洗药液及药袋，消毒清洗纱布及垫罩。

2. 注意事项

（1）不能使用带腐蚀性的化学药品及油脂、淀粉类药物。

（2）进水阀门开到1/3流量为宜，以免水压过高而造成胶管爆裂。

（3）开机时，一定要检查蒸汽炉排污阀是否关好。

（4）患者开始汽疗之前仪器应先预热，外置式雾化器不得启动。

（5）在汽疗患者时，先在蒸汽槽内垫上二至三层医用纱布，患者头朝外躺在海绵块上，不可直接躺在蒸汽槽内。

（6）在患者进汽疗舱之前，对已达到设定温度时，操作者要用手背感应蒸汽舱内温度状态，如其中某点区的温度较其他部位偏差较大或呈现脉冲式蒸汽（忽高忽低）则需停止治疗，整机停机待修，以免发生不良后果。

（7）患者汽疗时要密切观察其反应，婴幼儿哭吵厉害无法安抚时，应立即停止治疗，查找原因。

（8）小患者穿尿裤和裤子，大患者穿短裤进行治疗，以免大小便污染及保护阴囊(会阴)。

【常见故障与处理措施】

常见故障	原因	处理措施
控制面板所有灯窗不亮	电源未接通	打开电源开关并拧紧接线线头
	保险管烧坏	请专业人员更换电源变压器
控制面板上低水位指示灯不断闪烁	探针接头松动或脱位	重新紧固探针接线
	未关紧蒸发器的排水阀门	关紧蒸发器排水阀门
	进水电磁阀接线松动、脱落、堵塞、损坏	接好进水电磁阀、清洗或更换电磁阀
控制面板上水位指示灯同时闪烁	水位探测针积垢或松动脱落	清洗污垢，重新紧固

（续表）

常见故障	原因	处理措施
显示窗显示超温报警	温度不均或温度过高	停机报专业人员查因维修
加热时间比新机器长	发热管结垢	卸除发热管，低浓度醋酸浸泡清洗，除垢洗干净重新装回

【应急预案】

1. 如使用中患者发生烫伤，按烫伤应急预案处理。

2. 使用中突然断电或仪器出现故障，应立即停止使用。

3. 故障仪器悬挂“设备故障”牌，通知维修部门进行维修。

【消毒与维护】

1. 清洁与消毒

（1）消毒：用 1 ∶ 20 络合碘擦拭汽槽内海绵垫，用 1 ∶ 100 含氯消毒液消毒毛巾擦拭罩内汽水。

（2）每两周至少清洗蒸汽炉一次，擦净水位探针上的污垢。

（3）汽疗仪外壳体及床板禁用水冲洗，只能用湿毛巾擦拭或沾湿医用乙醇的毛巾擦拭。不得用腐蚀性的清洁剂硬刷特别是水管擦洗。

（4）定期排放蒸汽炉内药渣，如排放管路堵塞，可用细铁丝疏通，排放时务必关掉仪器电源，做好安全措施。

（5）若水质较差或药液浓度较高时，水位探针容易结垢，建议增加清洗探针次数，最好用细砂纸擦洗水垢。

2. 保养与维护

（1）仪器长期不用时，必须将蒸汽炉内清洗干净，药液放净，关闭阀门，机身保持干净。

（2）经常检查管道，螺丝有无松动，管道有无漏水现象，电插件是否松动，特别是水位探针线是否松动，水位电源线（水位探针黑线）是否松动、接触不良或有断线现象。

九、踝关节等速运动治疗仪

踝关节等速运动治疗仪是改善踝关节的关节活动度，增加踝关节的本体感觉，纠正尖足的医用仪器。主要适用于尖足、踝关节稳定性差的患者。

【结构与原理】

1. 基本结构：主机；托架手控器；足托；绑带。

2. 原理：利用主机的电动装置带动踝关节进行等速运动训练从而改善患者踝关节的关节活动度，增加踝关节的本体感觉，纠正尖足。

【操作步骤】

1. 操作流程

（1）评估患者：

1）评估：年龄、病情、意识、治疗情况、局部皮肤情况、踝关节活动度及合作程度。

2）向患者家长解释踝关节等速运动治疗仪的目的、注意事项及配合要点。

（2）患者准备：

1）了解踝关节等速运动治疗仪的目的、方法、注意事项及配合要点。

2）体位舒适，愿意合作。

（3）治疗师准备：衣帽整洁，剪指甲，洗手。

（4）用物准备：踝关节等速运动治疗仪及电源连线、电源插座、约束带（长约 20cm）。

（5）环境准备：调节室温，保持环境安静、安全、宽敞。

（6）操作：

1）固定：根据患者年龄及患足大小选择搁脚板，用约束带固定，将患肢放入踝关节运动训练器上，拧紧螺丝。

2）开机：插入 220 伏电源插座，此时面板上“TIME”指示灯亮，表示电源已接通。

3）设定：根据患者情况调整技术参数，包括运动方向、运动速度、强度、牵伸时间。

4）运行：然后按下“START”键开始训练，显示装置上显示踝关节活动的角度。

5）观察：观察患侧肢体有无卡压、疼痛。

6）整理：协助患者恢复舒适体位，清理用物，洗手。

7）记录：记录效果、患者反应，以便评价治疗前后踝关节关节活动度。

2. 注意事项

（1）使用前检查电源的插头及插座有无损坏，插座必须是入墙式的，插座必须有地线。

（2）使用前要调节好踝关节运动训练器机架长度，拧紧旋钮，肢体摆放符合要求，上好固定带，防止肢体离开踝关节运动训练器机架，以免不能达到要求的活动度数。

（3）应用踝关节运动训练器过程中，检查肢体位置的放置，根据患者肢体长短进行相应的调整。

（4）机器运行中发现异常情况时，先按面板上的电源开关关机，让患者脱离踝关节运动训练器机架，重新设置调整，待检查一切正常后方可将患肢置于踝关节运动训练器机架上进行被动康复锻炼，为防止肢体卡压等意外发生，应向患者讲解操作键盘的功能。

（5）使用过程中，增加角度应循序渐进，速度由慢到快，以患者能够接受为宜，减少患者的不舒适感。当患者出现卡压时，护士即到患者身边，评估患者的受伤部位与伤情、全身状况等情况，并初步判断卡压原因，报告医生及时处理。

【常见故障与处理措施】

常见故障	原因	处理措施
接通电源，指示灯不亮	电源开关没有打开	打开电源开关
	电源插座未插紧	插紧电源插座
	保险丝断裂	更换保险丝
机器不运转但指示灯亮	机器未真正启动	再次按 START 键
微处理器出错	处理器储存满	1. 按 OFF 键 2. 贮存器已满，清除所储存的数据

【应急预案】

1. 工作中仪器出现故障，应停止使用。

2. 故障仪器悬挂“设备故障”牌，通知维修部门进行维修。

【消毒与维护】

1. 清洁与消毒

（1）使用时一人一用一消毒及每日将足托消毒（如 5% 氯已定）以防交叉

感染。

（2）主机、托架手控器：用无水乙醇清洁，以免药液进入影响工作可靠性及腐蚀传感器。

（3）每天由操作人员进行日常清洁运行检测。清洁前，先关闭电源把电线和各部件拆下来。在表面喷射消毒液。

2. 保养与维护

（1）在使用2000小时后需用润滑油润滑并进行检测。

（2）每周一次由专人对踝关节运动训练器进行开启检查。

十、减重步行训练仪

减重步行训练仪是患者进行步行训练，改善异常步态的医用仪器。适用于脑损伤、脊髓损伤、下肢周围神经病损需要进行步行训练的患者。

【结构与原理】

1．基本结构：减重步行训练仪由减重装置、电动活动平板组成。

2．原理：通过使用悬吊装置给患者提供合适的支持，减轻部分体重，使患者能在康复早期还不具有足够承重和保持平衡能力的情况下，进行直立位步行训练。

【操作步骤】

1. 操作流程

（1）评估患者：

1）评估：年龄、病情、意识、治疗情况、运动功能、步行功能及合作程度。

2）向患者家长解释减重步行训练系统的目的、方法、注意事项及配合要点。

（2）患者准备：

1）了解减重步行训练系统的目的、方法、注意事项及配合要点。

2）体位舒适，愿意合作。

（3）治疗师准备：穿戴整洁，洗手。

（4）用物准备：减重步行训练系统及电源连线、电源插座。

（5）环境准备：调节室温，保持环境安静、安全、宽敞。

（6）操作：

1）固定：根据需要安装好减重悬吊带。

2）开机：插入220伏电源插座，开机。

3）设定：调节悬吊设定减重量，选择好相应步行速度。

4）运行：然后按下“START”键开始训练。

5）观察：观察患者身体有无不适感。

6）整理：协助患者恢复舒适体位，清理用物，洗手。

7）记录：记录效果、悬吊设定减重量、步行速度、患者反应，以便评价。

2. 注意事项

（1）使用前检查电源的插头及插座有无损坏。发现损坏及时维修。

（2）使用前要调节好减重悬吊带，安装和调节好减重悬吊带，选择好相应步行速度。

（3）机器运行中发现异常情况时，拉下红色应急开关停止训练，重新设置调整，待检查一切正常后方可再次进行康复锻炼，为防止意外发生，应向患者讲解操作键盘的功能。

（4）使用过程中，应循序渐进，减重量由多到少，速度由慢到快，以患者能够接受为宜，减少患者的不舒适感。当患者出现不适感时，治疗师即到患者身边，评估患者的受伤部位与伤情、全身状况等情况，并初步判断原因，报告医生及时处理。

（5）固定减重带时要注意左右平衡，每次减重前均要减重机“校零”。

（6）步行时患者可以佩戴矫形器进行训练。

【常见故障与处理措施】

常见故障	原因	处理措施
接通电源，指示灯不亮	电源开关没有打开	打开电源开关
	电源插座未插紧	插紧电源插座
	保险丝断裂	更换保险丝
按键不起作用，参数无法设置和改变	面板故障	送维修部门进行维修
仪器过热	机器超负荷训练	暂停训练大约2个小时使机器自动完全冷却

【应急预案】

1. 患者出现紧急情况，立即拔下应急开关停止训练。

2. 工作中仪器出现故障，应停止使用。

3. 故障仪器悬挂“设备故障”牌，通知维修部门进行维修。

【消毒与维护】

1. 清洁与消毒

（1）减重步行训练系统外壳：污染后可使用蘸有凉水或温水的纱布或软布擦拭。

（2）悬吊带：定期清洗。

（3）扶手架：定期消毒（如 5% 氯己定），以防交叉感染。

（4）每天由操作人员进行日常清洁运行检测。

2. 保养与维护

（1）每周一次由专人对减重步行训练系统开启检查。

（2）在使用 2000 小时后需用润滑油润滑并进行检测。

十一、智能运动训练仪

MOTOmed 智能运动训练仪是帮助患者进行肌力训练、改善痉挛的医用仪器。适用于脑损伤、脊髓损伤、下肢周围神经损伤需要进行肌力训练、改善痉挛的患者。

【结构与原理】

1. 基本结构：MOTOmed 智能运动训练仪由操作面板、下肢引导器、上肢训练器、高度调节器组成。

2. 原理：MOTOmed 智能运动训练系统通过下肢重复性运动，对下肢各个关节产生一个规律的不断挤压 – 放松的刺激，促进患者本体感觉恢复，同时抗阻训练可以加强下肢肌群的肌肉力量，从而提高患者下肢的整体功能，保证站立稳定性。

【操作步骤】

1. 操作流程

（1）评估患者：

1）评估：年龄、病情、意识、治疗情况、运动功能及合作程度。

2）向患者家长解释 MOTOmed 智能运动训练系统的目的、方法、注意事项及配合要点。

（2）患者准备：

1）了解 MOTOmed 智能运动训练系统的目的、方法、注意事项及配合要点。

2）体位舒适，愿意合作。

（3）治疗师准备：剪指甲，洗手。

（4）用物准备：MOTOmed 智能运动训练系统及电源连线、电源插座。

（5）环境准备：调节室温，保持环境安静、安全、宽敞。

（6）操作：

1）固定：让患者在训练椅坐好，调节好距离，将下肢放入 MOTOmed 智能运动训练系统踏板上，用约束带固定。

2）开机：插入 220 伏电源插座，开机。

3）设定：选择好相应阻力、速度。

4）运行：然后按下“START”键开始训练。

5）观察：观察患者身体有无不适感。

6）整理：协助患者恢复舒适体位，清理用物，洗手。

7）记录：记录效果、选择的阻力和速度，患者反应，以便评价。

2. 注意事项

（1）使用前检查电源的插头及插座有无损坏。发现损坏及时维修。

（2）使用前要调节好训练椅与治疗仪距离，肢体摆放符合要求，上好固定带，防止肢体离开踏板。

（3）机器运行中发现异常情况时，先按面板上的电源开关关机，待调整检查一切正常后方可重新设置进行康复锻炼，为防止肢体卡压等意外发生，应向患者讲解操作键盘的功能。

（4）使用过程中，增加角度应循序渐进，速度由慢到快，阻力由小到大，以患者能够接受为宜，减少患者的不舒适感。当患者出现卡压时，治疗师即到患者身边，评估患者的受伤部位与伤情、全身状况等情况，并初步判断不适感原因，报告医生及时处理。

【常见故障与处理措施】

常见故障	原因	处理措施
接通电源，指示灯不亮	电源开关没有打开	打开电源开关
	电源插座未插紧	插紧电源插座
	保险丝断裂	更换保险丝

（续表）

常见故障	原因	处理措施
机器操作不稳定或有噪音	螺母没上紧，左右踏板上的开口销装反，快速调节器上的固定胶带没绑紧	拧紧螺母，调整左右踏板上的开口销
按键不起作用，参数无法设置和改变	电源没有通电	1. 检查电源 2. 送维修部门进行维修
仪器过热	机器超负荷训练	暂停训练大约2个小时使机器自动完全冷却

【应急预案】

1. 患者出现紧急情况，立即按下应急开关停止训练。

2. 工作中仪器出现故障，应停止使用。

3. 故障仪器悬挂“设备故障”牌，通知维修部门进行维修。

【消毒与维护】

1. 清洁与消毒

（1）扶手架：定期消毒（如5%氯己定），以防交叉感染。

（2）MOTOmed智能运动训练系统外壳：污染后可使用蘸有凉水或温水的纱布或软布擦拭。

2. 保养与维护

（1）每天由操作人员进行日常清洁运行检测。

（2）每周一次由专人对MOTOmed智能运动训练系统开启检查。

十二、上肢功能训练仪

MOTOmed viva2上肢功能训练仪是一种手功能训练设备，它在训练方式上近似治疗师的手法治疗，但在持续时间与强度上更占优势。主要适用于多发性硬化、偏瘫、脑瘫、截瘫、帕金森综合症、阿尔茨海默病、骨质疏松症和其他神经方面的疾病以及有行动障碍的患者。

【结构与原理】

1. 基本结构：MOTOmed viva2上肢功能训练仪由显示屏、下肢训练器、上肢训练器、脚踏板组成。

2. 原理：

（1）很多患者的肌肉力量不足以支撑他们进行站立、行走、抬腿等简单运动，因而会被误以为已完全丧失肌肉力量，MOTOmed在启用这个功能后，电机阻力将会为0，患者用很小力就可以踩动踏板，当患者的力量不能够做一个完整的循环运动时，发动机可以协助患者完成踩踏循环，此功能不仅能帮助患者发现肌肉剩余力量，并且可以通过经常训练来加强肌肉的剩余力量，激发患者的潜力，增强患者的信心，使他们的健康状况得到改善。

（2）痉挛控制器：由SPASM CONTROL的开关决定痉挛控制的使用，痉挛控制开启时，当训练者出现痉挛时，机器会立即探测到，并由快到慢停止，然后再由慢至快进行反方向运动，使痉挛得到缓解，该功能的设计原理与理疗专家处理患者的工作原理相符。在使用一段时间之后，可以减少患者痉挛的发生。

MOTOmed三种运动方式：主动运动、被动运动、电机协助的助力运动。

【操作步骤】

1. 操作流程

（1）评估患者：

1）评估：年龄、病情（肌力、肌张力）意识、治疗情况、局部皮肤情况、活动能力及合作程度。

2）向患者解释使用MOTOmed viva2上肢功能训练仪的目的、方法、注意事项及配合要点。

（2）患者准备：

1）了解用MOTOmed viva2上肢功能训练仪的目的、方法、注意事项及配合要点。

2）调整正确的体位，愿意合作。

（3）治疗师准备：衣帽整洁，剪指甲，洗手。

（4）用物准备：MOTOmed viva2上肢功能训练仪、坐椅、脚踏板。

（5）环境准备：调节室温，保持环境安静、安全、宽敞。

（6）操作：

1）开启电源，开机。

2）核对患者。

3）进入程序。

4）根据病情选择程序，下载程序。

5）患者训练完毕，训练仪手臂部分用75%乙醇擦拭消毒。

6）训练完毕关机。

7）观察：观察患者训练后的反应（肌力、肌张力情况）。

8）整理：清理用物，洗手。

9）记录：记录患者使用情况、时间，患者反应，以便评价。

2. 注意事项

（1）MOTOmed不是健身器材，是医疗康复设备，不能当健身器械使用。

（2）使用MOTOmed必须在医生或治疗师的指导下使用。

（3）训练时请将MOTOmed放正，这样就不会倾斜、翻倒，对其他人造成伤害。不要将重量仅施加在设备一侧，电源线不要放在设备下面。

（4）MOTOmed在光滑的平面上（地板砖、木地板等）会滑动，因此，用于支撑腿的防滑的帽子（代码591）可以应用。

（5）开始训练之前，务必将支撑杆上的螺丝和上肢训练器下的螺丝上紧，腿或者手臂绑好，安全牢靠，确保上肢训练器插入支撑杆至少10cm。

（6）如果有因为身体原因、脚的位置不好，或者下肢引导造成的皮肤磨损，压着疼痛，或者其他损伤的危险，不要进行训练。

（7）患者要穿合身的着装，禁止穿宽大的裤子、系长的围巾和领带。不穿有鞋带的鞋子。

（8）如果发生疼痛、恶心，必须马上停止训练，报告医生。

（9）当踏板正转动的时候，使用者或者任何人都不能对设备进行机械方面的调整和改动（踏板半径、高度调整等）。不要尝试抓住转动的部件。

（10）为了避免火灾和电击，禁止去掉电源线外壳操作MOTOmed。不能在湿的或者潮湿环境中操作，禁止由不懂仪器使用的人操作。

（11）移动通信工具，如移动电话、收音机会影响MOTOmed的机能，进行训练时不能使用。

（12）为了避免设备表面过热，设备禁止长时间置于阳光照射下。

（13）仪器禁止与水或者水蒸气接触。若有液体流入仪器里，在继续使用之前必须请专业人员进行检测。

【常见故障与处理措施】

常见故障	原因	处理措施
产品操作不稳定或者有噪音	螺母没有上紧	上紧螺母
	左右踏板上的开口销装反	将开口销装正
	踏板与产品高度不统一	调整踏板与产品到同一高度
	快速调节器上的固定胶带未绑紧	绑紧固定胶
	坐姿不正确	调整坐姿与产品垂直与水平都成直线
	身体不平衡造成踏板不平坦	保持身体平衡
产品不能工作，操作面板没反应	操作面板安装不正确	正确安装操作面板
	电源没有通电	检查电源
仪器过热	训练时间过长	暂停训练半小时，使产品自动冷却

【应急预案】

1. 工作中仪器出现故障，应停止使用。

2. 故障仪器悬挂“设备故障”牌，通知维修部门进行维修。

【消毒与维护】

1. 清洁与消毒

（1）清洗 MOTOmed 之前，必须拔掉电源线，完全切断电源。

（2）只能用柔软的、干燥的布擦 MOTOmed。不能有水渗入设备。

（3）如有多人使用，应对扶手和操作面板进行消毒。

（4）不要使用腐蚀性、酸性的液体清洗仪器。

（5）不在 MOTOmed 标签周围清洗，以免破坏标签。

2. 保养与维护

（1）只能在专业人员的指导下和监督下进行维修，专业人员的专业培训、专业知识和经验可以使他们对维修进行正确的评估，能识别出维修之外的潜在的影响和危险。

（2）按照标准 DIN VDE 0751 选用仪器原件装配和替换。

（3）在没有接通电源情况下须由专业人员打开 MOTOmed 康复治疗设备进

行保养与维护。

十三、高压氧舱

高压氧舱是以氧气压力超过1个大气压治疗疾病的密闭舱体，适用于脑病、脑血管病、各种原因窒息所致脑缺氧、心肺脑复苏后缺氧性脑功能障碍、脑梗死恢复期、突发性耳聋、病毒性脑炎、脑膜炎及后遗症等。

【结构与原理】

1. 基本结构：高压氧舱由舱体及相关的附属设备，包括舱体、舱门、氧气供应系统、对讲系统、氧舱操作控制系统组成。

2. 原理：利用供氧系统供氧至密闭氧舱，增加舱内氧气分压及气体压力至治疗压力。

【操作步骤】

1. 操作流程

（1）核对及评估患者：

1）评估：年龄、病情、意识、治疗情况及合作程度。

2）向患者家长解释高压氧治疗的目的、注意事项及配合要点。

（2）患者准备：

1）了解高压氧治疗的目的、注意事项及配合要点。

2）婴儿入舱前1小时喂半量奶或食物，手脚包裹，置右侧卧位，头部略高。

3）更换纯棉衣服、包被及尿布，解大、小便。

（3）治疗师准备：穿戴整洁，洗手。

（4）用物准备：高压氧舱、托盘、枕头、被褥。

（5）环境准备：调节好环境温度，室温控制在20℃～28℃之间。

（6）操作：

1）备好氧气源：打开总阀，检查氧气和供氧系统有无漏氧。将氧输入压力调定在0.4～0.5MPa左右。

2）连接供氧管：将供氧管与婴儿氧舱的供氧接头相连。

3）连接排氧管：将排氧管插在氧舱排氧接头上，用外套螺帽拧紧，排气管的另一端引至室外无明火处。

4）患者进舱：再次查对患者姓名、住院号、性别与医嘱。托盘内垫好被垫，将托盘拉出约 1/2 左右，将婴儿置于托盘内，将托盘连同婴儿送入舱内。

5）加压前洗舱：虚掩舱门，门缝仅留 1mm 左右，打开控制板上的供氧阀和供氧流量计。供氧流量可调节在 10 ～ 15L/min 左右，换气约 5 分钟，舱内氧浓度一般可上升到 50% 以上，若未达此浓度，可适当加大供氧流量或增加换气时间。

6）关门加压：关紧舱门，关闭排气阀；调节供氧流量计，使流量计浮子指示位置为 6 ～ 7/min；以 0.005MPa/min 的速率进行加压，升压速度不要大于 0.01MPa/min，加压至医嘱要求的压力，关闭供氧阀。

7）稳压吸氧：在稳压过程中可实行稳压换气，以稀释舱内患者呼出的废气和提高舱内氧浓度。稳压换气的方法是同时打开进、排气阀，使进、出流量计读数分别为 7L/min 左右，以达到舱内气体的动态平衡。第 1 次稳压换气在稳压后 20 分钟左右进行，以后每隔 20 分钟进行 1 次，以保证舱内的氧浓度。

8）减压：打开排气阀，调节排氧流量计，控制减压速率在 0.005 ～ 0.01MPa/min。当两只压力表显示的舱压均为零值，排氧流量计浮球归零时，打开舱门，婴儿出舱。

9）结束状态的操作：关闭氧气总阀门，打开供氧阀。排除供氧管余气，关闭供氧阀、供氧流量计、排氧阀、排氧流量计；关闭温度显示器与时间计时器及测氧仪的电源开关，使舱门处于开启状态。

【注意事项】

1. 严禁携带玩具及易燃、易爆危险品入舱。

2. 操作人员应严守岗位，随时巡视设备运行情况。并对各系统设备在安全运行中进行外部巡视。设法排除设备在运行中出现的一般性故障。

3. 婴幼儿在治疗中由医务人员全程管理监护，观察患者有无不适反应，如出现不适反应，暂停升压或减缓速度，家属不得远离治疗室。

【常见故障与处理措施】

常见故障	原因	处理措施
稳压时舱压上升或下降	加减压阀内漏	清理和研磨阀门
舱内氧浓度偏高	舱内供氧管路泄露	检查舱内供氧管路
	排氧阀门开启量偏小	加大排氧阀开启量
测氧仪指示不准	调零或校准不正确	按说明书进行调零并校准
	显示超差	更换氧电极

【应急预案】

1. 高压氧治疗中婴幼儿发生危及生命安全的紧急情况(如：呕吐、窒息、抽搐、紫绀等)，应立即减压，尽快出舱。

2. 治疗中氧舱设备发生故障时，尽快减压出舱。

3. 氧舱一旦发生火险时，应立即关闭进氧阀，调节舱门，减压出舱。立即报告上级相关部门。

【消毒与维护】

1. 清洁与消毒

(1)每次治疗结束后应通风换气，及时清扫、拖地，舱内用紫外线照射30分钟(须遮盖观察窗有机玻璃)。也可用臭氧发生器或空气消毒机进行消毒。

(2)氧舱体表每日清洁，内壁应每日用消毒液擦抹。

(3)患者专用衣服、鞋子，每疗程应更换一次。

(4)传染病患者应单独开舱治疗，严禁与其他患者同舱治疗，治疗后应进行消毒处理。

(5)确诊为气性坏疽、破伤风、芽胞杆菌感染患者，严禁与带有伤口的其他人员同时进舱。患者出舱后，舱室必须进行严格终末消毒处理：

1)舱室空气消毒：每100立方米体积用乳酸12ml熏30分钟，通风后，再用紫外线消毒30分钟(须遮盖观察窗有机玻璃)；内壁、地板和舱内物品：用1%过氧乙酸溶液擦拭；舱室经彻底扫除消毒后，作空气培养，3次阴性方可供他人使用。

2)被服用1%～2%过氧乙酸溶液浸泡120分钟，煮沸60分钟，再送洗衣房洗涤方可使用。

3)所有敷料彻底烧毁。

(6)每月进行舱内空气培养一次。

2. 保养与维护

(1)保证压缩空气系统和供氧系统所规定的压力值及储气量。

(2)定期对动力机械系统添加或更换润滑油，对空调装置添加制冷剂。

(3)对储气罐、油水分离器、空气过滤器、空气冷凝器等定期进行排污处理。

(4)开机及停机时应检查各阀门开关位置是否正确。对氧舱应急排气阀手柄应经常拉动检查，防止锈死。

（5）经常擦拭设备以保持清洁，不得留有油污及水滴。

（6）各种仪表应按规定送检。

第六节　其他仪器与设备

一、生物安全柜

生物安全柜是通过高效过滤器、进（送）排风系统等制造了一个空气屏障，对操作人员、实验样本和操作环境提供保护，是一种安全的微生物实验和生产的专用设备。适用于静脉输液配置和实验室等工作场所。

【结构与原理】

1. 基本结构：由柜体、前窗操作口、支架脚及脚轮、电机、集液槽、报警和连锁系统组成。

2. 原理：工作腔内的空气经台面前后两侧回风口（吸风槽）由风机吸入静压箱，一部分通过排风高效过滤器过滤后经顶部排风口排出安全柜；另一部分通过送风高效过滤器过滤后从出风面均匀吹出，形成高洁净的单向气流。

【操作步骤】

1. 操作流程

（1）护士准备：戴一次性口罩、帽子；穿连体洁净衣；洗手；戴无菌手套；必要时戴防护目镜。

（2）用物准备：各种型号无菌注射器、一次性无菌垫巾、75% 乙醇、砂轮、启瓶器、锐器桶、废液回收盒、笔以及待配置的输液和药品。

（3）操作：

1）操作前柜机准备：打开电源开关，操作屏亮。将玻璃移门完全关闭，开启“紫外线”按钮，消毒 30 分钟后关闭。打开移门至 200mm 高度，开启“送风机”按钮运行至少 10 分钟，实现工作区域的自净。

2）开启“照明”按钮，将移门保持在 200mm 安全高度；开启“送风机”按钮，进行正式作业。

3）每天配液操作开始前，操作台面及柜体内壁需用 75% 乙醇从上到下、从里到外擦拭消毒。

4）配液操作：检查药品质量、剂型和有效期；核对输液标签和药品是否一致；遵循无菌操作技术冲配药物；检查成品输液质量并再次核对空安瓶；签名和签注加药时间。每配完一组输液后应清理操作台面，并用75%乙醇消毒台面及双手。

5）处置：配药结束后整理用物，医疗废物正确处置。

6）结束作业：保持风机运行10分钟后关闭“送风机”，待风机停止运转后再切断设备电源。

2. 注意事项

（1）作业者进行操作时，动作应轻缓，以免干扰气流的平衡。

（2）工作时严禁将移门开启高度超过“安全高度”，否则会有气流不能平衡的危险，可能引起不洁气溶胶外泄而危害作业者。

（3）所有药品调配操作必须在离工作台外沿20cm、离内沿8～10cm的区域内进行。

（4）不要将物品置于吸风槽内或吸风槽上方，或在安全柜的移门前频繁快速走动，以免造成气流不平衡而影响安全柜的性能。

（5）其他器具的使用不得妨碍安全柜内部气流，不得妨碍作业的安全性。

（6）带入安全柜腔内的器具或物品最好为可抛弃处理的，或者能够进行杀菌处理。

（7）在进行高效过滤器更换、保养检修等作业时，必须先对安全柜进行严格灭菌处理后方可进行。

【常见故障与处理措施】

常见故障	原因	处理措施
报警	移门开启高度超过200mm	将门移至“安全高度”
风速异常	遮挡风格栅或排风口堵塞	送风高效过滤器的阻力大于设定值时，应及时更换高效过滤器
紫外线灯异常	移门未关严	查看移门是否关严，或更换紫外线灯管

【应急预案】

1. 工作中仪器出现故障，应停止使用。

2. 故障仪器悬挂“设备故障”牌，通知维修部门进行维修。

【消毒与维护】

1. 清洁与消毒

（1）操作台面及柜体内壁：每天调配完成后，应彻底清场，先用清水擦拭清洁，再用 75% 乙醇擦拭。

（2）集液槽：先将集液槽内的液体通过排污阀排放干净，再用清水清洗、75% 乙醇擦拭消毒。

（3）移门玻璃的清洁：一般用清水擦拭即可。当污染严重时用中性洗涤剂擦拭，以达到视觉清晰的效果。

（4）柜体外部：每月一次用柔软的布和清水擦拭柜体顶部。

2. 保养与维护

（1）定期检查：每年至少一次检查空气洁净度、风速、前开口风速等主要技术指标。

（2）定期更换：当操作区风速达不到 0.3m/s 时，必须更换高效过滤器。

（3）每年一次由专业人员进行检测和维护。

二、洁净工作台

SW-CJ 系列洁净工作台是一种提供局部高洁净工作环境的通用性较强的净化设备。适用于静脉输液配置和实验室等工作场所。

【结构与原理】

1. 基本结构：由机箱、高效过滤器、可变风量送风机组、工作台面、操作面板等组成。

2. 原理：室内空气经预过滤器过滤，由离心风机将其压入静压箱，经高效过滤器过滤后从出风面吹出形成洁净气流。洁净气流以均匀的断面风速流经工作区，从而形成高洁净的工作环境。

【操作步骤】

1. 操作流程

（1）护士准备：洗手；戴一次性口罩、帽子；穿连体洁净衣；戴无菌手套。

（2）用物准备：各种型号无菌注射器、一次性无菌垫巾、75% 乙醇、砂轮、启瓶器、锐器桶、废液回收盒、笔以及待配置的输液和药品。

（3）操作：

1）操作前柜机准备：打开电源开关，再连续按动“照明 / 杀菌”按钮，开启紫外线灯消毒 30 分钟后关闭。开启“风机”按钮进入“标准（中速）”状态运行 20 分钟，实现工作区域的自净。

2）按“照明”按钮开启荧光灯；连续按“风机”按钮，保持风机在“标准（中速）”状态下运行。

3）配液操作开始前，操作台面及柜体内壁用 75% 乙醇擦拭，顺序为从上到下、从里到外。

4）配液操作：检查药品质量、剂型和有效期；核对输液标签和药品是否一致；遵循无菌操作技术冲配药物；检查成品输液质量并再次核对空安瓶；签名和签注加药时间。每配完一组输液后应清理操作台面，并用 75% 乙醇消毒台面及双手。

5）处置：配药结束后整理用物，医疗废物正确处置。

6）结束作业：保持风机运行 10 分钟后按动“风机”按钮停止风机运行；按“照明”按钮关闭荧光灯；待风机停止运转后再切断设备电源。

2. 注意事项

（1）新安装的或长期未使用的工作台，使用前用超净真空吸尘器或用不产生纤维脱落的物品认真进行清洁工作。

（2）作业者进行操作时，动作应轻缓，以免干扰气流的平衡。

（3）所有药品调配操作必须在离工作台外沿 20cm、离内沿 8 ～ 10cm 的区域内进行。

（4）移门开启高度一般不宜过高（拉至顶部）或过低（落至台面），以免影响风速和洁净度。

（5）工作台面严禁存放无关物品，以保持工作区的洁净气流不受干扰。

（6）禁止在工作台面上记录书写，工作时应尽量避免做明显扰动气流的动作。

（7）禁止在预过滤器进风口部位放置物品，以免挡住进风口造成进风量减少，降低净化能力。

【常见故障与处理措施】

常见故障	原因	处理措施
按操作面板上各键时操作无效（不能实现开/关）	电源未接通	检查电源按钮、线路及插头
		打开总电源开关
	操作面板或控制线路板故障	检查更换内部线路连线
风速已调至“高速”挡，工作区风速仍低	预过滤器积尘太多	清洗或更换预过滤器
	高效过滤器失效	更换高效过滤器
启动风机后无风吹出	控制电路故障，无信号输出	检查更换控制线路及连线
	风机本身故障	检查更换风机
荧光灯或紫外线灯不亮	灯脚、启辉器松动或损坏	检查更换启辉器
	灯管损坏	检查更换灯管
	镇流器损坏	检查更换镇流器
	控制线路故障	检查更换控制线路

【应急预案】

1. 工作中仪器出现故障，应停止使用。

2. 故障仪器悬挂“设备故障”牌，通知维修部门进行维修。

【消毒与维护】

1. 清洁与消毒

（1）操作台面及柜体内壁：每天调配完成后，应彻底清场，先用清水擦拭清洁，再用75%乙醇擦拭。

（2）柜体外部：每月一次用柔软的布和清水擦拭柜体顶部。

（3）根据环境洁净程度，定期将预过滤器中的粗效滤料拆下清洗，一般间隔时间为3～6个月。清洗2～3次后更换粗效滤料。

2. 日常维护

（1）定期（一般每2个月一次）检测工作区风速，如检测结果不符合技术参数要求时，应调节风速设置为“高速”档；如风速仍达不到0.3m/s，则必须更换高效过滤器。

（2）每年一次由专业人员进行维护。

三、超声诊断仪

超声诊断仪是用于诊断疾病的医疗仪器，适用于腹部、妇产科、儿科、小器官、心血管等的临床超声诊断。

【结构与原理】

1. 基本结构：超声诊断仪器硬件由主机、探头、发射 / 接收单元、数字扫描转换器、面板控制单元组成，以及记忆监视、照相、记录软件、打印机等部件组成。

2. 原理：超声诊断仪是利用超声波在人体中传播的物理特性，对人体内部脏器或病变做体层显示，据此对一些疾病进行诊断。

【操作步骤】

1. 操作流程

（1）评估与核对患者：

1）核对姓名、性别、年龄、住院号等。

2）告知患者检查时的注意事项。

（2）操作：

1）暴露患者检查部位，取适应检查体位，必要时屏风遮挡，以保护患者隐私。

2）对照所检查部位选择合适的探头，对诊断仪进行适当调节，在保证安全使用的条件下，力求获得最佳的声像图。

3）在探头与患者检查部位涂擦耦合剂。

4）检查完患者后，应用柔软纸巾擦去探头上的耦合剂，以保持探头的清洁。

5）结束检查时，及时按冻结键，避免不必要的损耗。每日结束工作后，检查仪器及探头是否完好，并做好交接班，每日做好仪器使用记录。

2. 注意事项

（1）被检者应远离电磁干扰源。

（2）皮肤破损处避免直接接触探头。

（3）禁止用超声波直接作用于暴露的脑组织。

（4）没有性生活史的女性患者不能采用阴道超声检查。

【常见故障与处理措施】

常见故障	原因	处理措施
突发性的各种意外原因停机	意外停电	及时关机，来电后待电压稳定再按顺序开机
	网络线路受损	检查网线连接，并联系信息科
	系统意外故障	由工程人员检查系统并尽快修复
电源故障及其他不可预知的突发性故障	计算机系统运行异常	立即停止使用，联系工程人员，尽快修复系统

【应急预案】

1. 工作中仪器出现故障，应停止使用，必要时更换仪器。

2. 故障仪器悬挂“设备故障”牌，通知维修部门进行维修。

【消毒与维护】

1. 清洁与消毒

（1）仪器设备表面：每天用蘸有凉水或温水的软布擦拭。

（2）超声探头：用0.25%新洁尔灭棉球一人一用一消毒，以防交叉感染。

2. 保养与维护

（1）仪器设备管理人每周进行一次日常保养，包括仪器设备清洁，对暂不使用或较长时间停用的仪器设备定期定时通电。检查用电仪器设备的接地是否良好。检查仪器设备的各项技术指标，发现异常立即停用检查。

（2）设备维修人员每2月进行一次常规保养。

（3）对有问题的仪器设备做好停用标识，并报告设备责任人及物质供应维修部及时维修。维修后的设备需经检查、确认满足使用要求后才可投入使用。

四、肌电图诊断仪

肌电图是应用电子学仪器记录肌肉静止或收缩的电活动，及应用电刺激检查神经、肌肉兴奋及传导功能的仪器。主要适用周围神经、神经肌肉接头及肌肉本身的功能状态。但禁用于有出血倾向的各种血液系统疾病。

【结构与原理】

1. 基本结构：工作部件包括刺激系统、记录系统、信号处理系统。电位的记录测量系统最基本的部分包括：刺激器、放大器、平均器和记录系统；其他还有显示器、扬声器、导线、电极片、一次性肌电图针及打印机等部件。

2. 原理：EEG检测仪应用数字化计算机平均技术等对从人体肌肉所获取的生物电信号进行获取、转换、放大、显示、整合分析。从电生理方面进一步了解神经、肌肉以及神经肌肉接头处的功能状态。

【操作步骤】

1. 操作流程

（1）核对及评估患者：

1）核对患者姓名、性别、年龄、住院号等。

2）告知患者检查时的注意事项。

（2）操作：

1）医师指导患者摆好体位，暴露所需检查肢体，并固定。

2）神经传导检测：一名医师将记录电极（放置在肌腹）、参考电极（放置在肌腱）及地线（记录电极与刺激电极之间）分别放置在所需记录肌肉的相应位置（或胶布固定），另一名医师将刺激器放置在所需检查神经的相应刺激点对患者进行电刺激，记录所获得的波形。对需计算神经传导速度的进行距离测量，输入数据。

3）针电极肌电图检测：医师对所检查的肌肉部位皮肤用络合碘消毒，将针电极插入所查肌肉肌腹，嘱患者放松所检查肌肉，移动针电极，观察自发电位。然后嘱患者进行所查肌肉的轻收缩，观察运动单位电位的变化情况（时程、波幅及位相等），重收缩时观察运动单位电位的募集情况。不合作患者可由另一医师协助刺激肌肉收缩。收集数据。

4）分析数据，书写报告。

5）关闭电源，整理好仪器导线。

2. 注意事项

（1）检查前后均要对患者进行评估。

（2）患者不宜空腹进行检查。如要抽血查肌酶，可先空腹抽血，进食后再检查。

（3）大多数患者不能配合检查，需医务人员和家属共同协作完成检查，并共同对患者进行一定的安抚工作。

（4）检查过程中如患者哭吵厉害需暂停检查，对患者进行安抚，待其平静后再继续检查。

【常见故障与处理措施】

常见故障	原因	处理措施
突发性的各种意外原因停机	意外停电	查找停电原因
	网络线路受损	检查网线连接，并联系信息科
	系统意外故障	由登记室上班人员打电话给信息科，询问故障原因及修好的可能时间。
基线不稳	干扰、电极片或导线接触不良或破损	查找干扰源，使用导电膏，减低阻抗及时更换导线及电极片

【应急预案】

1. 工作中仪器出现故障，应停止使用。

2. 故障仪器悬挂“设备故障”牌，通知维修部门进行维修。

【消毒与维护】

1. 清洁与消毒

（1）仪器设备表面：每天用蘸有凉水或温水的软布擦拭，保持仪器设备的清洁。

（2）感应器和连接线：用一次性医用消毒抹布一人一用一消毒，以防交叉感染。

2. 保养与维护

（1）专人管理，所有设备均登记在册。每台仪器建立使用及维修维护登记本。

（2）应每隔一周通电一次，每次 1 小时左右，以防电子组件的损坏。

（3）仪器应放在通风和干燥处，勿置于窗下、暖气旁，搬动时要轻巧。

五、听性脑干反应检测仪

听性脑干反应检测仪是应用数字化计算机平均技术将适当的声音刺激后皮层听觉通路所产生的电位，并进行记录分析的仪器。适用于定位听觉传导通路的病变及听力损伤高危患者的筛查和诊断。

【结构与原理】

1. 基本结构：ABR检测仪的主要工作部件主要涉及三方面：①刺激系统（耳机）；②记录系统；③信号处理系统。

2. 原理：ABR检测仪是应用数字化计算机平均技术，将适当的声音刺激后听觉通路所产生的电位，从脑电图活动和其他噪声中提取出来，并进行记录分析。

【操作步骤】

1. 操作流程

（1）核对及评估患者：

1）核对姓名、性别、年龄、住院号等。

2）告知患者家属检查时的注意事项，了解患者病史及明确检查目的，让不合作患者处于睡眠状态。

（2）操作：

1）按仪器操作规程开启所使用设备并查看启动情况，仪器功能菜单显示正常方可进行检查。

2）对患者进行身份确认并输入资料。

3）在相应部位涂导电膏并粘贴表面电极，戴上检测耳机。调试耳机至检查所需分贝，观测示波屏所诱出波形并作出定位、分析，进行阈值测定。

4）检查完毕后，擦拭干净导电膏，对耳机、电极片及导线进行常规消毒。

5）分析数据，书写报告。

6）关闭电源，整理好仪器导线。

2. 注意事项

（1）需使用镇静剂入睡的患者，须护理人员陪同完成检查。检查前后要进行评估与监测。

（2）皮肤破损处避免直接接触电极片。

【常见故障与处理措施】

常见故障	原因	处理措施
突发性的各种意外原因停机	意外停电	查找停电原因
	网络线路受损	检查网线连接，并联系信息科
	系统意外故障	由登记室上班人员打电话给信息科，询问故障原因及修好的可能时间
耳机无刺激声	耳机损坏	佩戴耳机动作要轻柔，患者处于深睡眠中进行检查，尽量延长耳机使用寿命。若已损坏，及时报修
基线不稳	干扰、电极片或导线接触不良或破损	查找干扰源，使用导电膏，减低阻抗。及时更换导线及电极片

【应急预案】

1. 工作中仪器出现故障，应停止使用。

2. 故障仪器悬挂“设备故障”牌，通知维修部门进行维修。

【消毒与维护】

1. 清洁与消毒

（1）仪器设备表面：每天用蘸有凉水或温水的软布擦拭，保持仪器设备的清洁。

（2）感应器和连接线：用一次性医用消毒抹布一人一用一消毒，以防交叉感染。

2. 保养与维护

（1）专人管理，所有设备均登记在册。每台仪器建立使用及维修维护登记本。

（2）应每隔一周通电一次，每次1小时左右，以防电子组件的损坏。

（3）仪器应放在通风和干燥处，勿置于窗下、暖气旁，搬动时要轻巧。

第七节 医用诊疗仪器消毒与维护

电子胃镜、肠镜、小肠镜

【消毒与维护】

软式内镜（电子胃镜、肠镜、小肠镜）使用后应当立即用湿纱布擦去外表面污物，并反复送气与送水至少10秒钟，取下内镜并装好防水盖，送清洗消毒室。

1. 清洁与消毒

（1）初洗：

将内镜放入清洗槽内，打开水龙头和下水，用流动水冲洗镜身，毛刷刷洗镜腔，在先端部可以看到刷子的毛尖，对其揉搓洗涤并拔出，洗涤数次直到洗涤干净，刷洗完毕，盖上堵水堵头，再接上自动灌流器接头，按启动键，时间约1～2分钟，用水枪冲洗镜身表面的死角，灌洗完毕，用干燥的无菌纱布擦去镜身的水，取下灌流器接头，放入酶洗槽内。

注意：附件随着内镜的清洗流程一同清洗，在灌流未完毕前，请勿提前取下快速插头，若要临时终止灌流请按注气键后再取出，否则可能会造成内镜的意外损坏，以下步骤的灌流器操作与此相同。

（2）酶洗：

接上自动灌流器接头，按启动键，将含酶洗液吸入活检孔道（多酶洗液的配置和浸泡时间按照产品说明书），操作部用多酶洗液擦拭。灌流完毕后取下灌流器接头，放入清洗槽内。多酶洗液应当每清洗1条内镜后更换。

（3）清洗：

接上自动灌流器接头，打开水龙头和下水，按启动键，时间约1分钟，灌流完毕后，取下灌流器接头，先用干燥的无菌纱布擦去镜身的水，再拿出内镜用气枪除去镜身残留的水分，放入浸泡槽内。

注意：清洗后浸泡前镜身的水分一定要处理干净，以免稀释消毒液。

（4）浸泡（2%戊二醛）：

接上自动灌流器接头，盖上盖子，首先按启动键，时间约10分钟（具体时间按相关规范要求执行），完毕后取下灌流器接头，放入末洗槽内。

注意：保持消毒液浓度及其有效期。内镜从浸泡槽取出前，清洗消毒人员应当更换手套。

（5）末洗：

接上自动灌流器接头，打开水龙头和下水，流动水下用纱布清洗镜身，同时按启动键，时间约1分钟，完毕后，取下灌流器接头，拿出内镜放置于干燥台上。

（6）干燥：

先用无菌纱布擦干镜身的水，接上乙醇灌流器，按启动键，时间约1～3秒钟，其后自动转化为注气功能，再用专用高压气枪除去镜身残留的水分，最后取下清洗时的各种专用管道和按钮，换上诊疗用的各种附件，方可用于下一患者的诊疗或送入储存。

注意：采用化学消毒剂浸泡灭菌的内镜，使用前必须用无菌水彻底冲洗，去除残留消毒剂。放入储存柜的内镜第二天再使用前需重新消毒后方可使用。

2. 保养与维护

（1）图像处理装置及氙气光源

1）用湿毛巾擦拭图像处理装置及氙气光源后，应在其完全干燥后使用，否则造成电击危险。

2）装置被血液或分泌物污染应先用清洁剂擦拭干净，再用70%乙醇纱布擦拭光源表面（勿擦拭内镜接口、各端口和交流电源插座）。

3）勿用尖硬或粗糙物擦拭设备外表面，以免划伤。

（2）软式内镜

1）内镜应专人保管定期检查维护。

2）电子胃镜、肠镜、小肠镜的使用严格按照操作标准执行。

3）使用后的内镜应及时清洗消毒，当天检查结束彻底消毒后将内管充分吹干，向内镜管道内送气或送水时，气压或水压不要超过0.5MPa。压力太高可能会导致内镜损坏。

4）消毒后的内镜要储存于专用洁净柜内，镜体应悬挂，弯角固定钮应置于自由位，活检钳瓣应张开。储存柜内表面应光滑，便于清洁，储存柜应每天清洁消毒，挂镜室应每周清洁消毒一次。

参考文献

1. 湖南省卫生厅. 三级综合医院评审标准考评办法. 湖南: 湖南科技出版社, 2013.

2. 莫国民. 国雪飞，医用电子仪器分析与维护. 北京：人民卫生出版社，2011.

3. 袁丹江. 医院医疗设备管理务实. 北京：人民卫生出版社，2011.

4. 卢根娣. 急救仪器身份确认及标准操作流程. 上海：第二军大学出版社，2013.